Universität Bremen - Studiengang Geographie

MATERIALIEN UND MANUSKRIPTE

Herausgeber:

Gerhard Bahrenberg, Manfred Krieter, Gerhard Stäblein,
Wolfgang Taubmann

Heft 19

Gerhard Stäblein (Hrsg.)

Beiträge zur Geowissenschaftlichen Spitzbergen-Expedition 1990 (SPE 90) "Stofftransporte Land-Meer in polaren Geosystemen"

mit Beilage von vier Orthophotokarten

Bremen 1991

MATERIALIEN UND MANUSKRIPTE - Studiengang Geographie, Heft 19: 1 - 133, Bremen 1991.

INHALT

VERZEICHNIS DER ABBILDUNGEN, BEILAGEN UND TABELLEN

Seite

MATERIALIEN UND MANUSKRIPTE - Studiengang Geographie, Heft 19: 7 - 11, Bremen 1991.

Die Geowissenschaftliche Spitzbergen-Expedition SPE 90 (1989-1992) zur Germaniahalvøya und zum Liefdefjorden/Nordwest-Spitzbergen

- Vorwort und Einleitung -

mit 2 Abbildungen

GERHARD STÄBLEIN, Bremen

Im vorliegenden Heft sind verschiedene Beiträge aus der Vorbereitung und der ersten Geländekampagne im Sommer 1990 der "geowissenschaftlichen Spitzbergenexpedition SPE 90" zusammengefaßt. Das mehrjährige interdisziplinäre Forschungsvorhaben wurde vom Arbeitskreis Polargeographie des Zentralverbandes der deutschen Geographen geplant und vorbereitet. Es werden in diesem Heft sowohl eine Fortschreibung einzelner Teile des wissenschaftlichen Programms (vgl. LESER & BLÜMEL & STÄBLEIN 1988) als auch erste Ergebnisse verschiedener Teilprojekte nach dem Beginn der Geländeuntersuchungen dargestellt. Da viele Teilprojekte erst mit den mehrjährigen Meßreihen, Kartierungen und Analysen zu Zwischenergebnissen führen, konnte eine Vollständigkeit in der Darstellung aller Aktivitäten nicht erreicht werden. Dennoch können hier neue Ansätze und Aspekte als Werkstattberichte vorgelegt werden, die für die weiteren Untersuchungen und für Kollegen über den Kreis der Beteiligten hinaus von Interesse sind.

Eine systematische Berichterstattung über die Spitzbergenexpeditionen des SPE-Programms bleibt einem späteren Zwischenbericht nach der nächsten Geländekampagne 1991 und einem Schlußbericht nach Auswertung aller Meßreihen und Analysen vorbehalten. - Die Teilprojekte aus verschiedenen geo- und biowissenschaftlichen Fachdisziplinen, der Geologie, Paläontologie, Biologie, Ökologie, Kartographie und Fernerkundung bearbeiten unterschiedliche Fragestellungen selbständig. Es werden damit verschiedene Aspekte und Grundlagen für das Rahmenthema "Stofftransporte Land-Meer in polaren Geosystemen" erarbeitet.

1 Ziel und Fragestellungen der SPE 90

Ziel des wissenschaftlichen Programms ist es, in einem noch ungestörten arktischen Gebiet hoher Breite mit ozeanischem Klima polare kryogene Geoökosysteme detailliert zu untersuchen. Es wurde unter Federführung von Geographen als interdisziplinäres Projekt mit internationaler Beteiligung und in Verbindung zu anderen internationalen polaren Forschungsprogrammen - unter anderem der Europäischen Wissenschaftsförderung (ESF) - entwickelt. Dazu wurde der Bereich um den Liefdefjorden als Untersuchungsgebiet ausgewählt, der zum Naturreservat Nordwest-Spitzbergen gehört (Abb. 1). Dieser Landschaftsraum zeigt auf kleinem Raum geologisch, geomorphologiesch und geoökologisch interessante und differenzierte Verhältnisse mit überschaubaren vergletscherten und unvergletscherten Flußeinzugsgebieten. Die Gebiete sind im Vergleich zu anderen an der Küste und in den Fjorden von Westspitzbergen noch wenig landschaftlichen Belastungen ausgesetzt und von der Anomalie des warmen Nordatlantikstroms, einem Ausläufer des Golfstroms, weniger beeinflußt. Die holozänen und aktuellen geomorphologischen und geoökologischen Prozesse und Entwicklungen stehen dabei im Mittelpunkt. Die zunächst kurzzeitig während des Polarsommers untersuchten Energie- und Stoffumsätze, sowie Haushaltsbilanzen sollen Aussagen und Modelle für den Stofftransport vom Land zum Meer ermöglichen.

Diese Aspekte sind auf die weiterreichenden und längerfristigen Programme der Europäischen Wissenschaftsförderung (ESF) ausgerichtet. SPE 90 versteht sich als Vorprojekt zum Programm PONAM (Polar North Atlantic Sediment Dynamics Experiment). Die Untersuchungen sollen mittelfristig im weiteren Bereich des Kongsfjords im Zusammenhang mit der geplanten deutschen Arktisstation "Koldewey" in Ny Ålesund fortgeführt werden, um insbesondere für Prozeßraten und Haushaltsgrößen durch weitere mehrjährige geoökologische Meßreihen zuverlässigere quantitative Ergebnisse zu erhalten. Die Fragestellungen werden auch bezogen auf das weltweite Forschungsprogramm zum globalen Wandel ("Global Change") gesehen und weiterentwickelt.

Die Koordination des Programms lag bei Prof. Dr. Wolf-Dieter BLÜMEL, Stuttgart, der zugleich auch Federführender des Deutschen Arbeitskreises für Polargeographie im Zentralverband der Deutschen Geographen ist. Die logistische Vorbereitung für die Errichtung und Versorgung des Basislagers wurde von Ak. Dir. Dr. Ulrich GLASER, Geographisches Institut der Universität Würzburg, durchgeführt.

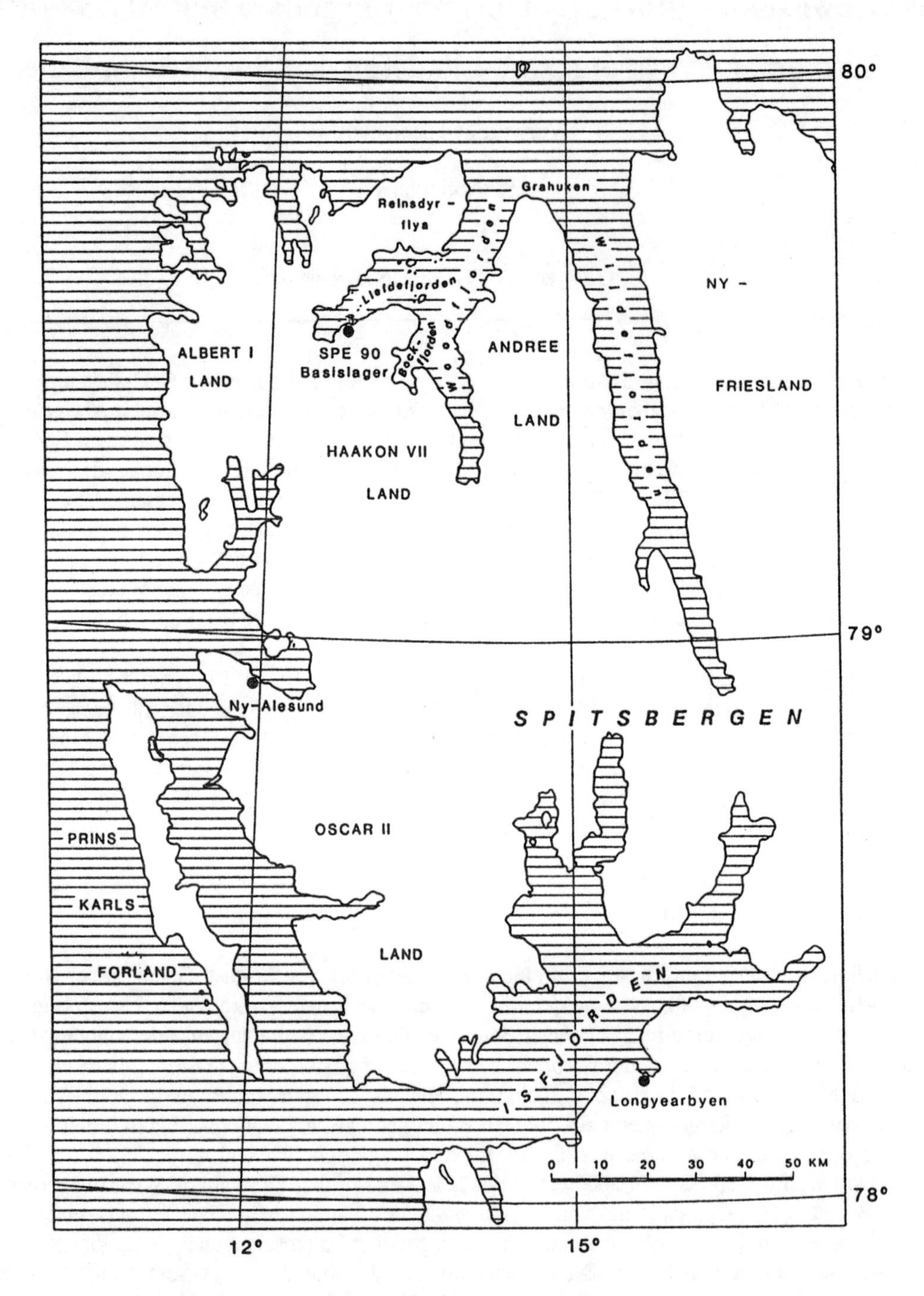

Abb. 1: Lage des Untersuchungsgebietes der Germaniahalvøya am Liefdefjorden in Nordwest-Spitzbergen.

2 Liste der Arbeitsgruppen und Teilprojektthemen (1990)
mit Angabe der Projektleiter und Arbeitsgruppenleiter

Gruppe "Geoökologie"

VERWITTERUNG UND BODENBILDUNG: Prof. Dr. Wolf-Dieter BLÜMEL & Dr. Bernhard EITEL, Geographisches Institut Universität Stuttgart, Silcherstr.9, D-7000 Stuttgart 1, Tel.(0711)121 3760

STOFFUMSATZ IN GEOÖKOSYSTEMEN: Prof. Dr. Hartmut LESER, Geographisches Institut Universität Basel, Klingelbergstr. 16, CH-4059 Basel / SCHWEIZ, Tel. (004161) 2673657

VEGETATION: Prof. Dr. Dietbert THANNHEISER & Prof. Dr. Klaus DIERSSEN, Kiel, Institut für Geographie u. Wirtschaftsgeographie Universität Hamburg, Geomatikum / Bundesstr. 55, D-2000 Hamburg 13, Tel. (040) 412349-11/-50

ORGANISCHE SPURENSTOFFE UND IONENVERHALTEN: Prof. Dr. Rainer HERRMANN & Dr. Klaus PECHER, Lehrstuhl für Hydrologie Universität Bayreuth, Postfach 101251, Universitätsstr. 30, D-8580 Bayreuth, Tel. (0921) 55-2251

GEOÖKOLOGISCHE SATELLITENDATEN: Prof. Dr. Eberhard PARLOW, Geographisches Institut Universität Basel, Abt. Meteorologie & Klimaökologie, Spalenring 145, CH-4055 Basel / SCHWEIZ, Tel.(004161) 2726480

BIOÖKOLOGIE ARKTISCHER STRÄNDE: Prof. Dr. G. HARTMANN, Zoologisches Institut Universität Hamburg, Martin-Luther-King-Platz 3, D-2000 Hamburg 13, Tel. (040) 4123 2278

Gruppe "Fluvial- und Maringeomorphodynamik"

FLUVIALGEOMORPHODYNAMIK UND AKKUMULATION IN FJORDEN: Prof. Dr. Dietrich BARSCH & Doz. Dr. Roland MÄUSBACHER, Geographisches Institut Universität Heidelberg, Im Neuenheimer Feld 348, Postfach 105760, D-6900 Heidelberg, Tel. (06221) 564570

KÜSTENGEOMORPHOLOGIE UND PERIMARINE ENTWICKLUNG: zunächst von Prof. Dr. Dieter KELLETAT, Geographisches Institut Universität Essen vorbereitet, da aber kein geeignetes Schiff für das marine Programm gefunden werden konnte, werden die Arbeiten des Teilprojekts auf die kommenden Jahre verschoben.

PERIGLAZIAL DES LITORALS, ABTRAGUNGS- UND BEWEGUNGSMESSUNGEN: Dr. Kuno PRIESNITZ, Geographisches Institut Universität Göttingen, Goldschmidtstr. 5, D-3400 Göttingen, Tel. (0551) 398051

Gruppe "Glazial- und Periglazialgeomorphodynamik"

GLETSCHERENTWICKLUNG UND MORÄNEN: Prof. Dr. Gerhard FURRER, Geographisches Institut Universität Zürich, Winterthurerstr. 190, CH-8057 Zürich / SCHWEIZ, Tel. (0041 1) 5120/21

STAUCHMORÄNEN, GLETSCHERVORFELDER, GELÄNDEKLIMA UND BODENEIS: Prof. Dr. Lorenz KING & Dr. Elisabeth SCHMITT, Geographisches Institut Universität Gießen, Senckenbergstr. 1, D-6300 Gießen, Tel. (0641) 7028203

PERIGLAZIALE DECKSCHICHTEN: Prof. Dr. Herbert LIEDTKE & Dr. Dieter GLATTHAAR, Geographisches Institut Universität Bochum, Universitätsstr. 150, Postfach 102148, D-4630 Bochum 1, Tel. (0234) 7003313

GLAZIFLUVIALE SEDIMENTATION UND GLETSCHERDYNAMIK: Prof. Dr. Johan Ludvig SOLLID, Geografik Institutt Universitetet Oslo, P.O. Box 1042, Blindern, N-0316 Oslo 3 / NORWEGEN, Tel. (..02) 466800

PERMAFROST UND RELIEFENTWICKLUNG, GEOMORPHOLOGISCHE KARTIERUNG (GMK): Prof. Dr. Gerhard STÄBLEIN, Physiogeographie & Polargeographie Universität, Postfach 330440, D-2800 Bremen 33, Tel.(0421)218 2520

Gruppe ergänzende Teilprojekte

GEÖDÄDITISCHE AUFNAHMEN, PHOTOGRAMMETRIE UND GLETSCHER-KARTOGRAPHIE: Prof. Dr. K. BRUNNER, Institut für Photogrammetrie und Kartographie, Universität der Bundeswehr München, Werner-Heisenberg-Weg 39, D-8014 Neubiberg, Tel. (089) 60044049;
Prof. Dr. Günter HELL, Vermessungswesen & Kartographie Fachhochschule, Moltkestr. 4, D-7500 Karlsruhe 1, Tel. (0721) 169-0

PALÄOBOTANIK: Prof. Dr. H.J. SCHWEITZER, Paläontologisches Institut Universität Bonn, Nußallee 8, 5300 Bonn 1, Tel. (0228) 733103

GEOLOGISCHE AUFNAHME: Prof. Dr. Friedhelm THIEDIG & Dipl.-Geol. K. PIEPJOHN, Geologisches-Paläontologisches Institut Universität, Corrensstr. 24, 4400 Münster, Tel. (0251) 83-3932

Logistik: Ak. Dir. Dr. Ulrich GLASER, Geographisches Institut der Universität, Am Hubland, D-8700 Würzburg, Tel.(0931) 888 5544

3 Zum Untersuchungsgebiet

Die Untersuchungen konzentrieren sich auf den Bereich der Germaniahalvøya und den Umkreis des Liefdefjorden. Die Namen "Germania-Höhe", "Keiser Wilhelm-Höhe", "Bock-Bucht" (= Bockfjorden) und andere geographische Namen, die heute nicht mehr auf den norwegischen Karten zu finden sind, wie z.B. "Seliger-Gletscher" für den Monacobreen oder "Pommern-Platte" für die Reindsdyrflya (vgl. Abb. 2), gehen auf eine deutsche Expedition von 1907 zurück, bei

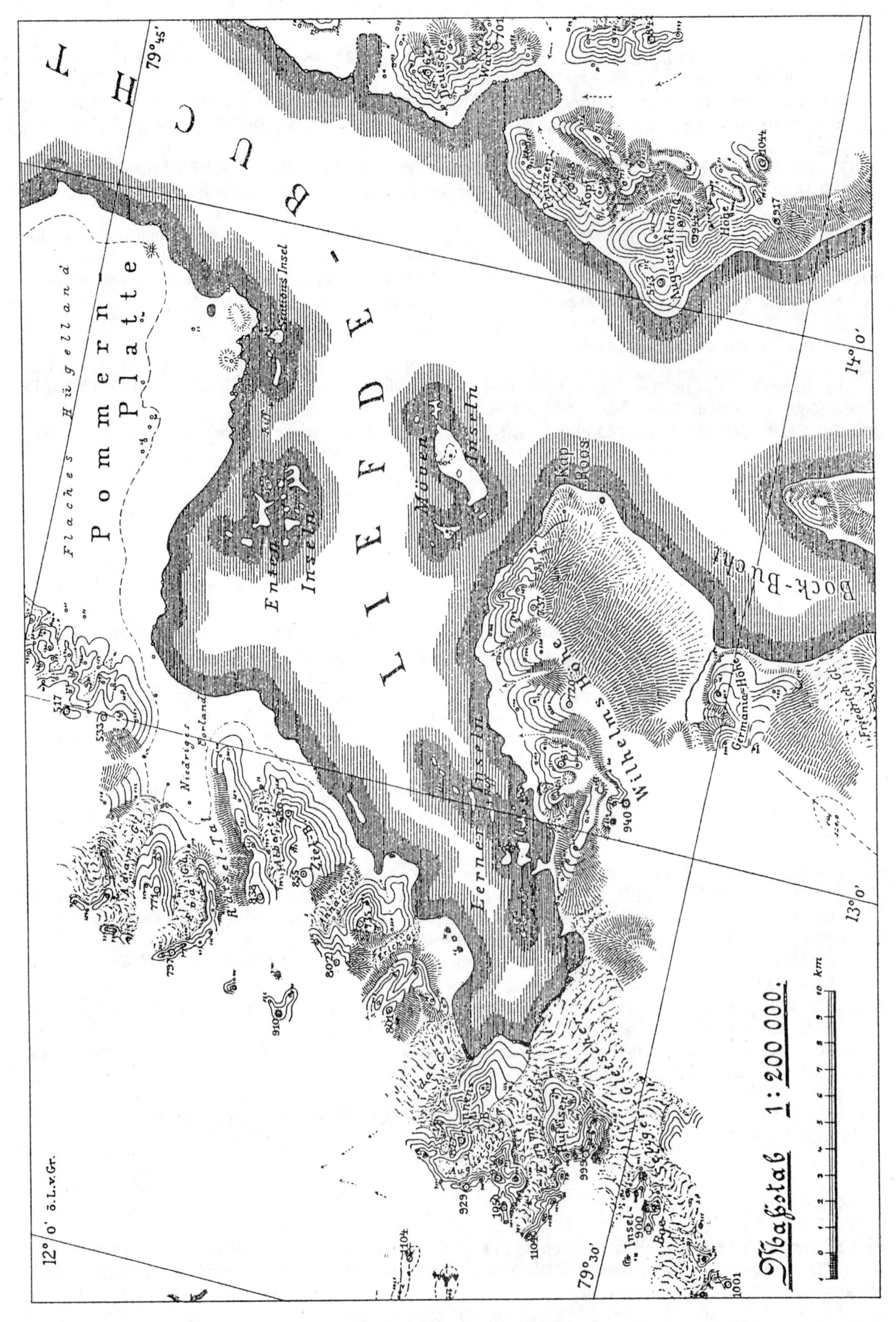

Abb. 2: Ausschnitt der historischen Karte der deutschen Poniski-Bock-Expedition von 1907, die als photogrammetrische Küstenaufnahme im Maßstab 1 : 200 000 erstellt wurde.

der die beiden Generalstabsoffiziere Oberleutnant Graf PONINSKI und Oberleutnant von BOCK eine kartographische Aufnahme den Liefdefjorden im Maßstab 1 : 200 000 durchführten (BOCK & PONINSKI 1908). Dabei wurde erstmalig in der Arktis und Polargebieten das stereophotogrammetrische Verfahren, was wir heute terrestrische Photogrammetrie nennen, eingesetzt.

Eingehender wurde das Gebiet bereits durch die Nordenskjöld-Expedition 1868 untersucht, die vom Chef des schwedischen Postverkehrswesen, Adolf Wilhelm ROOS (1824-95) zur Roosneset gebracht wurde. Der Monacobreen wurde von der Bruce-Expedition 1906/07 nach Prinz Albert I. von Monaco benannt. Der Name Liefdefjorden geht vermutlich auf ein holländisches Schiff der Walfängerzeit zurück. Das Schiff mit dem Namen "Liefde", (= Liebe) war für die holländische ostindische Kompanie 1711 auf den Shetlands registriert (NORTH POLAR INSTITUTT 1942, ORVIN 1958).

Bekannt wurde das Gebiet am Wood- und Liefdefjorden in jüngerer Zeit durch das weit verbreitete Buch von Christiane RITTER (1938) "Eine Frau erlebt die Polarnacht", in dem sie zahlreiche Plätze und ihre Erlebnisse während einer Überwinterung in den dreißiger Jahren in der Hütte am Gråhuken beschreibt, wo ihr Mann als Trapper lebte. Während des 2. Weltkriegs war eine Marinewetterstation (Station "Kreuzritter") am Nordufer des Liefdefjords auf der Reinsdyrflya stationiert, wo der Meterologe KNÖSPEL am 30.06.1944 vermutlich beim Sprengen der Station ums Leben kam. Sein Grab ist neben wenigen Stationsresten noch vorhanden.

4 Förderung und Dank

Das Expeditionsprogramm wird durch die Deutsche Forschungsgemeinschaft (DFG), den Schweizerischen Nationalfond (SNF) und das Alfred-Wegener-Institut (AWI) für Polar- und Meeresforschung in Bremerhaven gefördert. Die Untersuchungen im Umkreis der Germaniahalvøya am Liefdefjorden wurde nur möglich durch die Erteilung der Forschungserlaubnis im Naturreservat Nordwest-Spitzbergen durch den norwegischen Gouverneur für Spitzbergen, Sysselmannen på Svalbard, der auch bei organisatorischen und logistischen Aufgaben Unterstützung gab.

Allen, die zur Verwirklichung des Forschungsprogramms mit Rat, Tat und Finanzierung beigetragen haben, sei an dieser Stelle gedankt. - In besonderer Weise sei hier hervorgehoben Herr Kollege Prof. Dr. WOLF-DIETER BLÜMEL, Geographisches Institut Stuttgart, der die umfangreiche Aufgabe des *Koordinators* übernommen hat, sowie Herr Akad. Direkt. Dr. ULRICH GLASER, Geographisches Institut Würzburg, der mit viel sorgfältiger Vorarbeit die *Logistik* verantwortlich durchführt.

Bremen, Herbst 1990

Gerhard Stäblein

Literatur

BOCK, F.K.v. & PONINSKI 1908: Versuch photogrammetrischer Küstenaufnahmen gelegentlich einer Spitzbergen-Expedition im Sommer 1907. (Die Liefde-Bucht 1 : 200 000 stereophotogrammetrisch aufgenommen im Juli 1907 durch Oberleutnant Graf PONINSKI und Oberleutnant von BOCK. Bildmessung und Konstruktion: SELIGER, Topograph.) - Z. Ges. f. Erdkunde, 1908 (2): 599-604, Berlin.

LESER, H. & BLÜMEL, W.B. & STÄBLEIN, G. (Hg) 1988: Wissenschaftliches Programm der Geowissenschaftlichen Spitzbergen-Expedition 1990 (SPE 90) "Stofftransporte Land-Meer in polaren Geosystemen". - Materialien und Manuskripte, Univ. Bremen, Studiengang Geographie, 15: 1-49, Bremen.

RITTER, C. 1938 (10. Auflage 1991): Eine Frau erlebt die Polarnacht. - Ullstein Sachbuch - 34780: 1-191, Frankfurt, Berlin.

NORSK POLAR INSTITUTT (Hg) 1942: Placenames of Svalbard. - Skrifta om Svalbard og Ishavet; Norges Svalbard - og Ishavet under Søkelser, 80: 1-539, Oslo.

ORVIN, A.K. 1958: Supplement I to the Placenames of Svalbard, dealing with new names 1935-1955. - North Polar Institutt Skrifta, 112: 1-113, Oslo.

Anschrift:

PROF. DR. GERHARD STÄBLEIN, Physiogeographie & Polargeographie, Universität Bremen, Fachbereich 5 Geowissenschaften, Postfach 330440, D-2800 Bremen 33, Telefax (0421) 218 4587, Tel.(0421) 218 2520.

MATERIALIEN UND MANUSKRIPTE - Studiengang Geographie, Heft 19: 13 - 21, Bremen 1991.

Permafrost und Kryogene Georeliefentwicklung im Bereich des Liefdefjorden/Nordwest-Spitzbergen

mit 3 Abbildungen

GERHARD STÄBLEIN, Bremen

1 Fragestellungen

Ziel der seit Sommer 1989 von einer Arbeitsgruppe der Universität Bremen betriebenen geomorphologischen Untersuchungen ist es, aus Meßreihen, Feldexperimenten und Kartierungen repräsentative geomorphologische Modelle zur Interpretation und Bewertung polarer Reliefverhältnisse abzuleiten. Dazu gehören:

- Ablauf, Wirkung und Randbedingungen einzelner geomorphologischer Prozeßgruppen, insbesondere Temperaturentwicklung für Auftauboden und Permafrost zu erfassen;
- Wechselwirkungen von Prozeßkomplexen unter verschiedenen Rahmenbedingungen zu erkennen, Massenbilanzen für Hang- und Talbildung abzuschätzen;
- aktuelle und vorzeitliche Prozeßspuren zu erklären; Prozeßraten aus der Geschichte der Vergletscherung und Küstenhebung abzuleiten;
- geomorphologische Raumgliederung und Inventarisierung bzw. Typisierung von Standorten und Reliefarealen durch eine geomorphologische Kartierung.

Die Thematik will einen Beitrag erarbeiten zum Rahmenthema des geo-biowissenschaftlichen interdisziplinären Expeditionsprogramms "Sedimenttransport Land-Meer in arktischen Geosystemen" (vgl. LESER & BLÜMEL & STÄBLEIN 1988).

Die Wechselwirkungen der unterschiedlichen physiogeographischen Bedingungen von Klima, Wasser, Permafrost und Relief als Geosystem in seiner zonalen Ausprägung sollen abstrakt modellhaft und konkret in der regionalen Differenzierung erfaßt werden.

Die bisherigen Geländebefunde erlauben Aussagen zur Verteilung, Mächtigkeit und Charakteristik des Permafrosts und der sommerlichen Auftauschicht.

Langzeitentwicklungen polarer Landschaftsformen und ihrer kryogenen Verhältnisse unter Einfluß der klimatischen und tektonischen, tertiär-quartären Änderungen werden aus dem Vergleich der Reliefformen mit der aktuellen kryogenen Geomorphodynamik und Vorzeitreliefformen (u.a. Moränen und gehobene Küstenlinien) als "Reliefgenerationen" abschätzbar.

2 Relief am Liefdefjorden

Die Germaniahalvøya (vgl. Abb. 1) mit ca 300 qkm liegt in Nordwest-Spitzbergen zwischen Liefdefjorden im NW und Wood- und Bockfjorden im E bzw. SE. Sie gehört zum Haakon VII Land. Nach W wird das Gebiet der Germaniahalvøya durch den breiten Eisstrom des Monacobreen begrenzt und im S schließt das Eisstromnetz des Karlsbreen an, das zur Holtedahlfonna überleitet. Das Gebiet liegt bei 79°30' N 13° E im rezenten periglazialen Gebiet mit Tundra- und Frostschuttbereichen sowie Gletscher- und Schneeflächen. Das arktische Klima ist für die Breitenlage mild mit ca. -8°C JMT und ca. 350 bis 500 mm Niederschlag. Nach der vorläufigen Auswertung der Meßreihen im Winter 1989/90 reichten die Lufttemperaturen bis -28°C Anfang Dezember und in Bodennähe sogar bis -36°C.

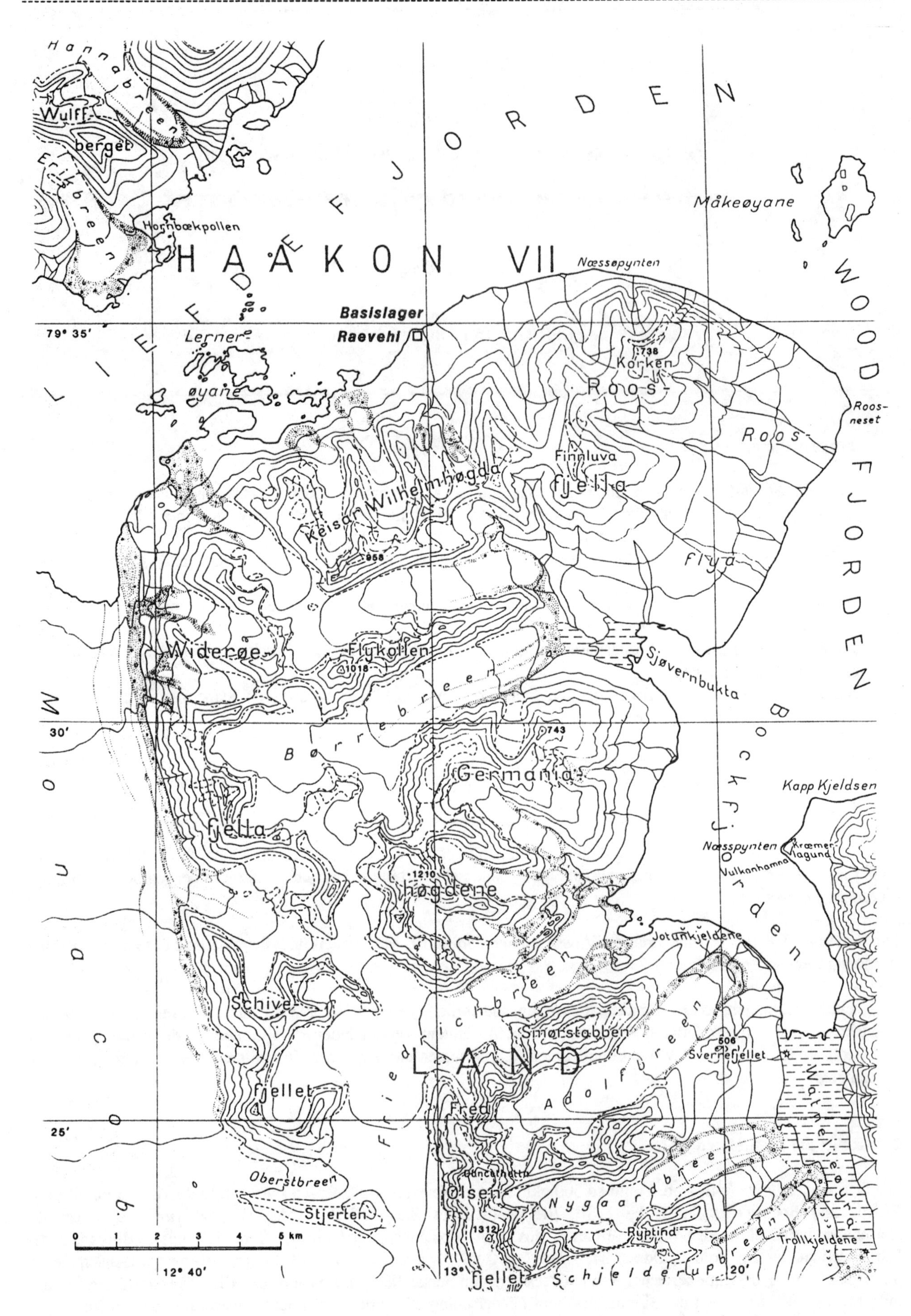

Abb. 1: Karte der Germaniahalvøya am Liefdefjorden mit der Lage des Basislagers ("Raevehi" = norwegisch Fuchsbau) nach verschiedenen kartographischen Unterlagen des Norsk Polar Institutt.

Die Höhenlage der Firnlinie auf den Gletschern der Gegend wechselt von Jahr zu Jahr und lag in den letzten Jahren in den Nährgebieten der Gletschern mit 400 bis 500 m sehr hoch. Die Zeit der Mitternachtssonne dauert vom 17.4. bis 26.8 ., 132 Tage; die Polarnacht dauert 119 Tage von 24.10 bis 19.2.

Die höchsten Berge übersteigen 1200 m: Dancethetta 1263 m, Germaniahøgda 1209 m; die nördlichen Höhen der Halbinsel erreichen im Flykollen 1018 m, im Keiser Wilhelmhøgda 959 m, Finnluva 755 m und Korken 738 m. Im Liefdefjorden sind niedrige eisüberschliffene Inseln vorgelagert: im Westen die Lernerøyane und im Osten die Måkeøyane sowie die Andøyane.

2.1 Petrographische Morphovarianz

Das Relief um den Liefdefjorden wird in den großen Landschaftsformen in erster Linie durch die Variation der geologischen Bedingungen verursacht. Die petrographischen Verhältnisse sind bereits im Überblick der Berg- und Talformen aber auch in der feineren geomorphologischen Gestaltung der Hänge bestimmend. Die harten kristallinen Metamorphite der präkambrischen Hekla Hoek-Serien bauen die scharfzackigen alpinen dunklen gletschertragenden Bergformen im Westen auf. Hier reichen die Gletscher oft bis zum Meeresniveau herunter, wie besonders eindrucksvoll der Monacobreen oder der Idabreen. Im Gegensatz dazu stehen die roten und grauen Sand- und Siltsteinberge von Andreeland im Osten mit Glatthängen und Dreieckshängen, deren Morphologie mit weiten Schuttkegeln und Unterhangpedimenten an Gebirge der Trockengebiete erinnern. Die Gletscher haben sich hier auf kleine Reste in größerer Höhe über 700 m zurückgezogen.

Zwischen beiden Gebieten liegt die Germaniahalvøya, zwischen Liefdefjorden und Bockfjorden, wo an großen Grabenverwerfungen abgeschoben unterschiedlich alte Gesteinsschichten nebeneinander von Ost nach West zu liegen kommen. Jungdevonischen Wood Bay-Schichten mit vorherrschend roten Sand-, Siltsteinen und Konglomeraten bilden die Roosfjella. Die grauen bis grünen glimmerführenden Sandsteine der Siktefjelletformation stehen mit dem namengebenden Berg am Nordufer des Liefdefjorden östlich des Hannabreen an und leiten über zum Massiv des Keiser Wilhelmhøgda, wo schließlich die grauen Gneise und schwarzen Quarzlinsenschiefer von der Küste als Basis in den Talflanken hinaufragen im Bereich der Lernerøyane, wo sich auch Einschaltungen von Marmoren finden. Diese präkambrischen Hekla Hoek-Schichten stehen auch nördlich des Liefdefjorden zwischen Hanna- und Erikbreen an. Die Berge am östlichen Rand des Monacobreen in der Wiederøefjella werden wieder von den jüngeren devonischen Schichten der Red Bay-Serien gebildet. Diese plattigen Sandsteine bilden die zersplitterten Ausbisse und Gipfel, die in Frostschutt ertrinken.

Verdeckt werden die anstehenden Schichten des Untergrundes durch mächtige schluffreiche Schuttdecken an den Hängen und durch tundrenbewachsene Verwitterungsdecken der Vorländer. Weitverbreitet ist die Streu mächtiger Geschiebe. Stellenweise konzentrieren sie sich zu ausgespühlten Moränenfeldern und reichen vereinzelt mit mehrere Meter großen Blöcken bis auf die Höhen, z.B. auf den Korken in 738 m oder auch auf den jungquartären (?) olivinreichen Vulkan am südlichen Bockfjorden, dem Sverrefjellet bei 507 m. An den steileren Hängen fehlt meist die Geschiebestreu. Auf der flacheren Rampe der Roosflya reicht die Geschiebestreu von der Küste bis zu den Höhen. An den westlichen Küsten von Andreeland fehlen Geschiebe und Moränen.

2.2 Periglazial

Die rezenten Periglazialprozesse haben einen reifen Formenschatz der Mesoformen (d.h. Reliefformen mit einer Basisbreite über 100 m) geschaffen. Periglaziale Einzelformen und Kleinformen wie Frostmuster, Palsas u.a. treten zurück. Nur unsortierte Kreise und Streifen (Mudpits und Mudpitstreifen) neben wenig entwickelten Steinstreifen und Polygonen treten auf. Auf den Hängen herrscht eine amorphe, freie, z.T. auch halbgebundene Kryofluktion vor. Die Hangglättung überwiegt gegenüber den wenigen Hangkerben und Hangzerschneidungen, die meist von periodischen Schneeflecken ausgehen. Auf flachen Hängen, insbesondere Unterhängen finden sich deutliche Abluation ("Kryoabluation") und Filterspülung in der Auftauschicht.

Mit 100 bis 200 m läßt sich vorläufig nach den Bodentemperaturen der oberflächennahen Schicht die Mächtigkeit des Permafrostes abschätzen. Die sommerliche Auftauschicht reicht bereits Anfang Juli in tieferen Lagen weiter als 1.50 m. Nur an besonderen Standorten wird der Permafrost in 1 m Tiefe erreicht. Es handelt sich um trocken gefrorene Feinmaterial- und Schutt- bzw. Kiesschichten. Eislamellen und Blankeiskomplexe sind nur bei überschütteten Aufeiskomplexen ausgebildet.

Eine auffällige Erscheinung, die bisher in der Literatur nicht beschrieben wurden, sind die "Kryostasieblöcke". Es handelt sich um die frost- und eisbedingte Heraushebung von Geschiebeblöcken aus der Verwitterungsdecke. Sie unterscheiden sich nach den verschiedenen beobachtbaren Entwicklungstadien eindeutig von den sogenannten "Bremsblöcken" und "Wanderblöcken", wie sie aus den periglazialen alpinen Bereichen beschrieben wurden. Die offensichtlich aktuell aktiven Blockhebungen werden als ein Anzeichen von in den letzten Jahren tiefer reichenden Auftauschicht. Dadurch wurden die bisher im Permafrost mit der Basis ganzjährig eingefrorenen Blöcke unterstützt von Eislinsenbildung in der Auftauschicht von der Kryostasie erfaßt. Ob diese Beobachtung in Verbindung mit dem allgemeinen Gletscherrückgang als Zeichen einer allgemeinen Erwärmung gelten kann, bleibt noch unsicher, da der Vorgang der Kryostasie durch Wärmeaustausch und Bodenwassereinflüsse in einem komplexen System gesteuert wird.

2.3 Gletscherentwicklung und marine Terrassen

Heute sind die Gletscher überall gegenüber den Luftbildständen der 60er-Jahre (1966) stark zurückgegangen. Am Monacobreen beträgt der Rückgang fast 2 km. Vor der Kalbungsfront sind zwei kleine Schären frei geworden. Alle größeren Gletscher werden durch markante junge Moränen gekennzeichnet. Von deren äußeren grobblockigen steilen Stirnmoränen haben sich die heutige Zungenendlagen in mehreren meist drei, wenig unterscheidbaren Ständen um mehrere hundert Meter zurückgezogen. Diese Spuren jüngster Gletschervorstöße, die sich auch in meist grauen, hellen, von Flechten kaum bewachsenen Seitenmoränen dokumentieren, stehen in auffälligem Gegensatz zu den durch Verwitterung und Ausspülung stark überprägten Spuren älterer Vereisungsstände.

Es wurden eindeutige Indizien für ältere Vereisungsstände gefunden, die mit regionalen Geschieben und Leiterratika bis 730 m Höhe reichen. Postglaziale Gletscherschwankungen sind auf die markanten Eiskernmoränen der letzten Jahrhunderte beschränkt. Nur die Geschiebeverbreitung zeigt eindeutig ein ehemaliges Eisstromnetz, das bis über 700 m hinaufgereicht haben muß und auch über die weite moränenbedeckte Fläche der Reinsdyrflya nach Norden reichte. Die Rekonstruktion der Vergletscherungsgeschichte aus den wenigen Moränenspuren, die einzelne Eisrandlagen markieren, bleibt überregional mehrdeutig. Für eine stratigraphisch zeitliche Einordnung fehlen bisher Datierungen und Zeitmarken.

An der Nordseite des Liefdefjorden auf der Reinsdyrflya findet man ein hügeliges Periglazialrelief mit geringer aktueller Abtragungsdynamik und sehr alten glazialen Spuren in Form einer Moränenstreu mit z.T. mächtigen Geschiebeblöcken, aber auch wenig ausgeprägten flachen Moränenwällen, so z.B. im Südosten bei Worsleyhamna. An Kliffbereichen bei Worsleyhamna unter Moränen- und Strandterrassensedimenten, auf jung wieder freigelegten Abtragungsdiskordanzen zeigen sich überraschend eindeutige Gletscherschrammen, die auf eine glaziale Formung von SE vom Andreeland her hinweisen und die sich mit schwächeren, jüngeren Schrammen aus dem Liefdefjorden aus SW überschneiden.

Eine Begehung der Täler und Küstenstrecke im Osten jenseits des Woodfjorden, zwischen Jakobsbukta im S und Seelagune im N an der Westküste von Andreeland erbrachte eindeutige jüngere marine Terrassen bis 30 m ü.M. und über Moränen ausgebildet ältere bis 70 m ü.M.; entsprechende Niveaus fehlen am Liefdefjord. Dies weist auf eine noch unerklärte regionale differenzierte Entwicklung der Deglaziation und der Glazialisostasie hin.

Spuren der Meeresspiegelschwankungen sind an allen Küsten vorhanden. Marine Gerölle - markant nach Form, Größenspektrum und regionaler Zusammensetzung - reichen bis maximal 35 m MHW auf deutlichen Verebnungen. Terrassensedimente, z.T. mit Muscheln und marinen Feinsubstraten, reichen in zwei Gruppen oft von gekapptem Anstehenden gestützt zwischen 30 und 17 m ("obere marine Terrassengruppe" = OMT) sowie von 8 bis 15 m ("untere marine Terrassengruppe" = UMT). Diese Sedimente und Formen sind aus Strandwallserien und lagunären Sedimentationsbereichen entstanden. Sie sind die Zeugnisse der glazialisostatischen Landhebung. Eine Datierung der Terrassen liegt bisher nicht vor. An der Nordküste der Germaniahalvøya fehlen marine Terrassen über 18 m NN.

Auf der Reinsdyrflya wurde ein 80 m-Niveau nach Muscheln mit ^{14}C auf ein Alter von 43 ka datiert (SALVIGSEN & NYDAL 1981); in Andreeland wurden Terrassen bis 42 m (11 ka) als holozän angesprochen, höhere Niveaus bis 78 m werden dort älter als 40 ka datiert. Solch hohe Terrassen fehlen auf der Germaniahalvøya und treten erst weiter gegen Osten auf, wo eine mächtigere Vereisung länger ausgebildet war.

Für Westspitzbergen rechnet man nach zahlreichen Untersuchungen vom Hornsund bis Nordaustland bzw. Kong Karl Land mit folgender Gliederung der quartären Phasen und Sedimente (BOULTON & RHODES 1974, ÖSTERHOLM 1978, SALVIGSEN 1979, TROITSKY et al. 1979, SALVIGSEN & NYDAL 1981, MANGERUD & SALVIGSEN 1984):

(1) - Moränen einer großräumigen mächtigen Vereisung
(RISS ?) 116 ka
(2) - Marin einer gletscherarmen Phase mit offenen Fjorden
(EEM ?) 70 ka
(3) - ältere Moränen
(Früh-WÜRM I) um 50 ka "Billefjord-Stadium"
(4) - Transgressionssedimente und ältere marine Terrassen
(Mittel-WÜRM INTERSTADIAL) 43-50 ka
(5) - jüngere Moräne
(Hoch-WÜRM II) 26 ka "Kongsfjord-Stadium"
(6) - jüngere Moräne
(Spät-WÜRM III) 11-10 ka "Bellsund-Stadium"
(7) - jüngere marine Terrassen bis ca 30 m
(Postglazial, HOLOZÄN)
(8) - ? postglaziale Gletschervorstöße
(ATLANTIKUM) 3-2,5 ka "Grönfjorden-Stadial"
(9) - jüngste Moränenserie
(MITTELALTER/NEUZEIT) ab 0,6 ka "Kleine Eiszeit"
(10) - rezente Kliffbildungen, vorherrschend im westlichen Svalbard, aber auch im Südosten nachgewiesen
(Ende der glazialisostatischen Hebung)

4 Geomorphologische Kartierung

Eine systematische Routenaufnahme und vergleichende Luftbildauswertung, insbesondere der neuesten Infrarot-Aufnahmen aus dem Sommer 1990, die im Auftrag des norwegischen Polarinstituts aufgenommen wurden, soll eine geomorphologische Karte (GMK) für die Germaniahalvøya am Liefdefjorden liefern. Damit wird eine Typisierung nach regional repräsentativen Standorten und Arealen im Hinblick auf die geoökologischen Faktoren, die den Landschaftshaushalt und die geomorphologischen Prozesse bestimmen, versucht. Für die Kartenlegende wird abweichend vom klassischen GMK-Konzept mit seiner analytisch komplexen Darstellung nach einzelnen Informationsschichten (vgl. STÄBLEIN 1978) eine integrative Erfassung und Darstellung gewählt, wie sie bereits bei Feldarbeiten in Ostgrönland erfolgreich eingesetzt wurde (STÄBLEIN 1987, SCHUNKE 1986). Die kleinräumig sehr wechselnden Standortbedingungen und die Notwendigkeit einer Routenaufnahme in wenigen Profilen - unterstützt durch intensive stereoskopische Luftbildkartierung - macht eine solche Erfassungs- und Darstellungsmethode notwendig.

Die geomorphologischen Kartiereinheiten (= GKE) werden bestimmt und abgegrenzt nach Leitformen des Reliefs, Reliefeigenschaften (z.B. Schwellenwerte der Neigung), Substrat bzw. Untergrund sowie Genese. Es werden 16 Typen von geomorphologischen Kartiereinheiten unterschieden. Diesen "Geomorphochoren" kommen auch als geoökologische Raumeinheiten im Landschaftshaushalt eine jeweils besondere Bedeutung zu. Es werden bisher folgende GKE unterschieden (in Klammer die Angabe der Flächenfarbe für die Kartierung):

(1) ältere Moränen (dunkel-violett)
(2) junge Moränen (violett)
(3) inaktives Fluvial (dunkel-grün)
(4) rezentes Fluvial (grün)
(5) Glazi-fluvial (Schmelzwasser-Ebenen u. -Rampen) (türkis/eisgrün)
(6) steiles (>7°) kryofluidales Periglazial (dunkel-erika)
(7) flaches (<7°) kryoturbates Periglazial (rosa-erika)
(8) steile (>15°) kryoklastische Frostschutthänge (ocker)
(9) Verebnungen an Frostschutthängen (gelb)
(10) Rutschungen & Felsstürze, gravitativ (braun)

(11) Gesteinsausbisse & Felshänge, strukturell (orange-rot)
(12) glaziale Felsformen (orangerot mit violetten Strichen)
(13) Gletscher (eisgrüne Umrandung)
(14) Schneeflecken / Aufeis (eisgrüne Umrandung mit Strichsignatur)
(15) Torf- & Moorflächen / Vernässungsbereiche (oliv)
(16) Perimarin mit Sedimentangaben (Strände u. Watten) (hellblau)

4 Temperaturen der Auftauschicht

Während der Zeit des Aufbaus der Station konnten bereits im Sommer 1989 Datalogger mit einem Meßmast und Bodensensoren installiert werden. Mit Batterieversorgung wurden alle 15 Minuten Werte gemessen und gemittelt für Stunden registriert. Es wird in folgenden Höhen und Tiefen gemessen: +200, +50, -5, -30, -50, -80, -100, -120 cm. Der Standort der Meßeinrichtungen liegt küstennah, ca. 60 m von der Küste, auf einer Schwemmfächerterrasse in einer Höhe von 6.30 m über dem Meer. Die Variation von Auftautiefen und Bodentemperaturen wurde an ausgewählten Standorten mit einem Sensorbohrer und elektrischen Bodenthermometern gemessen. Daraus ergibt sich ein Bild der Temperaturvarianz in der Auftauschicht für einen küstennahen Terrassenstandort (Abb. 2).

Es wurden zunächst zur Übersicht in mehrere geomorphologischen Catenen Temperatur- und Auftaumessungen bis zur Wasserscheide aufgenommen. Dabei wurde nur noch in oberen Hanglagen eine eisfreie Frosttafel inlediglich 20 cm Tiefe gefunden; in den meisten Positionen werden bei Schneefreiheit, die allgemein in tieferen Lagen bis 200 m Höhe ab Mitte Juni 1990 eingetreten ist, bereits eine mächtige Auftauschicht von mehr als 89 cm Mächtigkeit festgestellt. Die Auftautiefen sanken im Verlauf des Sommers (Juli/August) soweit ab, daß sie dann mit dem Bohrstock nicht mehr erreicht werden konnten.

Die automatischen Datenregistrierungen konnten im Sommer 1990 von den Modulen ausgelesen und mit einem netzunabhängigen PC-Laptop aufbereitet werden. Es zeigt sich, daß aufgrund des Spannungsabfalls während der sehr kalten Perioden im Spätwinter (nach dem Februar 1990) Meßwerte z.T. fehlerhaft sind. Um den Referenzmeßstrom konstant zu halten, wurde für die weiteren Meßreihen auf Mittelwertablage verzichtet und der Meß- bzw. Registrierabstand auf zwei Stunden vergrößert.

Für den Winter 89/90 wurden gesichert Mitteltemperaturen des Bodens in 5 cm Tiefe von -14.1°C und Extreme von -38.5 und +10.3°C registriert. Überraschend konnten auch im Dezember nach ausgeprägten Kälteperioden kurzzeitig Lufttemperaturen um den Gefrierpunkt festgestellt werden (vgl. Abb. 3). Es wurden an unterschiedlichen Standorttypen Geoelektrikprofile gemessen, um die Gesamtmächtigkeit des Permafrostes und seine Grenze zum Niefrostboden zu ermitteln.

Um die Auftau- bzw. Abschmelzentwicklung als Auswirkungen der Strahlung und des Wärmeflusses zu erfassen, wurden auf dem Glopbreen, einem Gletscher westlich des Lagers, Eisablationspegel gesetzt und mehrfach nachgemessen. Zusätzlich wurden dort auch Eisbewegungsraten gemessen. Es ergaben sich Abschmelzraten von 0.5 bis 5.1 cm pro Tag für die Monate Juli und August 1990 und Summen von über einem Meter in 35 Tagen.

Die begonnenen Untersuchungen werden in den kommenden zwei Jahren mit den ganzjährigen automatischen Temperaturmessungen und zwei weiteren Feldkampagnen zur Kartierung und Detailstudien fortgesetzt. Es werden damit Ausagen angestrebt, die von den speziellen klimatischen Ausprägungen eines Jahresganges und den möglichen Anomalien unabhängiger sind und damit repräsentativer für das Geschehen im kryogenen arktischen Geosystem. Bereits jetzt zeigt sich gegenüber vergleichbaren Untersuchungen in Ostgrönland (STÄBLEIN 1987) und im Bereich der Antarktischen Halbinsel (BARSCH & STÄBLEIN 1987) eine eigenständige Ausprägung des kryogenen Systems. Die Polarzone zeigt eine viel größere Varianz in den physiogeographischen Prozessen, als das bisher angenommen wurde. Alle Extrapolationen und Bewertungen auch im Hinblick globaler Steuerungen und Änderungen im Rahmen der Diskussion um "Global Change" müssen dies berücksichtigen.

Die Feldarbeiten und Ausarbeitungen werden mit Unterstützung von wissenschaftlichen Mitarbeitern (VOLKER HOCHSCHILD et al.) und Diplomanden (GERD KÖNIG, THOMAS FOREMNY et al.) in der Arbeitsgruppe an der Universität durchgeführt.

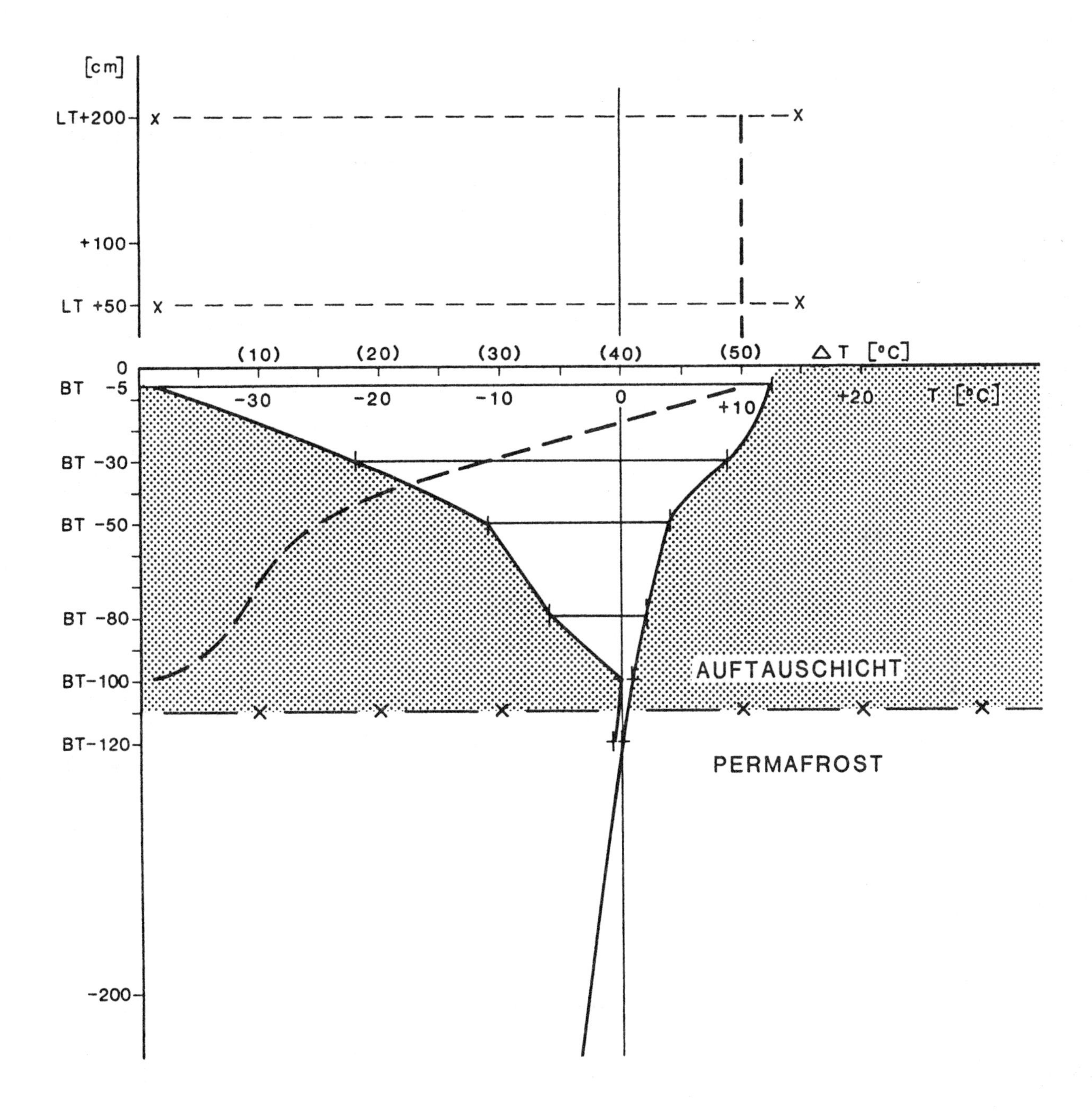

Abb. 2: Temperaturschwankungen in der Auftauschicht über Permafrost am Liefdefjorden/NW-Spitzbergen (Juli 1989 bis August 1990).

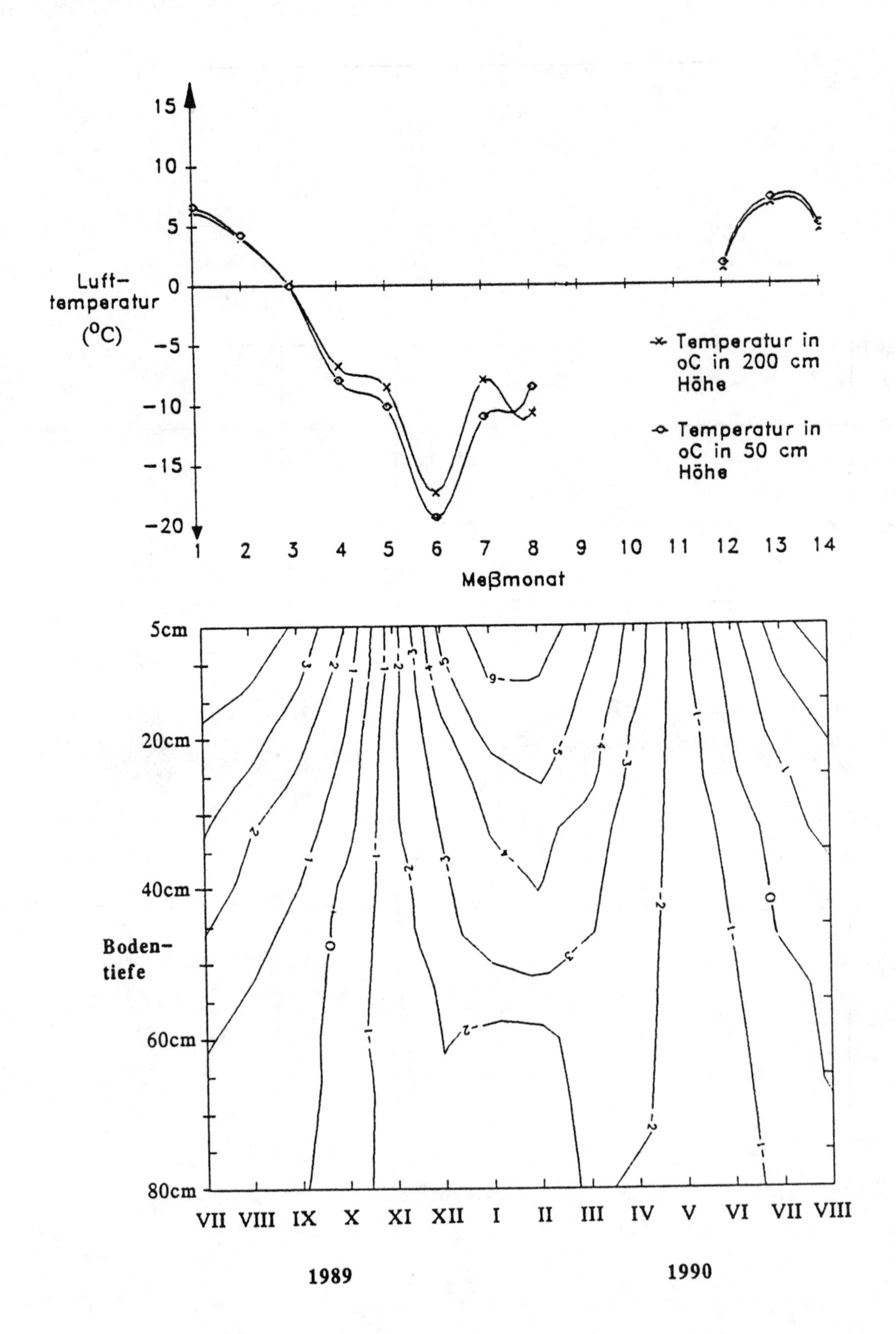

Abb. 3: Diagramm der mittleren Luft- und Bodentemperaturen eines Jahres am Liefdefjorden/NW-Spitzbergen (Juli 1989 bis August 1990); Terrassenstandort 6.3 m ü.M. beim Basislager gemessen mit automatischen elektrischen Widerstandsmeßfühlern (PT100).

Literatur

BARSCH, D. & STÄBLEIN, G. 1987: Untersuchungen zu periglazialen Geosystemen in der Antarktis. - Verh. 45. Dt. Geogr.-Tag Berlin 1985: 274-281, Stuttgart.

BOULTON, G.S. & RHODES, M. 1974: Isostatic uplift and glacial history in northern Spitsbergen. - Geol. Mag., 111: 481-500.

LESER, H. & BLÜMEL, W.D. & STÄBLEIN, G. (Hg) 1988: Wissenschaftliches Programm der Geowissenschaftlichen Spitzbergen-Expedition 1990 (SPE 90) "Stofftransporte Land-Meer in polaren Geosystemen". - Materialien und Manuskripte, Univ.Bremen, Studiengang Geographie, 15: 1-49, Bremen.

MANGERUD, J. & SALVIGSEN, O. 1984: The Kapp Ekholm section, Billefjorden, Spitsbergen: a discussion. - Boreas, 13: 155-158, Oslo.

ÖSTERHOLM, H. 1978: The movement of the Weichselian ice sheet over Northern Nordaustlandet, Svalbard. - Geogr. Ann., 60A (3-4): 189-208.

SALVIGSEN, O. 1979: The last deglaciation of Svalbard. - Boreas, 8: 229-231, Oslo.

SALVIGSEN, O. & NYDAL, R. 1981: The Weichselian glaciation in Svalbard before 15.000 B.P. - Boreas Vol. 10: 433-446, Oslo.

SALVIGSEN, O. & ÖSTERHOLM, H. 1982: Radiocarbon dated raised beaches and glacial history of the northern coast of Spitzsbergen, Svalbard. - Polar Research, 1: 97-115.

SCHUNKE, E. 1986: Periglazialformen und Morphodynamik im südlichen Jameson-Land, Ost-Grönland; Ergebnisse der Ostgrönland-Expedition 1980 der Akademie der Wissenschaften in Göttingen, Teil 1. - Abh. Akad. d. Wiss. Göttingen, Math.-Phys.Kl. III/36: 1-142, Göttingen.

STÄBLEIN, G. (Hg) 1978: Geomorphologische Detailaufnahme, Beiträge zum GMK-Schwerpunktprogramm I. - Berliner Geogr. Abh., 30: 1-95, Berlin.

STÄBLEIN, G. 1983: Polarer Permafrost, klimatische Bedingungen und geomorphodynamische Auswirkungen. - Geoökodynamik, 4 (3/4): 227-248, Darmstadt.

STÄBLEIN, G. 1985: Dynamik und Entwicklung arktischer und antarktischer Küsten. - Kieler Geogr. Schr., 62: 1 - 18, Kiel.

STÄBLEIN, G. 1987: Periglaziale Mesoreliefformen und morphoklimatische Bedingungen im südlichen Jamesonland, Ost-Grönland; Ergebnisse der Ostgrönland-Expedition 1980 der Akademie der Wissenschaften in Göttingen. Teil 2. - Abh. Akad. Wiss. Göttingen, Math. Phys. Kl.3 (37): 1-114, 1 Faltkarte 1:100 000, Göttingen.

TROITSKY, L. & PUNNING, J.-M. & HÜTT, G. & RAJAMAE, R. 1979: Pleistocene glaciation chronology of Spitsbergen. - Boreas, 8: 401-407, Oslo.

Anschrift:

PROF. DR. GERHARD STÄBLEIN, Physiogeographie & Polargeographie, Universität Bremen, Fachbereich 5 Geowissenschaften, Postfach 330440, D-2800 Bremen 33, Telefax (0421) 218 4587, Tel.(0421) 218 2520.

MATERIALIEN UND MANUSKRIPTE - Studiengang Geographie, Heft 19: 23 - 34, Bremen 1991.

Stofftransport Land - Meer, Teilprojekt fluviale Geodynamik vorläufiger Bericht der Gruppe Heidelberg

mit 5 Tabellen und 4 Abbildungen

DIETRICH BARSCH & ROLAND MÄUSBACHER & GERD SCHUHKRAFT & ACHIM SCHULTE, Heidelberg

1 Fragestellung und methodischer Ansatz

Das Ziel der Geowissenschaftlichen Spitzbergen-Expedition wurde im Januar 1986 von D. Barsch im ersten Rundschreiben, das der Vorbereitung dieser Expedition galt, wie folgt umschrieben: Das Projekt soll "die historische Entwicklung und die gegenwärtige Dynamik eines Polargebietes von den Gletschern bis in den tieferen marinen Sedimentationsbereich untersuchen. Ziel ist es dabei, die geomorphologisch-geoökologischen Beziehungen zwischen Land-Eis-Wasser-Meer beispielhaft zu erfassen, so daß am Ende neben der regionalen Kenntniserweiterung auch ein integriertes Modell der miteinander verbundenen Prozeßabläufe steht." In der englischsprachigen Darstellung vom Juli 1986, das der internationalen Kommunikation diente, wurde das Ziel als "the development of an overall model of the actual fluxes of mass and energy in a polar test area" umschrieben.

Bei dieser Zielsetzung ist es im wesentlichen geblieben; das allgemeine Thema lautet heute in Anlehnung an diese Vorgaben, die auch in PONAM (Polar North Atlantic Margin, Late Cenozoic Evolution der ESF, Darstellung vom Juli 1987) Eingang gefunden haben: "Stofftransporte Land-Meer in polaren Geosystemen" (vgl. LESER & BLÜMEL & STÄBLEIN 1988).

Im Rahmen dieser Zielsetzung kommt der Untersuchung der fluvialen Transporte, die in der Regel das verknüpfende Glied zwischen den glazigenen und den periglazialen Massenumlagerungen und den endgültigen Ablagerungsgebieten im Meer darstellen, zentrale Bedeutung zu. Die Gruppe Heidelberg hat sich dieser zentralen Problematik mit großem Interesse zugewandt, da sie sich

- erstens in den letzten Jahren intensiv mit fluvialer Geomorphodynamik in Mitteleuropa beschäftigt hat (vgl. BARSCH et al. 1989a, BARSCH et al. 1989b) und da sie

- zweitens über entsprechende Erfahrungen in nord- und südpolaren Gebieten verfügt (BARSCH & KING, 1981, BARSCH et al. 1985, FLÜGEL 1983, MÄUSBACHER im Druck, SCHULTE im Druck).

Die Gruppe Heidelberg liefert im Rahmen ihrer Untersuchungen auf Spitzbergen nicht nur Beiträge zu einer besseren regionalen Kenntnis des Untersuchungsgebietes, sondern baut gleichzeitig auch ihr erheblich erweitertes methodisches Konzept zur Erfassung fluvialer Vorgänge weiter aus.

Um den Besonderheiten des Gebietes Rechnung zu tragen, war es deshalb wichtig, bereits vor Beginn der Schneeschmelze im Arbeitsgebiet zu sein (Abb. 1, 2). Das hat in diesem Jahr gerade geklappt. Um eine Bilanzierung zu erreichen, ist es zudem nötig, den gesamten Wasserhaushalt zu erfassen. Das ist ebenfalls in dieser Saison bereits geschehen. Darüber hinaus ist es anzustreben, die Messungen in den folgenden Sommern, d. h. 1991 und 1992, weiter zu führen, um eine bessere Kenntnis der fluvialen Systeme zu erreichen. Darunter ist nicht nur die quantitative Erfassung der Transporte, sondern auch ihre qualitative Zuordnung zu den verschiedenen Prozeßbereichen wie Sulzstromfließen, Oberflächenabfluß, unterirdische Ausspülung und Lösung etc. ebenso zu verstehen wie die Reichweite der einzelnen Transporte, z. B. bis in die Wassermischungszonen im Fjord.

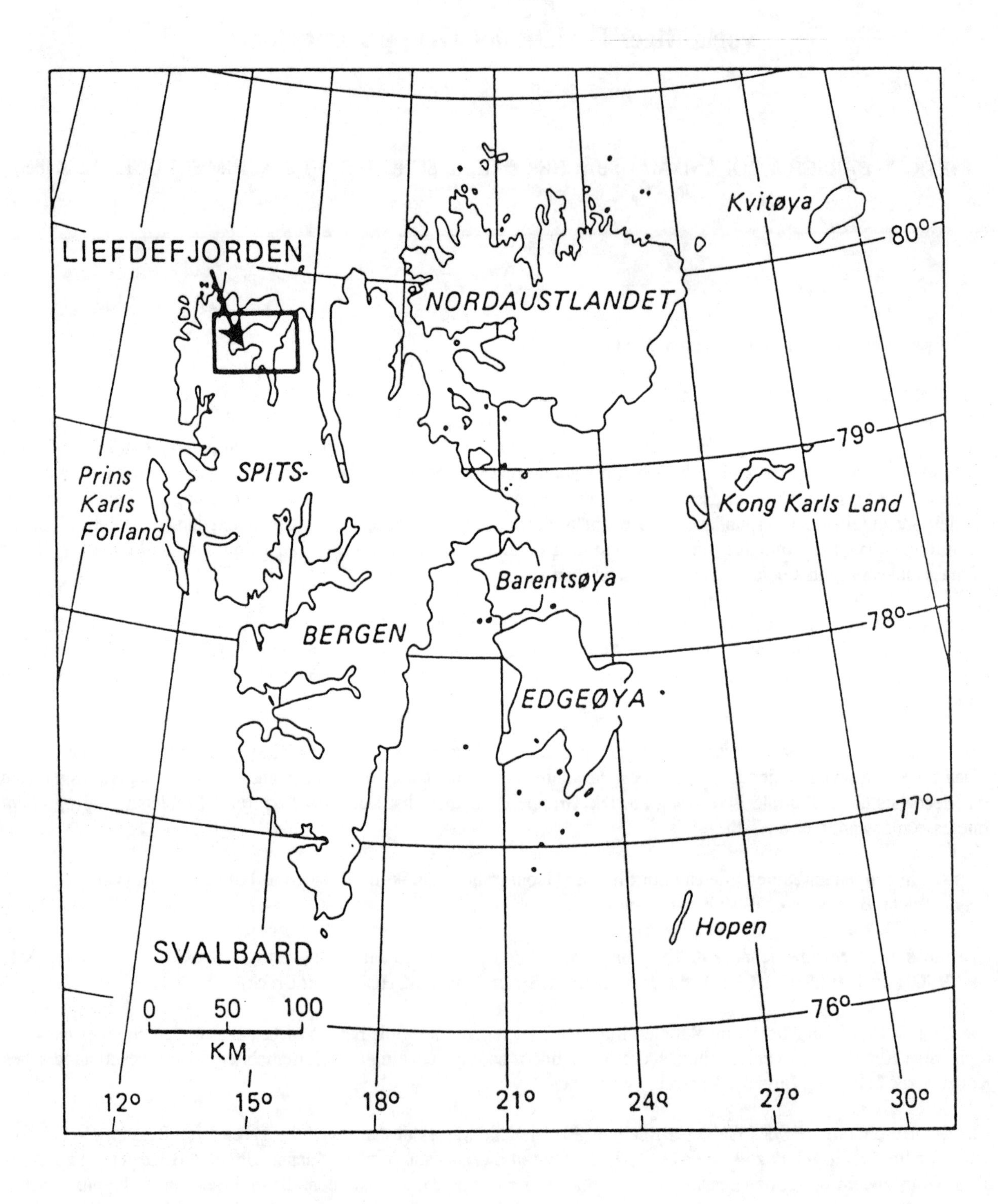

Abb. 1: Lage des Expeditionsgebietes am Liefdefjord in NW-Spitzbergen (aus: LESER et al. 1988).

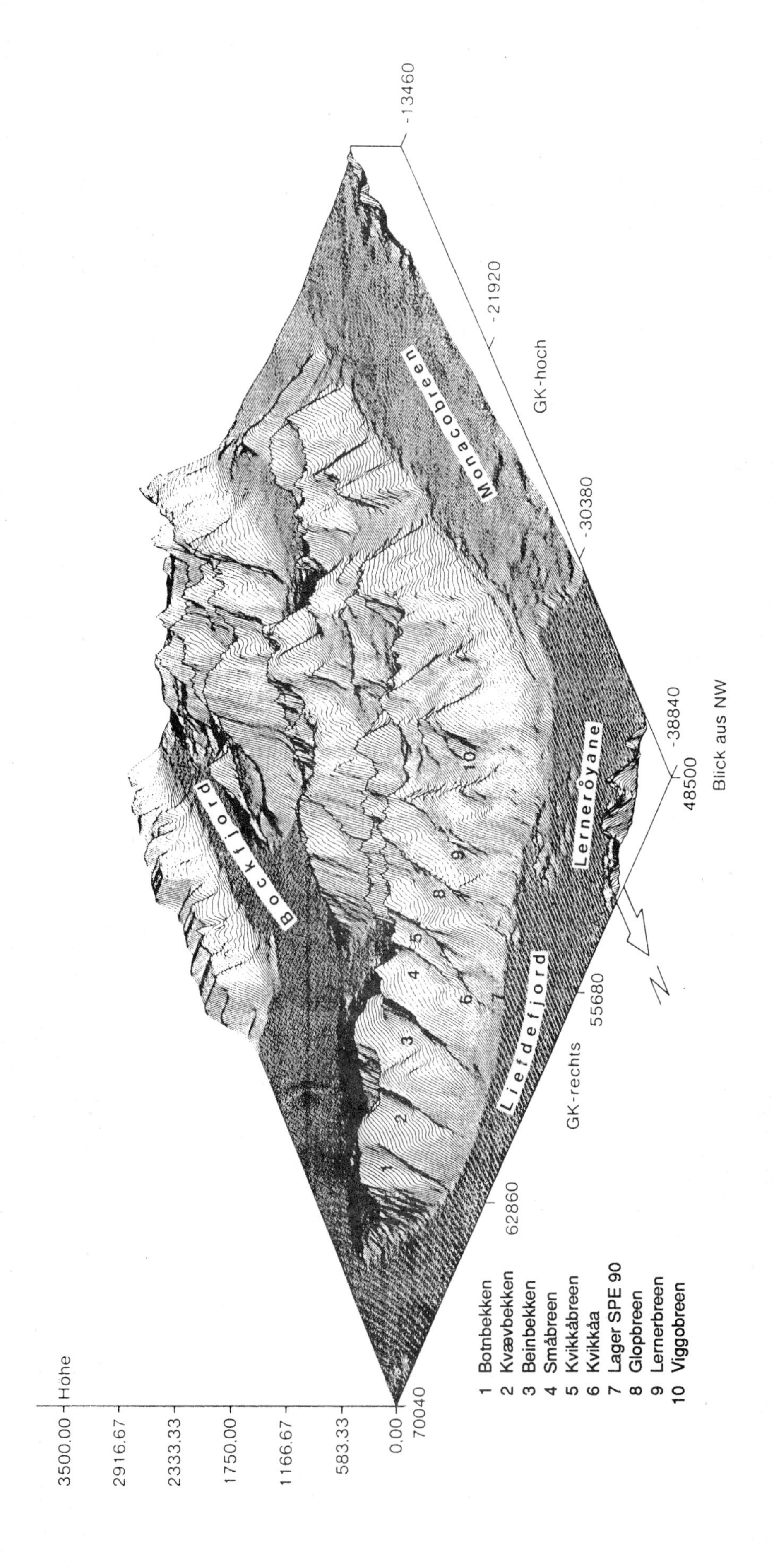

Abb. 2: Quasi-3D-Modell und Namenskarte des Arbeitsgebietes auf der Germaniahalbinsel (Blick aus NW).

2 Meßnetz

Insgesamt wurden 1990 folgende Installationen vorgenommen:

12 Schneepegel im gesamten Einzugsgebiet Kvikkåa
4 Abflußpegel (3 im Einzugsgebiet Kvikkåa; 1 im Einzugsgebiet Beinbekken)
3 automatische Probennehmer (Kvikkåa, Gletscherbach, Sulzbach bzw. Beinbekken)
2 Datalogger zur quasi-kontinuierlichen Messung von Leitfähigkeit und Temperatur im Vorfluter (Kvikkåa, Beinbekken)
1 Datalogger Meteo-Station bei der Hütte zur quasi-kontinuierlichen digitalen Aufzeichnung von Lufttemperatur, relativer Feuchte, Strahlung, Niederschlag, Bodentemperaturen in unterschiedlichen Tiefen
2 Niederschlagssammler (n. Hellmann) im weiteren Einzugsgebiet
1 Grundwasserbeobachtungsrohr
2 Stationen mit Bodenwassersammlern (Kvikkåa, Beinbekken)
1 Sedimentfangkorb zur Erfassung der groben Bettfracht
2 Stationen mit Sedimentwannen zur Erfassung der Bettfracht bei mittleren Abflußverhältnissen
2 Rinnen zur Bestimmung des Oberflächenabflusses und der entsprechenden Abspülung
3 Stationen zur Bestimmung der Geröllbewegung im Gerinnebett durch Einbringen farbiger und nummerierter Gerölle (blaue, gelbe und rote Linie)

Vorinstallationen für die nächste Saison:

1 zusätzliche Pegelstation am Abfluß des Glopbreen mit einem rein glazialen Regime
3 Stationen zur Bestimmung der Umlagerung auf dem Schwemmkegel des Kvikkåa als Folge von Sulzstromereignissen (grüne, blaue und rote Markierung)

Die Lage der genannten Installatioen in den ausgewählten Einzugsgebieten zeigt Abbildung 3. Zusätzlich wurden alle baulichen Maßnahmen für die nächste Saison winterfest gemacht. Es ist daher zu hoffen, daß in der nächsten Saison direkt auf diese Bauten zurückgegriffen werden kann, womit die aufwendige Installationsphase minimiert wird.

3 Das methodische Konzept

Die Bäche im Untersuchungsgebiet sind nicht nur durch ihre ruckweise Wasserführung während des kurzen arktischen Sommers gekennzeichnet, sondern vor allem durch ihre Steilheit. Sie sind daher als fluviale Hochenergie-Systeme zu charakterisieren, die Wildbachcharakter aufweisen. Zusätzlich erfolgt die Wiederaufnahme der fluvialen Tätigkeit mit großer Plötzlichkeit in Form der bereits erwähnten Sulzstromereignisse (Schneematschfließen, vgl. auch Abschnitt 4). Eine Erfassung ihrer Abflußverhältnisse setzt deshalb recht stabile Pegelbauwerte und häufig wiederholte Bestimmungen der Abflußmenge voraus. Zusätzlich ist zur Kontrolle der Wasserhaushalt des gesamten Einzugsgebietes zu erfassen. Die Bestimmung der Transporte selbst ist bei dem turbulenten und ruckartigen Fließen auf recht unterschiedliche Schubspannungen auszurichten, d. h. die Bettfracht muß bei Hoch- und Mittelwasser mit unterschiedlichen Methoden bestimmt werden.

Aufgrund der bisherigen Erfahrungen in den Mittelbreiten und in den Polargebieten wurde das folgende Konzept entwickelt:

3.1 Bestimmung des Eintrags

Erstes Element des Eintrages im Rahmen einer fluvialen Geomorphodynamik ist der Niederschlag. Es handelt sich dabei im Untersuchungsgebiet in erster Linie um Schnee, der hier - wie stets in polaren Untersuchungssystemen - in hohem Maße windverfrachtet ist. Aus diesem Grund ist eine genaue Aufnahme der Schneedecke und vor allem ihres Wasserwertes vor Beginn, aber auch während der Schneeschmelze von großer Bedeutung.

Im Einzugsgebiet des Kvikkåa wurden deshalb an repräsentativen Stellen 12 Schneepegel gesetzt und regelmäßig abgelesen. Zu den Ablesezeiten wurde außerdem der Wasserwert des Profils bestimmt, so daß Aussagen über die Veränderung der Speicherung möglich sind. Mit Hilfe unserer Schneehöhen- und Wasserwertbestimmungen sind unter Verwendung der Schneeverbreitungskarten, die von den Arbeitsgruppen Basel und Karlsruhe angefertigt werden, recht genaue Aussagen zum Eintrag und zum Abbau der Wasserspeicherung im Einzugsgebiet möglich.

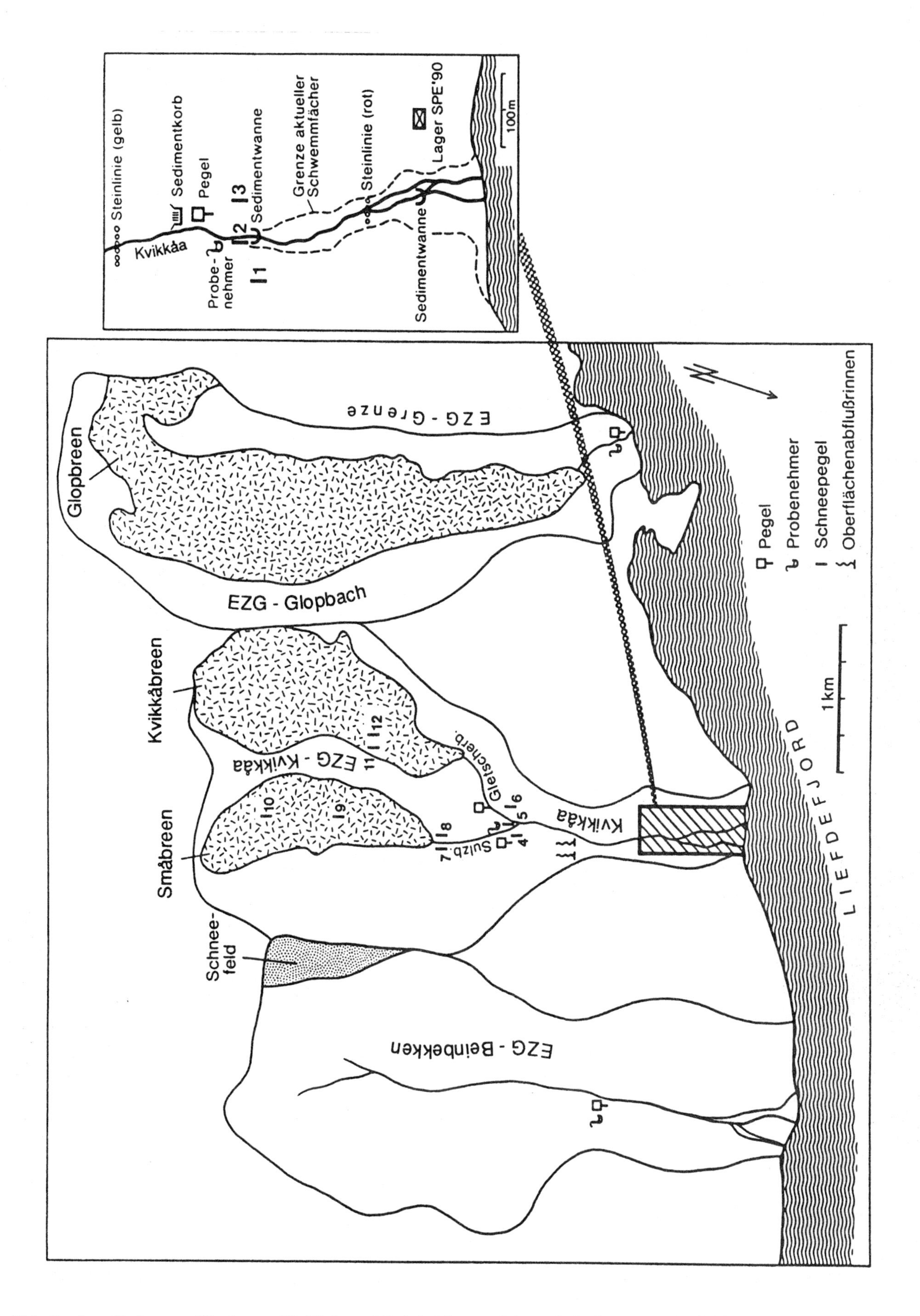

Abb. 3: Installation am Glopbreen, Kvikkåa und Beinbekken und Ausschnittskarte vom Kvikkåa-Schwemmkegel.

In gleicher Weise sollte auch der Eintrag durch Regen mit Hilfe eines Regenschreibers und mehrerer Hellmann-Niederschlagsmesser bestimmt werden. Dies erwies sich als nicht notwendig, da Regen im Sommer 1990 von vernachlässigbarer Bedeutung gewesen ist, denn das Untersuchungsgebiet lag ständig im Föhnbereich östlich der Hauptketten. Der Gesamtniederschlag betrug im Stationsbereich ca. 4 mm.

3.2 Bestimmung des Abflusses

Zur Bestimmung des Abflusses wurden vier feste Pegel gesetzt, die kontinuierlich den Wasserstand im jeweiligen Vorfluter registriert haben. Da es sich um äußerst turbulent fließende, steile Gerinne handelt, deren Querschnitt sich häufig verändert (im Anfang durch das Abtauen des Grundeises, später durch Erosion und Akkumulation), ist eine häufige Abflußmengenbestimmung notwendig. Dies ist auch im Hinblick auf die Tatsache wichtig, daß diese Gerinne leicht ausufern und daß daher geringe Wasserstandsänderungen relativ großen Abflußänderungen entsprechen. Außerdem ist mit dem Auftreten von Hysterese-Effekten zu rechnen, d. h. gleiche Wasserstände im steigenden und im fallenden Ast einer Hochwasserwelle entsprechen unterschiedlichen Abflußmengen.

Aus diesem Grund sind zwei Methoden der Abflußmengenbestimmung soweit wie möglich parallel eingesetzt worden: zum einen Flügelradmessungen mit Kleinstflügeln (Fa. Höntzsch) in wohldefinierten, immer wieder neu vermessenen Querschnitten in Pegelnähe, zum anderen Tracer-Messungen (Tracer: NaCl). Beide Methoden ergaben bei ersten Auswertungen recht gute Übereinstimmungen; allerdings sind die Flügelradmessungen bei höheren Wasserständen und höheren Turbulenzen nicht mehr durchführbar gewesen. Andererseits erlauben die Flügelradmessungen die Erstellung diferenzierter Geschwindigkeitsprofile, die zur Beurteilung der basalen Schubspannung notwendig sind. Der Einsatz größerer Meßflügel scheitert in der Regel an der großen Bettrauhigkeit und an dem bei höheren Wasserständen starken Gerölltrieb; sie wären zudem nur an wenigen Stellen und nie im gesamten Querprofil einsetzbar gewesen. Einen ersten Überblick über die minimalen und maximalen Abflüsse während des Meßzeitraumes und die Zeitpunkte der höchsten Abflüsse gibt Tabelle 1.

Tab. 1: Maximale und minimale Abflüsse an den untersuchten Vorflutern. Dazu die Zeitpunkte der drei höchsten Abflüsse.

		Sulzbach (glazial)	Gletscherbach (glazial)	Kvikkåa (glazial/perigl.)	Beinbekken (periglazial)
Abfluß	max.	0,55 m^3/s	0,8 m^3/s	1,6 m^3/s	1,4 m^3/s
	min.	0,03 m^3/s	0,03 m^3/s	0,07 m^3/s	0,12 m^3/s
Zeitpunkt der 3 höchsten Abflüsse		19.6. 21.7. 23.7.	19.6. 21.7. 23.7.	19.6. 21.7. 23.7.	10.6. 17.6. 19.6.

Da erfahrungsgemäß Änderungen der Abflußmenge mit Änderungen der Leitfähigkeit einhergehen, wurde in den Vorflutern Kvikkåa und Beinbekken die Leitfähigkeit quasi-kontinuierlich erhoben (Abb. 4). Der Vergleich dieser Kurven mit den Abflußganglinien ist noch nicht erfolgt. Feldbeobachtungen haben allerdings gezeigt, daß die Leitfähigkeit als Indikator für die Herkunft des Wassers (Schneeschmelzwasser, Bodenwasser etc.) an den Meßstellen benutzt werden kann (vgl. Punkt 3.3).

3.3 Transporte

Transportvorgänge müssen auf recht unterschiedliche Weise untersucht werden. Angewandt wurden folgende Methoden:

- Chemische Fracht

Mit Hilfe der Probennehmer werden automatisch, daneben auch von Hand in regelmäßigen bzw. in unregelmäßigen Abständen Proben gezogen, die auf ihre gelösten Inhaltsstoffe untersucht werden. Die Lösungsfracht läßt sich mit Hilfe

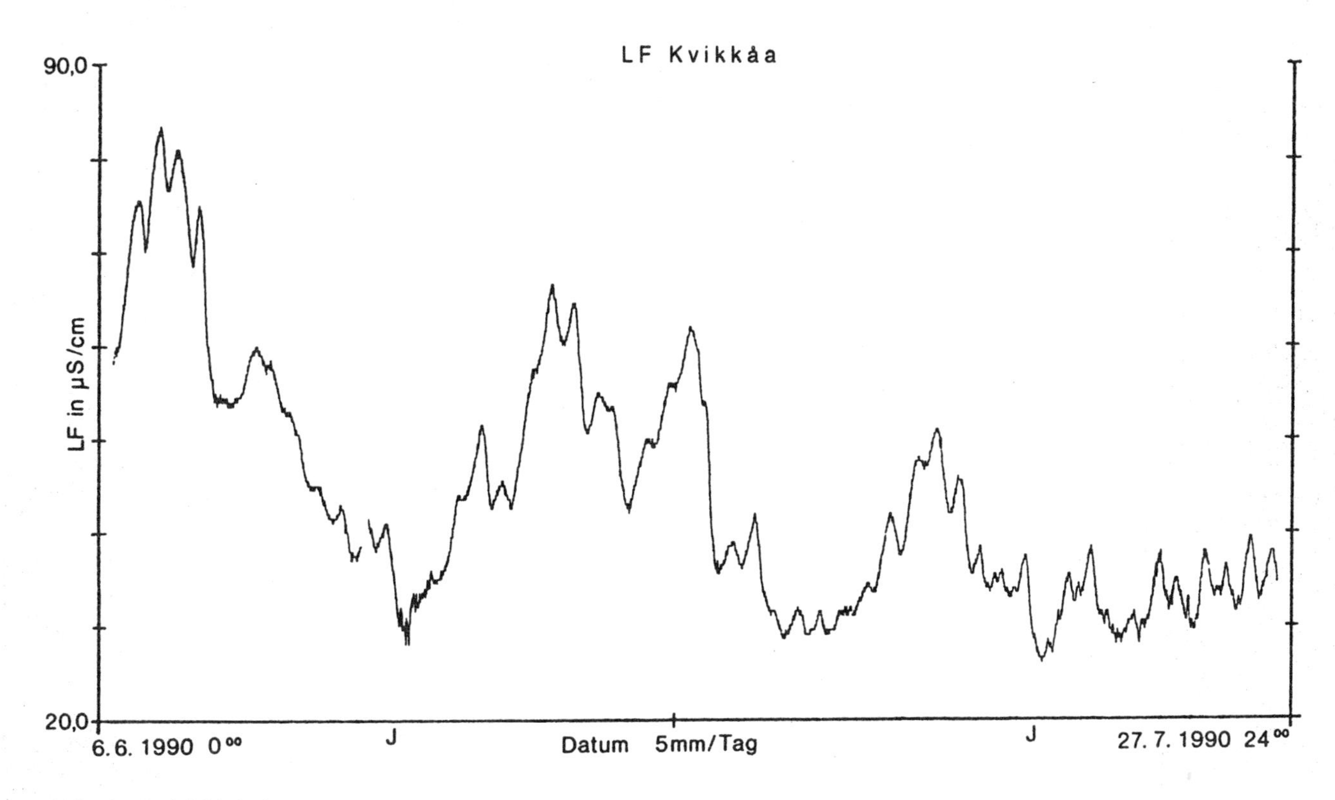

Abb. 4: Leitfähigkeitskurve am Pegel Kvikkåa während des Meßzeitraums.

der Abflußganglinie leicht aus den Konzentrationen bestimmen. Eine zusätzliche Überprüfung ist mit Hilfe der Leitfähigkeitskurven möglich, da sie Auswertungen hinsichtlich der Herkunft des Wassers (Schneeschmelzwasser, Oberflächenwasser, Boden- oder Grundwasser) erlauben. Da die Proben (s.u.) alle filtriert wurden, konnte auf eine besondere Konservierung (z. B. Chloroform, Ansäuern) verzichtet werden.

- Suspensionsfracht

Mit Hilfe der oben schon beschriebenen Proben wurde durch Abfiltrieren unter Vakuum ($0.3 \cdot 10^{-3}$ mm Filter) der Schwebstoffgehalt bereits auf der Station bestimmt. Die getrockneten und eingewogenen Filter sind für weitere Analysen (z. B. Korngrößenanalysen) eingeschweißt mitgenommen worden. Einschränkend muß gesagt werden, daß die automatisch gezogenen Proben die Verhältnisse am Gerinnebettboden (Einbau der Ansaugstutzen), die handgezogenen Proben die Verhältnisse dicht unter der Oberfläche des Wasserkörpers wiedergeben. Bei der Auswertung ist also zwischen den beiden Proben deutlich zu unterscheiden.

- Bettfracht bei niedrigen Schubspannungen

Da auch bei Mittelwasser Transporte an der Gerinnesohle (insbesondere Grobsand und Feinkies) stattfinden, war es notwendig, entsprechende Auffangvorrichtungen zu konstruieren. In unserem Fall sind quer in das Gerinnebett jeweils zu viert Sedimentationswannen (50 cm breit, 40 cm lang) eingebaut worden, in denen das entsprechend bewegte Sediment aufgefangen wird. Sie haben allerdings den Nachteil, daß sie bei höheren Fließgeschwindigkeiten nur noch eingeschränkt funktionieren, da sie dann durch stehende Wellen leicht leergespült werden. An einem der Standorte hat sich jedoch gezeigt, daß vor der Hochwasserwelle eingebrachtes Sediment in den Wannen erhalten bleibt, da sich zu Beginn des Hochwassers ein grobes Schutzpflaster auf dem Wanneninhalt entwickelt.

- Bettfracht bei höheren Schubspannungen

Im Hochwasserfall wird recht grobes Material bewegt. Für diese Fälle wurde ein Sedimentfangkorb aus Edelstahl (Öffnung: 50 · 40 cm, Tiefe: 60 cm) mit Maschendrahteinsatz (16 · 14 mm) in das Gerinnebett eingebracht und regelmäßig geleert. Bei Hochwasser sind hier in kurzen Zeitabständen (15 min) über 20 kg Sediment (Korngröße > 2 cm) aufgefangen worden. Mit dem Korb kann sehr gut der Sedimenttransport durch einen Querschnitt während des steigenden und des fallenden Astes einer Hochwasserwelle dokumentiert werden.

- Transportweg der Bettfracht

Mit der Bestimmung des Transportes der Bettfracht durch einen Querschnitt mit Hilfe des Sedimentfangkorbes können leider noch keine Aussagen über die Länge des Transportweges gemacht werden. Aus diesem Grund wurden im Gerinnebett des Kvikkåa an drei Stellen typische Gerölle ausgelegt, die zuvor angefärbt, vermessen, gewogen und photographiert worden sind (blaue, gelbe und rote Linie). Die gemessenen Transportstrecken für die blauen und die gelben Steine sind in Tabelle 2 zusammengestellt.

Tab. 2: Gemessene Transportstrecken für die im Gerinnebett ausgelegten, farbig markierten Steine.

Blaue Linie vom 28.6. - 26.7.90

Nr.	Größe (cm)	Gewicht	Strecke
1	22,0 x 7,0 x 5,5	1810 g	1,8 m
31	11,8 x 8,0 x 3,0	550 g	4,3 m
4	21,0 x 9,5 x 3,5	1250 g	20,9 m
20	14,5 x 9,5 x 3,0	940 g	27,0 m
14	12,0 x 9,0 x 1,5	480 g	27,5 m
19	13,0 x 9,5 x 7,0	1370 g	30,0 m
9	17,0 x 11,0 x 2,5	1000 g	33,1 m
10	13,0 x 10,0 x 7,0	1050 g	35,3 m
3	16,5 x 8,0 x 3,0	620 g	62,5 m

Gelbe Linie vom 25.6. - 24.7.90

Nr.	Größe (cm)	Gewicht	Strecke
27	27,0 x 14,0 x 2,5	1580 g	0,5 m
7	16,0 x 11,5 x 3,2	1150 g	0,8 m
30	16,5 x 11,5 x 2,5	890 g	0,7 m
29	9,0 x 6,0 x 5,0	440 g	1,3 m
13	11,0 x 5,3 x 2,5	300 g	2,0 m
4	10,5 x 9,0 x 1,8	450 g	2,4 m
19	19,0 x 16,5 x 7,0	3200 g	5,9 m
20	19,0 x 9,0 x 6,0	1280 g	5,9 m
25	17,0 x 5,0 x 2,5	500 g	5,9 m
10	14,5 x 12,5 x 2,0	620 g	20,2 m

Mit Hilfe dieser Messungen ist es möglich, relativ genau zu bestimmen, wann der Gerölltrieb im Kvikkåa auf den verschiedenen Fließabschnitten einsetzt und welche Korngrößen bzw. welche Kornformen transportiert werden. Eine systematische Auswertung in dieser Richtung ist jedoch noch nicht erfolgt. Das vorgestellte abgestufte Konzept hat sich - auch wenn bisher erst vorläufige Auswertungen vorliegen - sehr gut bewährt. Die gewonnenen Daten werden die Grundlage für die vorgesehenen Modellentwicklungen liefern. Zusätzliche Informationen und Daten zum Wasser- und Sedimenthaushalt im Untersuchungsgebiet sind mit Hilfe der Bodenwassersammler, des Grundwasserbeobachtungsrohres und der Oberflächenabflußrinnen erhoben und gesammelt worden. Dabei wurden die Bodenwassersammler in der Nähe der Meteo-Station und am Pegel Beinbekken in unterschiedlichen Tiefen installiert und in wöchentlichen Abständen entleert. Sie hatten vor allem die Aufgabe, Informationen über den Bodenwasserchemismus im Hinblick auf die Einträge in den Vorfluter zu liefern.

Das Grundwasserbeobachtungsrohr im oberen Teil des Schwemmkegels Kvikkåa sollte in erster Linie die Veränderungen des Grundwasserspiegels in Abhängigkeit vom Vorfluterabfluß, vom Interflow und von der Lage der Permafrostoberfläche liefern. Die bisher aufgenommenen Daten belegen so interessante Veränderungen, daß hier in Zukunft eine kontinuierliche Aufzeichnung durch einen Pegel anzustreben ist.

Die Rinnen zur Bestimmung des Oberflächenabflusses liefern quantitative Daten zur Hangentwässerung und zur Abspülung. Aus technischen Gründen konnten sie erst nach der Schneeschmelze eingebaut werden; sie können deshalb für die Saison 1990 nur Anhaltspunkte zum Abfluß liefern, da die Störung beim Einbach doch so groß war, daß die Werte zur Sedimentabsprülung verworfen werden müssen. Im nächsten Jahr dürften hier interessante Werte von Beginn der Schneeschmelze angesammelt werden, da die Installationen im Feld belassen wurden.

Entsprechend der Zielsetzung des Projektes wurde auch die Verteilung der suspendierten Sedimente im Fjord untersucht. Beprobt wurden dabei nicht nur die Mündungsbereiche der mit Pegeln ausgestatteten Vorfluter, sondern alle Bereiche im Fjord westlich der Station. Die Beprobung erfolgte vom Boot aus mit einem Ruttnerschöpfer in unterschiedlichen Tiefen und in unterschiedlicher Entfernung von den Eintragsstellen. Um die Verteilung der Sedimente bei unterschiedlichen Abflüssen und unterschiedlichen Witterungsverhältnissen zu verfassen, wurden mehrere Beprobungen durchgeführt. Die gewonnenen Proben wurden wie die Wasserproben aus den Vorflutern direkt auf der Station filtriert ($0{,}2 \cdot 10^{-3}$ mm Membranfilter), getrocknet und gewogen. Die eingeschweißten Filter wurden zur weiteren Untersuchung mit nach Heidelberg genommen.

4 Vorläufige Ergebnisse

Bisher sind die Sediment- und Wasserproben nur teilweise im Labor analysiert worden. Es ist daher hier nur möglich, erste vorläufige Ergebnisse vorzustellen. Als erstes sei festgehalten, daß sich unser methodisches Konzept auch unter Verhältnissen bewährt hat, die wesentlich rauher waren, als wir aufgrund der bisher vorliegenden Informationen erwartet hatten. Wir glauben sagen zu können, daß Wasserhaushalt und fluviale Transportbilanz für das glazial und periglazial beeinflußte Einzugsgebiet des Kvikkåa, aber auch für das des rein periglazial bestimmten Beinbekken hinreichend sicher und genau erfaßt werden konnten. Ergänzend dazu sei auf zwei Punkte hingewiesen:

1. Es ist unbedingt notwendig, die aufgestellten Bilanzen durch Messungen in den folgenden Sommern zu erweitern und abzusichern, da bisher nicht ausgeschlossen werden kann, daß im Sommer 1990 aufgrund des starken Rückganges der Schneeflecken eine Ausnahmesituation erfaßt worden ist.

2. Es ist darüber hinaus notwendig, auch - wie bereits ursprünglich geplant - einen rein glazial beeinflußten Vorfluter in das Meßprogramm einzubeziehen. Das ist in diesem Jahr nicht möglich gewesen, da ohne Motorschlitten ein Transport des notwendigen Materials zum Glopbreenetscher nicht möglich gewesen ist. Inzwischen haben wir dort, nachdem der Fjord offen war, nicht nur das nötige Material angelandet, sondern auch eine Pegelstelle eingerichtet, an der im nächsten Jahr nur das Pegelgehäuse angeschraubt werden muß.

Die auffallendste Erscheinung im Bereich der fluvialen Dynamik war das erste Durchbrechen der Flüsse nach der Winterruhe (Sulzstrom, slush flow, cf. WASHBURN 1980, ONESTI 1985). Nach einer Periode schöner Tage hatte sich soviel Wasser in den basalen Teilen der Schneedecke im Bereich der Tiefenlinien angesammelt, daß das Gesamtsystem instabil wurde. Nach Überschreiten eines bisher nicht näher definierten Grenzwertes des Wassergehaltes kommt das Schnee-Wasser-Gemisch ins Fließen und fließt als Sulzstrom (Schneematschfließen, slush flow) zu Tale. Dabei bricht der Sulzstrom immer dann, wenn das Schnee-Wasser-Verhältnis so schlecht wird, daß eine Barriere entsteht, nach rechts oder links aus. Die Vorwärtsbewegung dürfte im Regelfall bei etwa $1 \text{ km} \cdot \text{h}^{-1}$ liegen. Allerdings scheinen auch neigungsabhängig schnellere Abflüsse möglich zu sein, wobei das Material wie im Bereich von Lawinenzungen sedimentiert wird, so daß spätere Verwechselungen mit Lawinenablagerungen möglich sind. Im durchströmten Bereich kann Material in zwei Formen aufgenommen werden:

- zum einen durch abrasive Wirkungen an den Unterhängen längs der Tiefenlinien;
- zum anderen, durch strömendes Wasser, das innerhalb des Sulzstromes durch das Grundeis bis auf die Schotter vorgreift.

Erste Abschätzungen haben ergeben, daß durch Sulzstromereignisse bis zu 65-70 $\text{kg} \cdot \text{m}^{-2}$ abgelagert werden können. Generell darf man davon ausgehen, daß diese Ereignisse in allen Tälern auftreten, da wir sie ausnahmslos in allen begangenen Einzugsgebieten gefunden haben. Sie zeigen sich auch auf dem Fjordeis beim Flug mit dem Helikopter als deutliche und unverwechselbare Ablagerungen. Es ist wahrscheinlich, daß der Wassergehalt beim Fließen mindestens 50% des Volumens ausmacht. Beim Kvikkåa konnte außerdem festgestellt werden, daß nach dem Durchbruch ein plötzliches und steiles Abflußmaxima auftrat, das wohl auf das Ausfließen des Schneeschmelzwassers aus dem Schneespeicher zurückgeführt werden kann und das sich relativ zügig wieder abbaute. Hier sind noch weitere Auswertungen hinsichtlich der Wasserspeicherung im Schnee vorgesehen. Während dieses ersten Abflußmaximum ist der Feststofftransport sehr gering, da das Material im Gerinnebett durch Grundeis fixiert ist.

Da Niederschlagspitzen im Sommer 1990 nicht aufgetreten sind, müssen alle Hochwasserspitzen auf verstärkte Schnee- (und Eis-) Schmelze zurückgeführt werden. Hierbei ist festzuhalten, daß die großen Abflußspitzen stärker mit Starkwindperioden aus S-SW als mit Strahlung und Temperatur korreliert zu sein scheinen.

Hinsichtlich der transportierten Quantitäten läßt sich an Hand der bisherigen Auswertung festhalten, daß die Sedimentkonzentrationen in den Vorflutern stark schwanken. Einen Überblick über die im Meßzeitraum gemessenen Minimal- und Maximalwerte der Konzentrationen und Frachten in den ausgewählten Einzugsgebieten gibt Tabelle 3. Zur besseren Einordnung ist zusätzlich die Anzahl der in der Untersuchung eingegangenen Proben aufgeführt.

Tab. 3: Zusammenstellung der im Meßzeitraum gemessenen Schwebstoffkonzentrationen und Frachten.

	Sulzbach (glazial)	Gletscherbach (glazial)	Kvikkåa (glazial/perigl.)	Beinbekken (periglazial)
Schweb- max. konzon-	0,2 g/l	0,86 g/l	1,44 g/l	4,53 g/l
tration min.	0,005 g/l	0,005 g/l	0,005 g/l	0,01 g/l
Maximale Schwebfracht	0,1 kg/s	0,7 kg/s	2,3 kg/s	4,0 kg/s
Anzahl der untersuchten Proben	43	34	131	69

Im Sedimentkorb, der nur 10 bis 12% der Gerinnebreite erfaßt, sind bei den höheren Abflüssen am 19.6. und 16.7.1990 341 kg bzw. 297 kg Material aufgefangen worden. Die für diese Ereignisse ermittelten minimalen und maximalen Frachtwerte in [kg/h] und die dazugehörigen Korngrößenwerte sind in Tabelle 4 zusammengestellt.

Tab. 4: Korngrößenverteilung der am 19.6. und am 16.7.1990 mit dem Sedimentfangkorb erfaßten Frachten.

Ergebnisse Sedimentkorb (Maschengröße 1,4 cm) im Kvikkåa

Einbau am 5.6. Erste Frachtwerte > 0,01 kg/h am 19.6.

Anzahl der Ereignisse mit Frachten > 0,01 kg/h = 10

	Werte Ereignis 19.6.	Werte Ereignis 16.7.
Gesamtmenge im Korb	341 kg	297 kg
Fracht pro Stunde (Korb)	max. 111,8 kg/h min. 7,8 kg/h	max. 86,4 kg/h min. 19,9 kg/h
Korngrößen in % Anteile	bei max. Fracht (111,8 kg/h) > 63 mm 8,9 % 63 - 20 mm 33,3 % < 20 mm 57,8 %	bei max. Fracht (86,4 kg/h) > 63 mm 5,3 % 63 - 20 mm 52,3 % < 20 mm 41,4 %
Korngrößen in % Anteile	bei min. Fracht (7,8 kg/h) > 63 mm 10,9 % 63 - 20 mm 57,0 % < 20 mm 32,1 %	bei min. Fracht (19,9 kg/h) > 63 mm 2,9 % 63 - 20 mm 75,3 % < 20 mm 21,8 %
Korngrößen in % Anteile	Gesamtschwankungsbereich > 63 mm 4,1 % - 51 % 63 - 20 mm 33,3 % - 71 % < 20 mm 9,6 % - 61 %	Gesamtschwankungsbereich > 63 mm 2,9 % - 21,0 % 63 - 20 mm 52,3 % - 75,3 % < 20 mm 10,6 % - 42,4 %

Bezüglich der Sedimentverteilung im Fjord ist ebenfalls noch keine Auswertung der gewonnenen Proben erfolgt. Bereits bei der Probennahme konnte jedoch festgestellt werden, daß sich die Sedimentverteilung im Mündungsbereich von Bächen und kleinen Flüssen deutlich von der vor kalbenden Gletschern unterscheidet: Im Fjord kommt es vor den glazialen und periglazialen Vorflutern zu einer relativ stabilen Schichtung, wobei das Sediment weitgehend in der aufgleitenden Süßwasserphase verbleibt. Vor den kalbenden Gletschern erfolgt dagegen die Durchmischung von Schmelz- und Fjordwasser relativ rasch, so daß in diesen Bereichen die sedimentreichen Wasserkörper in größeren Tiefen (meist 5 - 10 m) festgestellt werden. Insgesamt sind in diesen Teilen des Fjordes die Sedimentkonzentrationen deutlich geringer. Einige Beispiele für die Sedimentverteilung in unterschiedlicher Entfernung von den Sedimentquellen und in unterschiedlichen Tiefen zeigt Tabelle 5.

Tab. 5: Sedimentverteilung im Fjord in unterschiedlichen Entfernungen von den Sedimentquellen und in unterschiedlichen Tiefen.

Sedimentverteilung

	Bach	75 m v. Mündung	100 m v. Mündung	200 m v. Mündung	
Mündungsbereich Glopbach (glazial) am 18.6.	0,35 g/l	Oberfl. 0,29 g/l 1 m Tiefe 0,01 g/l	Oberfl. 0,019 g/l 5 m Tiefe 0,02 g/l	2 m Tiefe 0,02 g/l	
	Bach	30 m v. Mündung	100 m v. Mündung	250 m v. Mündung	350 m v. Mündung
Mündungsbereich Glopbach (glazial) am 4.7.	0,35 g/l	Oberfl. 0,2 g/l	Oberfl. 0,2 g/l 1 m Tiefe 0,025 g/l	Oberfl. 0,06 g/l	Oberfl. 0,06 g/l
		2300 m v. Ida	1900 m v. Ida	2000 m v. Monaco	
im Bereich Ida/ Monacobreen (Kalbungsfront)		Oberfl. 0,01 g/l 5 m Tiefe 0,09 g/l	Oberfl 0,005 g/l 5 m Tiefe 0,015 g/l	Oberfl. 0,02 g/l 5 m Tiefe 0,035 g/l	

Neben der Verdriftung der Sedimentfahnen im Fjord vor den verschiedenen Eintragsquellen spielt außerdem für die Verteilung der küstennahen, aber auch der küstenferneren Sedimente der Transport auf Meereisschollen eine nicht unbedeutende Rolle. Das hängt weitgehend damit zusammen, daß zur Zeit der ersten Schneeschmelze und der ersten Sulzstromereignisse die Eisdecke auf dem Fjord noch weitgehend intakt ist, so daß die ersten Feststofftransporte auf dem Meereis zwischengelagert und nach dem Aufbrechen der Fjordeises über den gesamten Fjord verfrachtet werden.

5 Zusammenfassung

Im Rahmen des Gesamtthemas der Expedition "Stofftransport Land - Meer auf Spitzbergen" wurde von der Gruppe Heidelberg der fluviale Transport in zwei Einzugsgebieten am Liefdefjord in NW-Spitzbergen untersucht. Damit konnte gleichzeitig auch der Wasserhaushalt in beiden Einzugsgebieten (eines periglazial, das andere periglazial/glazial bestimmt) vom Beginn der Schneeschmelze bis zur herbstlichen Abnahme der Wasserführung erfaßt werden. Zur Ergänzung ist außerdem bei unterschiedlichen Witterungs- und Eisverhältnissen die Schwebestoffverteilung im Fjord beprobt worden.

Aufgrund der vorliegenden ersten Untersuchungsergebnisse kann der Feststofftransport vorläufig qualitativ wie folgt beschrieben werden:

- Da die Flüsse im Winter völlig gefroren sind, erfolgen nach dem endgültigen Einschneien, d. h. mit Sicherheit zwi schen Oktober und Mai, keinerlei Transporte.

- Mit Beginn der Schneeschmelze (Anfang Juni) müssen die Flüsse zunächst ihr eigenes Bett wiederfinden. Die ersten

Transporte erfolgen deshalb durch Schneematschfließen (Sulzstromereignisse) z. T. außerhalb des sommerlichen Gerinnebettes. Im Rahmen dieser Vorgänge können Blöcke von mehr als 1 t Eigengewicht transportiert werden. Eine ungefähre Abschätzung der Transporte ist vorgenommen worden, allerdings lassen sich die Materialherde in der Regel nicht eindeutig lokalisieren.

- In der Zeit, die auf die mit der ersten Schneeschmelze verknüpfte Sulzstromereignisse folgt, sind die Feststofftransporte äußerst gering, da die Sedimente in den Gerinnebetten noch durch Grundeis fixiert sind.

- Erst nach dem weitgehenden Abtrauen des Grundeises (ca. 2. Hälfte Juni) setzt ein lebhafter Transport an der Gerinnebettsohle (Grobmaterial) und in Suspension (Schluff und Feinsand) ein, sobald die basale Schubspannung (ausgedrückt durch Abflußmenge Q oder Abflußgeschwindigkeit v) bestimmte Schwellenwerte erreicht oder überschreitet. Die maximalen Schwebstoffkonzentrationen wurden mit 4.5 g/l im periglazial bestimmten Einzugsgebiet Beinbekken gemessen. Nach ersten Schätzungen liegt der Transport in Suspension um mindestens den Faktor 5 höher als der Transport an der Sohle.

Literatur

EUROPEAN SCIENCE FOUNDATION, 1987: Polar North Atlantic Margin, Cenozoic Evolution. - Draft Phase 2 Proposal, Straßburg.

BARSCH, D. & KING, L. (Hrsg.) 1981: Ergebnisse der Heidelberger Ellesmere Island Expedition. - Heidelberger Geographische Arbeiten, 69, Heidelberg.

BARSCH, D. & BLÜMEL, W.-D. & FLÜGEL, W.-A., MÄUSBACHER, R., STÄBLEIN, G. & ZICK, W. 1985: Untersuchungen zum Periglazial auf der König-Georg-Insel, Südshetlandinseln/Antarktika. - Berichte zur Polarforschung, 24.

BARSCH, D. & MÄUSBACHER, R. & SCHUKRAFT, G. & SCHULTE, A. 1989a: Die Belastung der Elsenz bei Hoch- und Niedrigwasser. - Kraichgau, Folge 11, Eppingen.

BARSCH, D. & MÄUSBACHER, R. & SCHUKRAFT, G. & SCHULTE, A. 1989b: Beiträge zur aktuellen fluvialen Geomorphodynamik in einem Einzugsgebiet mittlerer Größe am Beispiel der Elsenz im Kraichgau. - Göttinger Geogr. Abh., (86): 9-31, Göttingen.

FLÜGEL, W.-A. & MÄUSBACHER, R. 1983: Untersuchungen zur periglazial gesteuerten Entwässerung im Oobloyah-Tal, N-Ellesmere Island, N.W.T., Canada. - Die Erde (114): 193-210, Berlin.

LESER, H.& BLÜMEL, W.-D. & STÄBLEIN, G. 1988: Wissenschaftliches Programm der Geowissenschaftlichen Spitzbergen-Expedition 1990 (SPE 90) - "Stofftransport Land - Meer in polaren Geosystemen" - Materialen und Manuskripte, Univ. Bremen - Studiengang Geographie, 15: 1-49, Bremen.

MÄUSBACHER, R. im Druck: Die jungquartäre Relief- und Klimageschichte im Bereich der Fildeshalbinsel, Südshetland Inseln, Antarktis. - Heidelberger Geogr. Arb., Heidelberg.

ONESTI, L.J. 1985: Meteorological conditions that initiate slushflows in the Central Brooks Range, Alaska. - Annals of Glaciology, 6.

SCHULTE, A. im Druck: Permafrost and the Active Layer on King George Island, South Shetlands, Antarctica. - Permafrost and Periglacial Processes, Ottawa.

WASHBURN, A.L. 1980: Geocryology: A Survey of Periglacial Processes and Environments, Second Edition, New York.

Anschrift:

Prof. Dr. DIETRICH BARSCH & Dr. ROLAND MÄUSBACHER & GERD SCHUHKRAFT & ACHIM SCHULTE, Geographisches Institut der Universität Heidelberg, Im Neuenheimer Feld 348, Postfach 105760, 6900 Heidelberg.

MATERIALIEN UND MANUSKRIPTE - Studiengang Geographie, Heft 19: 35 - 39, Bremen 1991.

Zur Arbeitsausgabe der Orthophotokarte

mit 1 Tabelle und 1 Abbildung

4 Orthophotokarten als Beilage

KURT BRUNNER, München & GÜNTER HELL, Karlsruhe

1 Einleitung

Schon zu einem sehr frühem Planungstadium der Spitzbergen Expedition 1990 wurde klar, daß die vorhandenen kartographischen Grundlagen für das Unternehmen nicht ausreichend waren. Als größter verfügbarer Maßstab liegt für das Arbeitsgebiet im Liefdefjord eine einfarbige topographische Karte 1 : 100 000 (Blatt Woodfjorden) in hervorragender Qualität vor. Dieser Maßstab ist für die geowissenschaftliche Feldarbeit in keiner Weise ausreichend, sondern kann bestenfalls für eine grobe Gebietsauswahl von Forschungsarbeiten verwendet werden. Topographische Karten in größeren Maßstäben für die Detailplanung, als Grundlage der Feldarbeit und auch zur späteren Darstellung der Ergebnisse sind nicht vorhanden. Daher wurde überlegt, eine Kartengrundlage für die Expedition im Maßstab 1 : 25 000 für den ganzen potentiellen Arbeitsbereich zu schaffen.

Auf Grund der vorhandenen Luftbilder mit sehr hohem Detailreichtum und den unterschiedlichen geowissenschaftlichen Zielsetzungen wurde als Arbeitskarte eine Orthophotokarte angestrebt. Hierbei werden differentiell entzerrte Luftbilder mit Kartenrand, Namensgut und Höhenlinien kombiniert. Es ist für einen Auswerter praktisch unmöglich, all die unterschiedlichen Zielsetzungen der einzelnen Arbeitsgruppen in seiner Strichauswertung zu berücksichtigen. Der Typ 'Orthophotokarte' bietet jedem Fachwissenschaftler die Möglichkeit, aus dem geometrisch einer Karte entsprechenden Luftbildinhalt seine benötigten Informationen zu entnehmen und ohne große Schwierigkeiten in eigene Kartierungen zu übernehmen.

2 Vorhandene Grundlagen

2.1 Bildmaterial

Die zwei jüngeren Gesamtbefliegungen dieses Gebietes (1966 und 1970) sind beide von hervorragender Qualität und unterscheiden sich hauptsächlich im Bildmaßstab. Die Kenndaten der Bildflüge sind in Tabelle 1 zusammengefaßt.

Tab. 1: Kenndaten der Bildflüge.

Datum	mb	Kammerkost.	Flughöhe
Juli 1966	50 000	150 mm	8 500 m
August 1970	17 000	150 mm	3 000 m

Weiter gibt es in diesem Gebiet eine Befliegung mit Schrägluftbildern aus den Jahren 1936 und 1938, die für multitemporale Untersuchungen z. B. bei Gletscherschwankungen herangezogen werden können. Bei diesem Bildflug sind primär die Küsten in einem Maßstab von ca. 1 : 20 000 erfaßt. Auch einige Flugstreifen im Landesinneren mit Aufnahmerichtung zur Küste sind vorhanden. Bedingt durch die Nadirdistanz von ca. 35° nimmt der Maßstab sehr schnell mit wachsender Aufnahmeentfernung ab. Eine flächendeckende homogene Auswertegenauigkeit ist mit diesem Bildmaterial nicht zu erzielen.

Auf Grund des relativ großen Gebietes (20 km x 20 km) und des angestrebten Kartenmaßstabs wurden die etwas älteren Luftbilder im Maßstab von ca. 1 : 50 000 für die Herstellung der Orthophotokarte herangezogen. Eine Übersicht der verwendeten Bilder gibt die Tabelle 1 wieder. Bei Berücksichtigung der neueren Bilder hätte es einer unverhältnismäßig hohen Zahl von einzelnen Orthoprojektionen bedurft, um das Gesamtgebiet abzudecken. Daneben wäre der Aufwand der späteren Montage der Bilder in den Blattschnitt nicht zu vertreten gewesen. Der Informationsgehalt der Karte, entwickelt aus den Luftbildern im Maßstab ca: 1: 17 000 wäre bei der späteren drucktechnischen Vervielfältigung sicher nicht größer gewesen. Den einzigen Vorteil hätte der aktuellere Stand von zeitlichen Veränderungen betroffener Objekte wie z. B. Gletschern geboten. Bezogen auf den Expeditionszeitpunkt im Jahre 1990 fällt das um vier Jahre jüngere Befliegungsdatum nicht besonders ins Gewicht.

2.2 Paßpunkte

Zur Auswertung von Bildern sind einige koordinatenmäßig bekannte Punkte notwendig, die auch in den Luftbildern erkennbar sind (Paßpunkte). Für einen Teil des Gebietes lag das Ergebnis einer Aerotriangulation vor, die zur Herstellung der topographischen Karte 1 : 100 000 vom Norsk Polar Institutt ausgeführt wurde. Daneben sind in dem Gebiet noch einige trigonometrische Punkte koordinatenmäßig bekannt. Die Unterlagen wurden uns, ebenso wie die Luftbilder im Maßstab von ca. 1 : 50 000, vom Norsk Polar Institutt freundlicherweise im Rahmen einer Kooperation bei der Orthophokartenherstellung bereitgestellt.

3 Blattschnitt

Bei der Gebietsabgrenzung der Expeditionsaktivitäten ergab sich ein Bereich von rund 20 km x 20 km. Bei einem Maßstab von 1 : 25 000 resultiert daraus ein Kartenfeld von 80 cm x 80 cm, ohne den Kartenrand in Rechnung zu stellen. Für die Feldarbeit ist **ein** Kartenblatt dieser Größe sicher unpraktikabel und auch sonst im Bereich der Topographischen Karten nicht üblich. Es erschien deshalb sinnvoll, vier Kartenblätter mit einer Ausdehnung von ca. 10 km x 10 km zu erstellen. Die vier Karten sind in derselben Reihe als Heft 19a erschienen.

Eine topographische Karte in diesem, bereits vom Norsk Polar Institutt kartographisch erfaßten Gebiet sollte nicht als Insellösung konzipiert werden. Es bot sich daher an, den Blattschnitt der Karten, wie in diesem Maßstab üblich, nach geographischen Koordinaten vorzunehmen. Der Blattschnitt wurde wie in Abbildung 1 dargestellt gewählt. Hierbei beträgt die Breitenausdehnung eines Blattes 6' und die Längenausdehnung 30', was durch die Meridiankonvergenz in den hohen Breiten bedingt ist (Abb. 1).

Die Kartenprojektion wurde ebenfalls nach dem norwegischen Muster der vorhandenen Kartenwerken gewählt. Hierbei findet eine UTM-Projektion mit dem Mittelmeridian bei 15° Verwendung.

4 Orthophotoherstellung

4.1 Aerotriangulation

Da nicht für alle notwendigen Modelle des gewünschten Kartengebiets Paßpunkte vorlagen, wurde mit Hilfe der uns mitgeteilten Punkte eine kleine Aerotriangulation nach der Bündelmethode (Programm BINGO) vorgenommen. Der Triangulationsblock bestand aus zwei Streifen mit jeweils fünf Bildern. In jedem Bild wurden ca. 10 - 15 Punkte natürliche Verknüpfungspunkte ausgesucht. Die für die Aerotriangulation notwendigen Bildkoordinatenmessung erfolgte am Analytischen Auswertegerät PLANICOMP C 100 der Fachhochschule Karlsruhe, Fachbereich Vermessung/Kartographie. Als Bildkoordinatenmeßgenauigkeit aus Doppelmessungen wurden Werte von <+/-10 m erreicht.

Zusätzlich zu den uns mitgeteilten Paßpunkten wurden noch einige Küstenpunkte zu Höhenstabilisierung eingeführt. Die erreichten Punktfehler lagen bei einem Bildmaßstab von ca. 1 : 50 000 bei rund +/-3 m in der Lage und etwa +/-1.5 m in der Höhe, was für den angestrebten Zweck sicher ausreicht. Damit waren alle Modelle des Blockes absolut zu orientieren und die Erfassung des für die Orthoprojektion notwendigen Geländemodells konnte erfolgen.

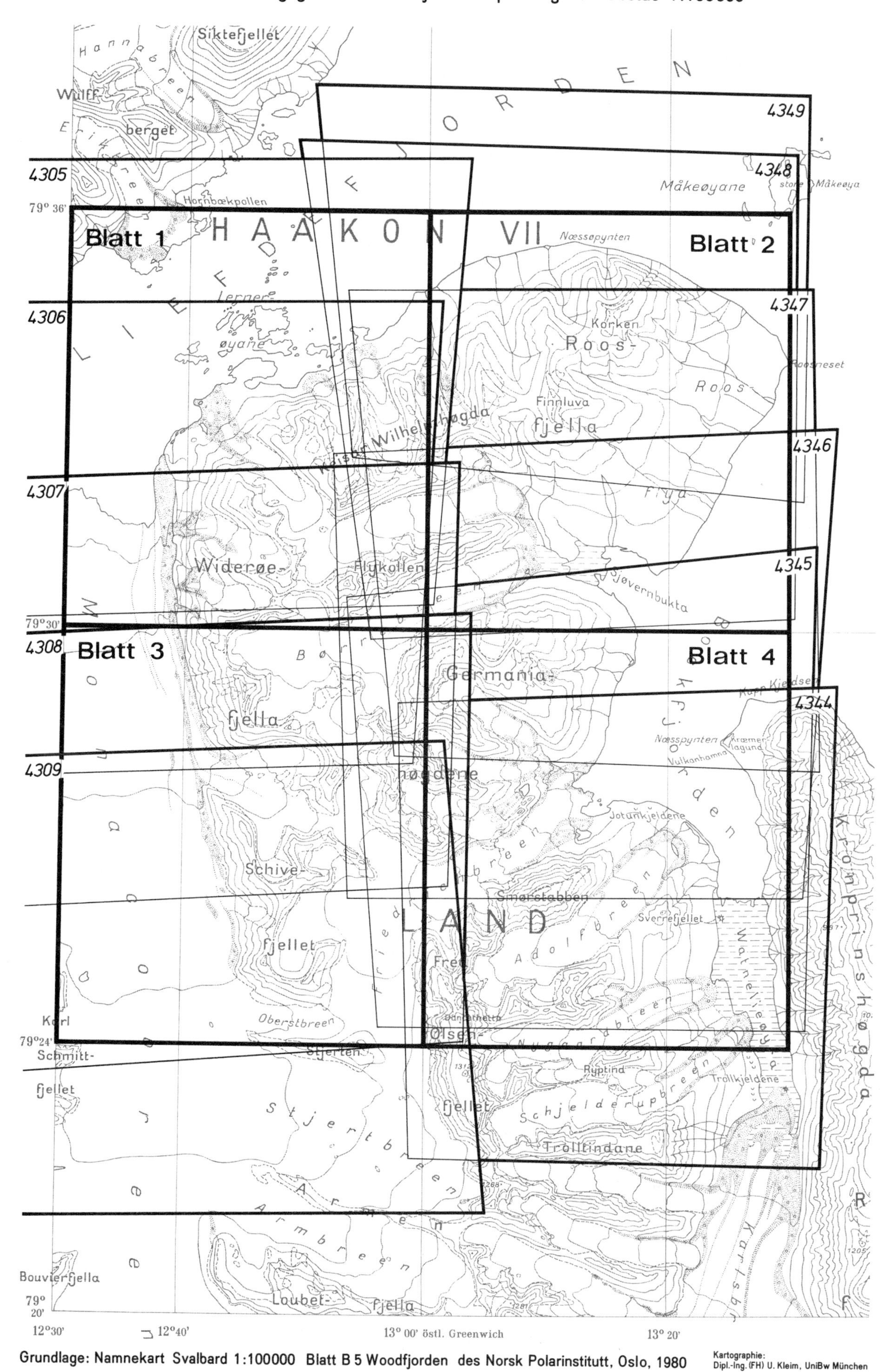

Abb. 1: Blattschnitt der Orthophotokarten 1 : 25 000 und Übersicht der Luftbilder des Forschungsgebietes Liefdefjorden (Spitzbergen) Maßstab 1 : 150 000.

4.2 Geländedatenerfassung

Die Erfassung des Geländemodells zur Orthoprojektion wurde im Raster von 200 m mit zusätzlichen Zwischenpunkten bei starken Geländeänderungen mit dem Auswertegerät PLANICOMP C 100 vorgenommen und auf Magnetplatte gespeichert. Das daraus entwickelte Rastermodell (Rasterweite 60 m) wurde von der Firma HANSA Luftbild GmbH im Zuge der Erstellung der Steuerdaten für die Orthoprojektion berechnet. Dieses Geländemodell liegt beim Verfasser auf Magnetband vor und ist auch für andere Zwecke im Rahmen der Expedition verfügbar.

4.3 Orthoprojektion

Da im Hochschulbereich kein Analytischer Orthoprojektor zur Verfügung steht, wurde die eigentliche Orthoprojektion der sechs Luftbilder an die Fa. HANSA Luftbild vergeben. Die sechs ausgewählten Luftbilder wurden mit dem Analytischen Orthoprojektor ORTHOCOMP Z2 der Fa. Carl Zeiss, Oberkochen umgebildet.

Auf Grund der Bildinhalte konnten nicht die vom photogrammetrischen Standpunkt her besten Bilder verwendet werden. Es mußten an einigen Stellen extreme Randbereiche der Bilder ausgenutzt werden, da sonst eine Überdeckung der Landfläche nicht gegeben war. Die von den Genauigkeitsansprüchen her optimalen Bilder deckten nicht die gesamte Halbinsel ab. Dies führte dann an einigen wenigen Stellen zu methodisch bedingten Lageverschiebungen von maximal bis zu 1.5 mm im Kartenmaßstab, wie sich hinterher bei der Montage der Bilder im Blattschnitt und der Kombination mit den konventionell ausgewerteten Höhenlinien zeigte.

Auch blieb im Blatt 'Bockfjorden' am Ostrand ein schmaler Streifen ohne Bildinformation. Um diesen kleinen Bereich - der außerdem nicht im unmittelbaren Expeditionsgebiet liegt - zu füllen, hätte es der Hinzunahme eines weiteren Bildes bedurft. Aus Kostengründen für die Orthoprojektion und der späteren Montage unterblieb dies.

4.4 Höhenlinien

Der Zweck der Karte ist primär der geowissenschaftliche Bereich. Daher wurden die Höhenlinien hinterher konventionell im Rahmen einer Stereokartierung ausgewertet, um eine hohe morphologische Genauigkeit zu erhalten. Der Schichtlinienabstand wurde zu 25 m gewählt. Wie sich später bei der Kombination mit dem Bild zeigte, ist diese Äquidistanz bei der vorhandenen Reliefenergie zu gering. In vielen Bereichen würde durch die Höhenlinien der Bildinhalt - der ja für die Forschungen im Vordergrund stehen sollte - zu stark gestört werden. In der Arbeitsausgabe wurden deshalb nur die 100 m-Höhenlinien eingearbeitet. Für weitere Ausarbeitungen stehen selbstverständlich die 25 m-Höhenlinien zu Verfügung.

5 Montage der Orthophotos

Die sechs einzeln umgebildeten Orthophotos mußten nun in den gewählten Blattschnitt montiert werden. Es bot sich hier eine digitale Vorgehensweise an. Hierbei werden die Orthophotos gescannt und die einzelnen eingescannten Bilder digital in dem gewünschtem Blattschnitt montiert, wobei gleichzeitig die Rasterung für den Druck erfolgte.

Da der spätere Druck aus Qualitätgründen mit einem 80er Raster vorgesehen war, ergaben sich beim Scannen der Bilder erhebliche Datenmengen, die bearbeitet werden mußten (je Bild ca. 200 MB). Diese Arbeiten wurden von der Firma Repro Becker, Karlsruhe in enger Zusammenarbeit mit den Projektbetreuern ausgeführt. Es zeigte sich, daß die Aufgaben im kartographischen Bereich doch einige Unterschiede gegenüber den sonst anfallenden Arbeiten in einer Reproanstalt aufweisen. Besonders ist die hohe Paßgenauigkeit der einzelnen zu montierenden Bildteile zu nennen, die bei deren sonstigen Arbeiten nicht unbedingt notwendig ist. Daneben wurden in diesem Arbeitsschritt noch die Montageränder radiometrisch korrigiert und Retuschearbeiten zur Bildverschönerung, wie z. B. die Beseitigung von Kratzern vorgenommen.

6 Kartographische Bearbeitung

Die kartographische Bearbeitung der Orthophotos zu Orthophotokarten erfolgte am Lehrstuhl für Kartographie und Topographie der Universität der Bundeswehr München. Ein Orthophoto bedarf einiger kartographischer Ergänzungen, so daß es als kartenähnliche Darstellung genutzt werden kann. Es sind dies eine Geländedarstellung, die Kartenbeschriftung, der Kartenrahmen sowie schließlich eine Kartenrandbearbeitung. Die graphische Gestaltung im Kartenfeld (Geländedarstellung und Kartenbeschriftung) ist dabei andersartig als in konventionellen Karten, sog. "Strichkarten", wo die Kartenzeichnung auf einem weißen Papiergrund steht.

Zur kartographischen Bearbeitung standen die Orthophotos sowie die Luftbilder und die Höhenlinienauswertung mit einer Äquidistanz von 25 m zur Verfügung. Für das Namensgut konnte die norwegische "Namnekart Svalbard 1 : 100 000" genutzt werden.

6.1 Kartenrahmen und Kartenrand

Die als Gradabteilungsblätter vorgesehenen Orthophotokarten erhielten zunächst einen Kartenrahmen mit Minutenfeldern und Bezifferung der geographischen Netzlinien. Weiterhin sind hier die duchgezogenen Gitterlinien des UTM-Systems beziffert. Der gerechnete Kartenrahmen wurde an einer digital gesteuerten Zeichenanlage ausgegeben.

6.2 Geländedarstellung

Die Geländedarstellung besteht aus Höhenlinien und kotierten Punkten. Um den Bildinhalt nicht zu stören, können - wie bereits angesprochen - lediglich Höhenlinien mit der relativ großen Äquidistanz von 100 m mit Zähllinien mit 500 m eingebracht werden. Die vollständige Wiedergabe der photogrammetrischen Auswertung mit einer Äquidistanz von 25 m muß einer selbständigen Höhenlinienkarte vorbehalten bleiben.

Die Höhenlinien der Orthophotokarten entstanden mit Hilfe der Foliengravur. Neben der druckfähigen Umsetzung der Höhenlinien der photogrammetrischen Auswertung, war es Hauptaufgabe des Kartographen, die Höhenlinien an den Bildinhalt des Orthophotos anzupassen. Zum einen dort, wo es verfahrensbedingt Lagefehler gab; zum anderen, wo dies im Orthophotos erkennbare Geländekanten und Kleinformen (Rinnen, Kammlinien, u.a.m.) verlangten. Bildinhalt und Höhenlinien kontrollieren sich sehr stark gegenseitig. Diese morphologische Überarbeitung geschah unter Zuhilfenahme der Stereomodelle, die im Spiegelstereoskop erzeugt wurden. In verhältnismäßig großer Dichte wurden kotierte Punkte gesetzt.

6.3 Kartenbeschriftung

Die Kartenbeschriftung wurde mit einer großen Groteskschrift ausgeführt, um die Schrift auf dem unterschiedlich modulierten Halbtonbild des Orthophotos gut lesbar zu machen. Das Namensgut wurde in Auswahl der norwegischen "Namnekart Svalbard 1 : 100 000" entnommen.

Die Kartenrandbeschriftung ist in der Arbeitskarte lediglich deutsch ausgeführt. Für die vorgesehene endgültige Ausgabe ist eine dreisprachige Kartenrandbeschriftung (deutsch, englisch, norwegisch) vorgesehen. In der endgültigen Ausgabe können dann auch eventuelle Fehler im Namensgut getilgt, sowie Ergänzungen eingebracht werden. Der Kartendruck erfolgte an Fachhochschule Karlsruhe, Studiengang Kartographie.

Anmerkung: Die vier Blätter der Orthophotokarte 1 : 25 000 sind als Beilagen beigefügt; Blatt 1 Lernerøyane, Blatt 2 Roosfjella, Blatt 3 Schivefjellet, Blatt 4 Bockfjorden.

Anschriften:

Prof. Dr. KURT BRUNNER, Institut für Photogrammetrie und Kartographie der Universität der Bundeswehr, Werner-Heisenberg-Weg 39, 8014 Neubiberg.

Prof. Dr. GÜNTER HELL, Fachbereich Vermessungswesen der Fachhochschule Karlsruhe, Moltkestraße 4, 7500 Karlsruhe 1.

MATERIALIEN UND MANUSKRIPTE - Studiengang Geographie, Heft 19: 41 - 42, Bremen 1991.

Kurzbeschreibung zur Übersichtskarte Geomorphologie und Quartärgeologie des Liefdefjorden

Karte als Anlage

JOHAN LUDVIG SOLLID, Oslo

Die Karte ist eine Übersichtskarte. Es muß hier präzisiert werden, daß die Karte *ausschließlich* auf der Grundlage von Luftbildern angefertigt wurde. Die Schwarz-Weiß-Luftbilder stammen aus der Serie S77 im Maßstab ca. 1 : 17 000. Die Luftbildinterpretation wurde auf einem Interpretoskop der Firma Zeiss Jena mit bis zu 15-facher Vergrößerung durchgeführt. Als Grundlage wurden folgende Karten vom norwegischen Polarinstitut (Norsk Polarinstitutt) benutzt:

- Woodfjorden 1 : 100 000
- Reindyrsflya 1 : 100 000
- Magdalenafjorden 1 : 100 000

Die Basiskarten wurden auf Maßstab 1 : 80 000 vergrößert. Das Kartenblatt wurde mit der Kvick-Proof-Methode gedruckt (Probedruck).

Ziel der Karte ist es, eine **generelle und grobe Übersicht** über die geomorphologischen und quartärgeologischen Verhältnisse im Arbeitsgebiet für das Spitzbergenprojekt 1990 (SPE 90) zu vermitteln. Eine genaue Abgrenzung und Einteilung des oberflächennahen Untergrundes und der Oberflächenformen kann natürlich erst nach einer Feldbefahrung erfolgen.

1 Der oberflächennahe Untergrund

Der oberflächennahe Untergrund (surficial material) wurde in unterschiedliche Prozeßbereiche gegliedert, die auf dem Originalkartenentwurf durch verschiedene Farben gekennzeichnet sind (in der beiliegenden Umzeichnung in Schwarz-Weißraster umgesetzt).

Viele Lockermaterialien sind polygenetischen Ursprungs. Die Buchstaben auf der Karte weisen daher auf kleinere Vorkommen bestimmter Lockermaterialien, oder auf die Einwirkung verschiedener Prozesse hin. Die jeweiligen Grundfarben geben die **dominierenden** Prozeßbereiche an. Das Kartenblatt wurde in folgende Einheiten gegliedert:

- Glaziale Sedimente, rezent
- Glaziale Sedimente, fossil (till)
- Marine Sedimente (marine material)
- Fluviale Sedimente (fluvial material)
- Gravitative Sedimente (rockfall and rockslide deposits)
- Verwitterungsmaterial, in situ (weathering material)
- Gelifluktionsmaterial (gelifluction material)
- Anstehendes Gestein (exposed bedrock)

Die Abgrenzung der einzelnen Lockermaterialien ist noch als vorläufig anzusehen.

Rezente Moräne (dunkelgrün) faßt die glazialen Sedimente der heutigen Gletscher zusammen. Es handelt sich hier um die aktiven Gletschervorfelder mit Eiskernmoränen und Toteislandschaft.

Fossiles glaziales Sediment (hellgrün) ist die Bezeichnung für ältere Grundmoränen und weniger deutlich ausgeprägte Randmoränen, die nicht eindeutig auf rezente Gletscher zurückzuführen sind. Es kann sich hier eventuell um Ablagerungen eines größeren Vorstoßes des Monacobreen handeln.

Bei den **marinen Sedimenten** (blau) handelt es sich hauptsächlich um Strandablagerungen.

Unter **fluvialen Sedimenten** (gelb) sind rezente, fossile und glazifluviale Ablagerungen zusammengefaßt.

Verwitterungsmaterial (rosa) ist das dominierende Oberflächenmaterial in diesem Gebiet. Das Verbreitungsmuster von Verwitterungsmaterial (in situ) fällt mit dem der devonischen klastischen Sedimente am Liefdefjord zusammen. Der Übergang zu den geomorphologisch harten, zum Teil metamorphen Gesteinen des Hekla Hoek, ist deutlich. Dort dominiert **anstehendes Gestein** (grau).

Gravitative Sedimente (violett) fassen Ablagerungen durch Steinschlag und Steinlawinen zusammen (Schuttkegel und Schutthänge).

Als besonders problematisch erwies sich die Abgrenzung zwischen **Gelifluktionsmaterial** (hell violett) und Verwitterungsmaterial in den Sandsteingebieten. Die Übergänge sind hier fließend, und nur mit weiteren Felduntersuchungen näher abgrenzbar. Auf dem Kartenblatt wurde das Oberflächenmaterial von Gebieten, die mehr oder weniger deutliche Solifluktionsformen aufweisen, als Gelifluktionsmaterial klassifiziert.

2 Die Landformen

Die Landformen sind in folgende Einheiten gegliedert:

- Glaziale Formen
- Periglaziale Formen
- Glazifluviale und fluviale Formen
- Hangformen

Kleinformen wurden wegen des kleinen Maßstabes der Karte nicht berücksichtigt, und sind außerdem auf den Luftbildern oft nicht eindeutig zu erkennen.

Bis auf wenige Ausnahmen beschränken sich die glazialen Formen auf die Moränengürtel der rezenten Gletscher. Es handelt sich hier hauptsächlich um aktive **Eiskernmoränen.**

Die auf den Luftbildern erkennbaren periglazialen Formen sind in **Solifluktionsformen** (hauptsächlich Solifluktionsloben) und **Frostmusterböden** (hauptsächlich deutlich erkennbare Frostpolygone) eingeteilt. Die Frostpolygone sind auf die Gebiete mit marinen Sedimenten beschränkt.

Alluviale Schwemmfächer sind auf der Karte deutlich markiert. Es wurde weiterhin zwischen Abflußkanälen in Lokkermaterialien und glazialen Schmelzwasserkanälen unterschieden.

Unter den Hangformen treten die Schuttkegel deutlich hervor. Größere debrisflow-Kanäle und einige Erosionsformen in Hängen (Felsravinen, Grate, Erosionskanten) wurden ebenfalls berücksichtigt, soweit eine eindeutige Identifizierung möglich war.

Anschrift:

Prof. Dr. JOHAN LUDVIG SOLLID, Geografik Institutt Universitetet Oslo, P.O. Box 1042, Blindern, N-0316 Oslo 3/ Norwegen.

MATERIALIEN UND MANUSKRIPTE - Studiengang Geographie, Heft 19: 43 - 46, Bremen 1991.

Anmerkungen zur Küstenmorphologie des Wood- und Liefdefjorden

mit 1 Abbildung

DIETER KELLETAT, Essen

Die wissenschaftliche Bearbeitung der Küsten von Nordwest-Spitzbergen steckt noch in den Anfängen. Insbesondere für das Gebiet Liefdefjorden-Bockfjorden-Woodfjorden liegen lediglich einige lokale Daten zum Alter aufgetauchter Strandlinien vor (so für die Reindyrsflya, Gråhuken und Roosneset - vgl. Abb. 1 - nach SALVIGSEN & NYRDAL 1981 und SALVIGSEN & ÖSTERHOLM 1982). Untersuchungen über das gesamte Spektrum der Küstenformen und ihre Entwicklung gibt es noch nicht, Beobachtungen aus den inneren Teilen des Woodfjorden sind bisher nicht publiziert worden. Damit ist einerseits die Präsentation des bisherigen Faktenwissens schwierig, andererseits harren noch viele interessante Probleme ihrer Lösung. Die folgende Kurzfassung versucht, beide Fragenkreise zu skizzieren.

1 Befunde zur Glazialisostasie am Wood- und Liefdefjorden

Die sogenannte "höchste marine Grenze" als Ausmaß für die Auftauchung aufgrund von Eisentlastung läßt sich (aufgrund von BOULTON 1979, Abb. 12, S. 49) zwischen den dort angegebenen Werten für den Wijdefjorden und die äußerste Westküste Spitzbergens auf ca. 60 m für den äußeren Woodfjorden und 45 m für den inneren Liefdefjorden interpolieren. SALVIGSEN & NYRDAL (1981) geben dagegen für die Reindyrsflya am Nordwestausgang des Woodfjorden +80 m an (mit zugehörigen ^{14}C-Daten, ermittelt an Schalen der Hiatella arctica, von 41 630 +3 160/-2 300 bzw. 44 240 +2 200/-1 760) für Gråhuken am Ostausgang des gleichen Fjordes ermittelten sie +78 m, ebenfalls mit ^{14}C-Werten von über 40 000 BP. Wenn auch so hohe ^{14}C-Alter sicher mit Vorsicht zu betrachten sind, so scheint doch gesichert, daß die äußersten und oberen Strandwallfolgen des Expeditionsgebietes zeitlich deutlich älter als das Weichsel-Hochglazial einzustufen sind bzw., daß weite Areale der äußeren Fjordlandschaft im letzten Hochglazial nicht mehr vergletschert waren. SALVIGSEN & NYRDAL (1981) rechnen mit ca. 20 km längeren Hauptgletschern zu jener Zeit, betonen aber, daß die exakte Eisausdehnung noch weitgehend unbekannt ist.

HÉQUETTE (1988) nennt für den Bereich Gråhuken 43 m als höchste marine Grenze. Damit ist aber wohl nur die Reichweite der spät-/postglazialen Strandwallserien gemeint, denn hierfür haben SYLVIGSEN & NYRDAL (1981) 42 m mit einem ^{14}C-Alter von ca. 11 000 BP ermittelt.

Nach BOULTON (1979) soll das Auftauchen am Südende des Woodfjorden seit ca. 9 000 BP 20 m, am Nordausgang aber maximal nur 10 m betragen haben. Diese Angaben stehen im Gegensatz zu der geläufigen Erscheinung auf Spitzbergen, daß länger eisfreie Areale der Peripherie bereits stärker aufgetaucht sind als tief eingreifende Buchtteile, welche noch Kontakt zur zentralen Eisbedeckung haben.

Den Ablauf der glazialisostatischen Hebung haben SALVIGSEN & ÖSTERHOLM (1982) für Gråhuken folgendermaßen dargestellt: Die Küstenlinie von 11 000 BP findet sich derzeit bei etwa 40 - 42 m ü. M., jene von 9 500 BP bei +10 m, die von ca. 8 600 BP nur noch bei +5 m, und seit etwa 6 500 BP ist keine Auftauchung mehr erkennbar. Diese Angaben decken sich mit sehr geringen Höhenlagen alter Strandlinien auf der Reindyrsflya (+5 m vor 9 600 Jahren), und für das Innere des Liefdefjorden liegt für +6 m ein Wert von 9 380 BP, für +4 m ein anderer von 9 480 BP vor. Am Roosneset (an der Westflanke des mittleren Woodfjord) sind für +2 m hohe Strandwallagen bereits Alter von 9 580 +/-150 BP bestimmt worden.

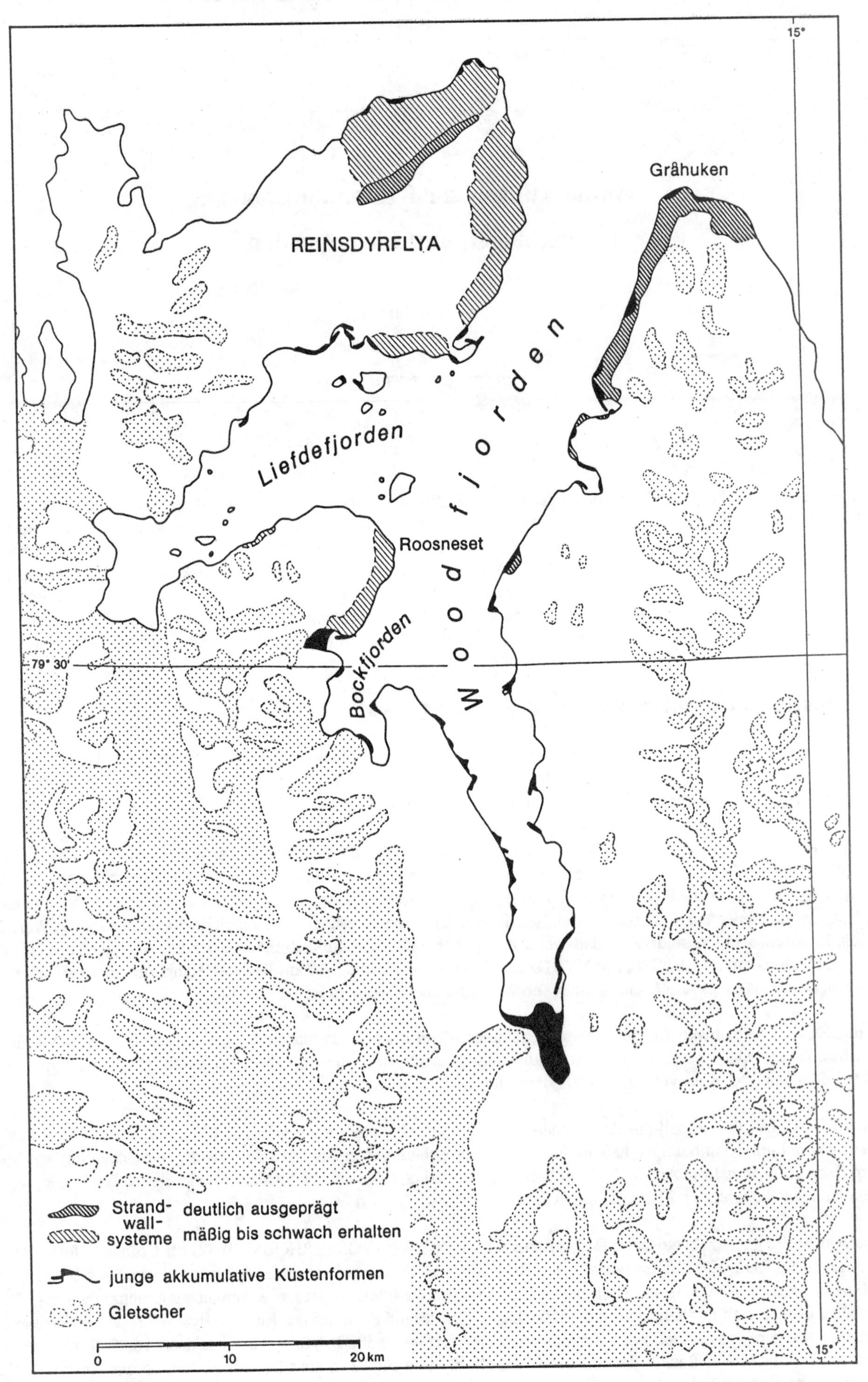

Abb. 1: Jungpleistozäne bis altholozäne Strandwälle und jungholozäne, akkumulative Küstenformen im Bereich des Wood- und Liefdefjorden.

Als Résumée aus diesen Daten ergibt sich:

Viele Fragen nach der Höhenlage der marinen Obergrenze im Expeditionsgebiet, dem Alter dieser Stände sowie der Reichweite der spät- und postglazialen marinen Einwirkung sind zwar noch offen, doch läßt sich grob erkennen, daß offensichtlich erheblich über das Hochglazial zeitlich zurückreichende Strandablagerungen unverändert erhalten sind, was für eine nur geringe Eisausdehnung zu jener Zeit spricht. Ob allerdings echte interglaziale Küstenlinien vorhanden sind, ist noch zu prüfen. Am Ausgang der großen Fjorde herrschte eine starke glazialisostatische Landhebung zwischen ca. 11 000 und 9 500 BP, die sich danach extrem verlangsamte und seit vielen 1 000 Jahren bereits zum Erlöschen gekommen ist, so daß heute - für hocharktische Gebiete eine Seltenheit - bereits eine Transgression zu beobachten ist.

Diese und andere Fragen sind natürlich durch Übersichtsbegehungen und Detailkartierungen in den Arbeitsgebieten noch abzusichern. Hinzu kommt die Aufgabe, mit geomorphologischen und morphometrischen Methoden die dicht benachbarten, aber so unterschiedlich (über 40 000 und ca. 11 000 Jahre) alten Strandwallablagerungen in ca. 40 m Höhe zu unterscheiden und diese Unterschiede in anderen, bisher nicht mit Daten belegten Fjordabschnitten wiederzuerkennen.

2 Fragen der Küstenbildung im Spät- und frühen Postglazial

Unter arktischen bis hocharktischen Bedingungen kann die Identifizierung von Küstenformen im einzelnen schwierig sein, weil starke solifluidale und Frostschutt-Überlagerungen auftreten können und mit einer Umformung durch Frostprozesse in situ zu rechnen ist. Da das Expeditionsgebiet eine größere Zahl unterschiedlicher petrographischer Einheiten aufweist, ergeben sich gute Interpretationsmöglichkeiten zur Internsität der einzelnen nicht-litoralen Vorgänge nach Auftauchen der Ablagerungen und Formen aus dem Wirkungsbereich des Meeres. Auch die Genese von Felsplattformen unter arktischen Verhältnissen läßt sich hier erneut aufgreifen, wobei Antworten über ihre Bildungsgeschwindigkeit erwartet werden können. Da bekanntermaßen noch heute über den weitaus größten Teil des Jahres Meer- und Küsteneis auftritt, ist für das frühere Holozän und insbesondere das Spätglazial mit mindestens ebenso harten Eisverhältnissen zu rechnen. In diesem Zusammenhang tritt die Frage auf, inwieweit die zahlreichen Strandwallsysteme durch Eiskontakt mitgestaltet sind oder ob sie - wie die Luftbilder zunächst vermitteln - nahezu ausschließlich das Produkt von Sommerstürmen bei eisfreiem Zustand sind. Im inneren Bock- und Woodfjorden kann studiert werden, ob hier die verschiedenen Typen der eisgeprägten Blockwatten vorkommen oder ob ein zu langer Eisverschluß bereits wieder für ein Abklingen entsprechender Formungseinflüsse sorgt.

3 Rezente Formungstendenzen im Litoral

Abb. 1 zeigt, wo mit gut erhaltenen älteren Strandwallfolgen zu rechnen ist und insbesondere an welchen Stellen eine junge und noch andauernde "longshore drift" neue Küstenformen und -ablagerungen geschaffen hat. Es handelt sich dabei meistens um Haken oder Höftländer mit eingeschlossenen Lagunen, wobei deutlich wird, daß sowohl nördliche wie auch südliche Wellenwirkungen morphologisch wirksam sein können (trotz des verhältnismäßig kurzen "fetch" und der sehr kurzen, in jedem Sommer zur Verfügung stehenden Bildungszeit). Die gegenwärtige Transgression äußert sich durch intensive Kliffbildungen auch am Festgestein. Nach Ausweis der Luftbilder scheinen die jungen Stauchmoränen im inneren Liefdefjorden bisher kaum durch Abrasion (und Thermoabrasion) angegriffen worden zu sein. Auch für diesen zonenspezifischen Prozeß lassen sich daher - unter Beachtung der hier gegebenen geringen Wellendynamik - quantitative Aussagen zur Formenentwicklung treffen. Ähnliches ist möglich für die Umgestaltung von frisch unter den zurückweichenden Gletschern aufgetauchten Inseln.

Die zahlreichen größeren und kleinen Lagunen im unmittelbaren Küstenbereich, deren Alter nach Ausweis der glazialisostatischen Daten immerhin einige 1 000 Jahre betragen kann, liefern gute Modelle für die Verlandungsprozesse bei schwächerem oder stärkerem Materialeintrag vom Hinterland. Dieser ist ausgeprägt bei steilen Deltas oder Schwemmfächern, deren Vorbau von Land her heute durch Transgressionstendenzen behindert sein dürfte. Warum sich allerdings nur an einigen von ihnen deutliche Umgestaltungen durch litorale Vorgänge zeigen, ist weiter abzuklären.

Verbreitung, Alter und Erhaltungszustand der Küstenformen werden schließlich darüber Auskunft geben, welche Umformungsprozesse des terrestrischen Milieus (insbesondere fluvialer, glazialer, periglazialer und nivaler Art) sich abgespielt haben und wie diese zu quantifizieren sind. Dabei läßt sich erkennen, in welchen Küstenabschnitten große Sedimentmengen durchtransportiert sind, wo dieser Transport weitgehend unerheblich war oder wo eine Quantifizierung wegen des Fehlens von Küstenformen (z.B. bei noch kalbenden Gletschern) unmöglich ist. Die Arbeiten im Offshorebereich sollten erlauben, diese Abschätzungen - ebenfalls quantitativ - zu stützen, damit eine echte Stoffbilanz zwischen Land und Meer in arktischen Geosystemen erstellt werden kann.

Literatur

BOULTEN, G.S., 1979: Glycial history of the Spitzsbergen Archipleago and the problem of a Barents Shelf ice sheet. - Boreas, 8: 31-57.

HÉQUETTE, A., 1988: Vues récentes sur l' évolution du Svalbard au Quarternaire. - Revue de Géo, 37 (4): 129-141.

SALVIGSEN, O. & NYRDAL, R. 1981: The Weichselian glaciation in Svalbard before 15 000 BP. - Boreas (10): 433-446.

SALVIGSEN, O. & ÖSTERHOLM, H., 1982: Radiocarbon dated raised beaches and glacial history of the northern coast of Spitsbergen, Svalbard.- Polar Res. (1): 97-115.

Anschrift:

Prof. Dr. DIETER KELLETAT, Institut für Geographie im FB 9, Universität - GHS, Universitätsstraße 5, 4300 Essen 1.

MATERIALIEN UND MANUSKRIPTE - Studiengang Geographie, Heft 19: 47 - 51, Bremen 1991.

Glacial- or glaciofluvial material transport in subpolar glaciers, examples from Svalbard

mit 4 Abbildungen

PER HELGE BØ & BERND ETZELMÜLLER & RUNE S. ØDEGÅRD &
JOHAN LUDVIG SOLLID & GEIR VATNE, Oslo

1 Introduction and setting

In the 1990 summer season geographers from the Department of Physical Geography, University of Oslo, studied Erikbreen, a subpolar glacier in Liefdefjorden located on the northern coast of Spitsbergen. Studies concentrated on subpolar glacier's ability to transfer sediments, including both the glacial and the glaciofluvial sediment transfer. They were part of the German project (SPE 90): "Sediment transfer land-ocean in a geoecological system". The project was funded by the German Science Foundation (DFG). Altogether 15 universities with 51 scientists from West Germany, Switzerland and Norway participated. Only preliminary results from the Norwegian group are presented in this paper.

The main aims were measurements of discharge and suspended sediment load from a glacier-dominated drainage basin and to relate these measurements to meteorological, geological and glaciological parameters. The studies will con-tinue in 1991.

Erikbreen, situated at 79°40'N latitude, can be classified as a small valley glacier (see Fig. 1). It is about 6.5 kilometers long and reaches from about 20 m below sea level up to an altitude of 650 m. The basin is well-defined, except for a small tributary glacier which drains westwards to Raudfjorden. The total area of the drainage basin is 12.4 square kilometers, of which about 75% is covered by the glacier. The last 25% are mainly steep mountainsides which have only a thin snow cover during the winter. As opposed to most other subpolar glaciers of the same size on Spitsbergen, Erikbreen is heavily crevassed, both in the accumulation and ablation area.

In front of the glacier, there is a cluster of ice-cored endmoraines, damming a lake against the glacier. The glacier floats in this lake, which has a maximum depth of at least 32 meters and calving occurs. The lake has one outlet to the fjord. The outlet is through a narrow canyon in the endmoraines and is quite stable throughout the summer. On the southwest distal side of the endmoraines icing indicating leakage of groundwater during the winter occured. The water comes from the accumulation area where the glacier sole is temperate. This is due to refreezing of melt-water during the summer, which releases latent heat and warms up the glacier (LISTØL 1976).

2 Field measurements and sampling

In the outlet from the dammed lake in front of the glacier, a gauging station for discharge measurements was mounted. At different water states, water flow velocities were measured. On the southwest side of the glacier a river emerges from the glacier front. This river alone accounts for about 50% of the water which is supplied to the dammed lake. In this river, discharge measurements were carried out by the relative salt dilution method. Samples for suspension transport analysis were taken every day at the gauging station and every second day in the glacial river. At both locations, samples for grain size distribution analysis were taken at different discharges.

The drainage system of the glacier was mapped by the use of tracers. The aim was to obtain measurements of drainage velocities at different discharges and to detect whether the drainage system changed due to the opening of new crevasses or not.

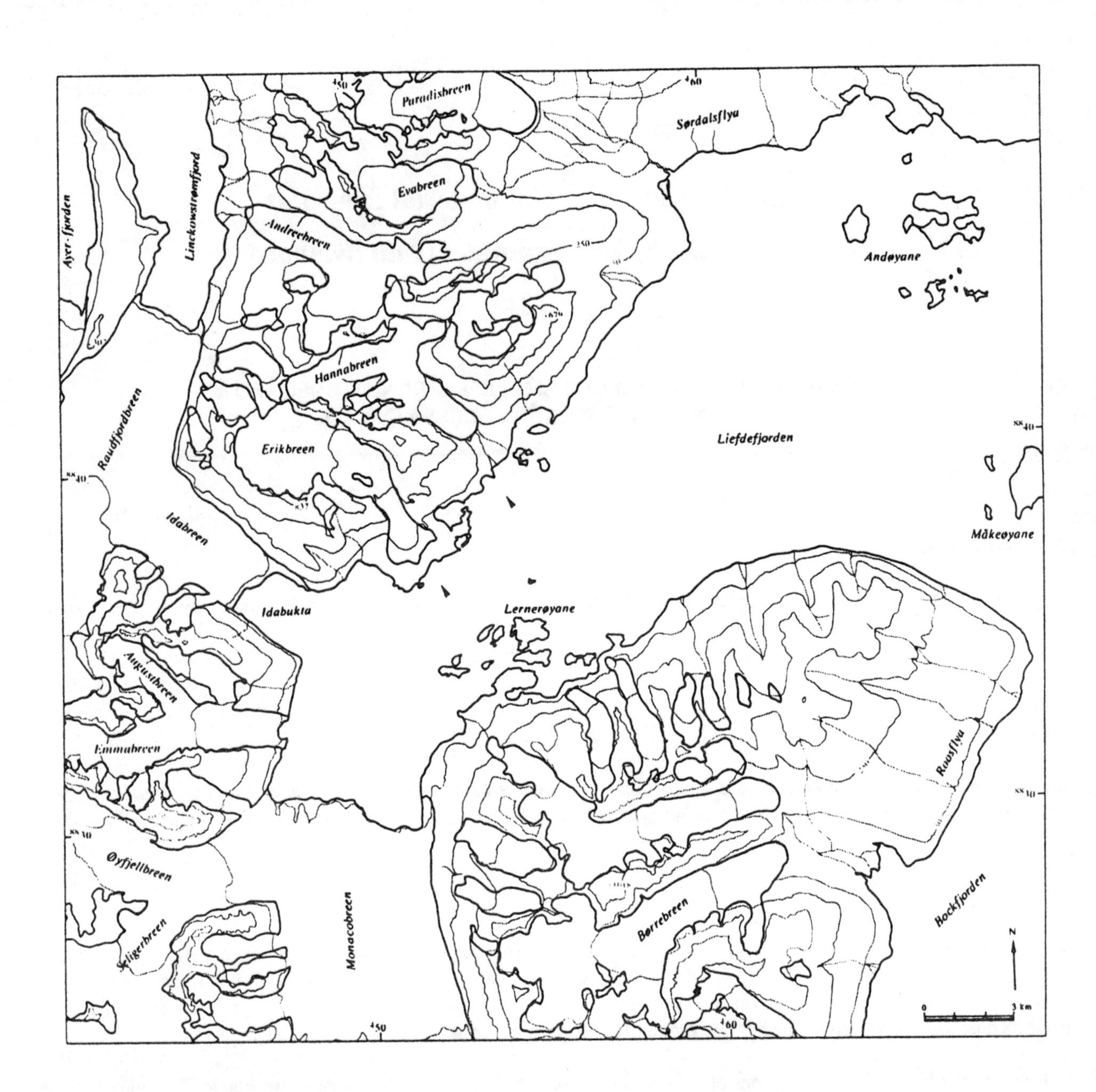

Fig. 1: Map of Liefdefjorden. Erikbreen and Hannabreen are marked by arrows.

On Erikbreen, the drainage and glaciofluvial sediment transport is closely connected to the glacial system. Therefore, climatological and glaciological investigations have also been carried out. On a nunatak about 420 m a.s.l., a datalogger was mounted. To this datalogger, sensors for windspeed, wind direction, relative air humidity, air temperature and incoming radiation were connected. These parameters were logged every half-hour. To get an idea of the glacier's flow, one line of 10 stakes was measured along the glacier centerline and one transverse line in the front. The stakes were measured every 7 to 10 days. These stakes were also used for ablation measurements. In the accumulation area, both snow density and stake heights were measured. By use of steam drilling, termistor strings for ice temperature measurements were melted down to 15 - 20 meters both in the accumulation and the ablation area.

3 Preliminary results

The glacier flow measurements showed a maximum average velocity of about 15.5 cm a day (Fig. 2), which is a magnitude more than what the Norwegian Polar Research Institute has measured on Austre Broggerbreen and Midtre Lovenbreen on Brøggerhalvøya further south on Spitsbergen (HAGEN & LISTØL 1990). This high velocity and the relief of the underlying topography account for the many crevasses.

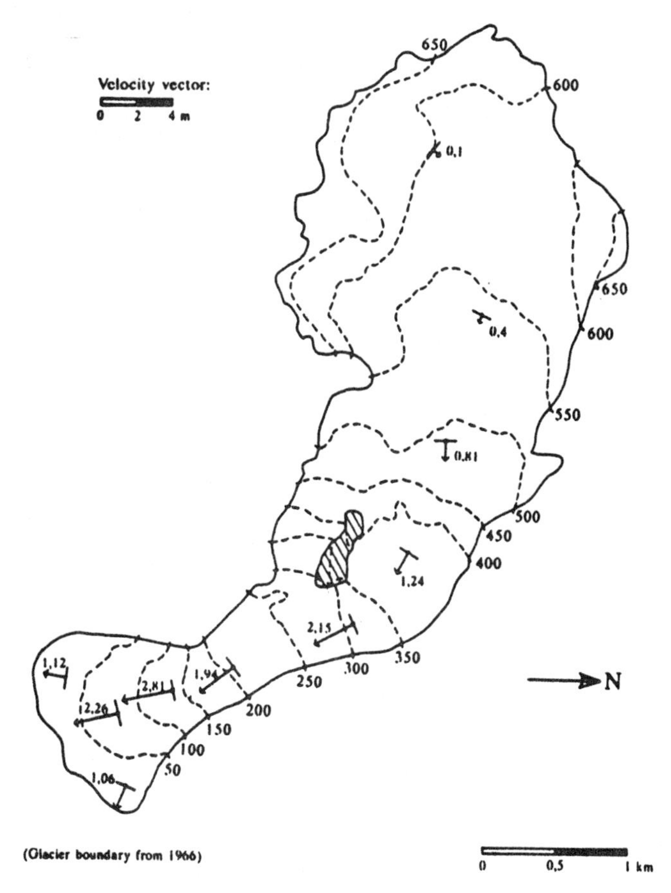

Fig. 2: Glacier velocity and velocity vectors of Erikbreen, 01.08. - 20.08.1990.

The temperature measurements have shown that the glacier is below the freezing point at 15 m depth both in the ablation and the accumulation area. Therefore, the supraglacial meltwater is not able to penetrate the glacier in ice grain intersections but runs off on the surface until it reaches a moulin or a crevasse. However, the many crevasses prevent the formation of big supraglacial rivers, so drainage is mainly englacial and subglacial.

The ablation measurements show a melting of about 1 600 mm water equivalent at the glacier front and a gradual decrease with increasing altitude (Fig. 3). The low ablation at stakes 7, 8 and 9 is due to wind accumulation of snow during a cold period in the beginning of August.

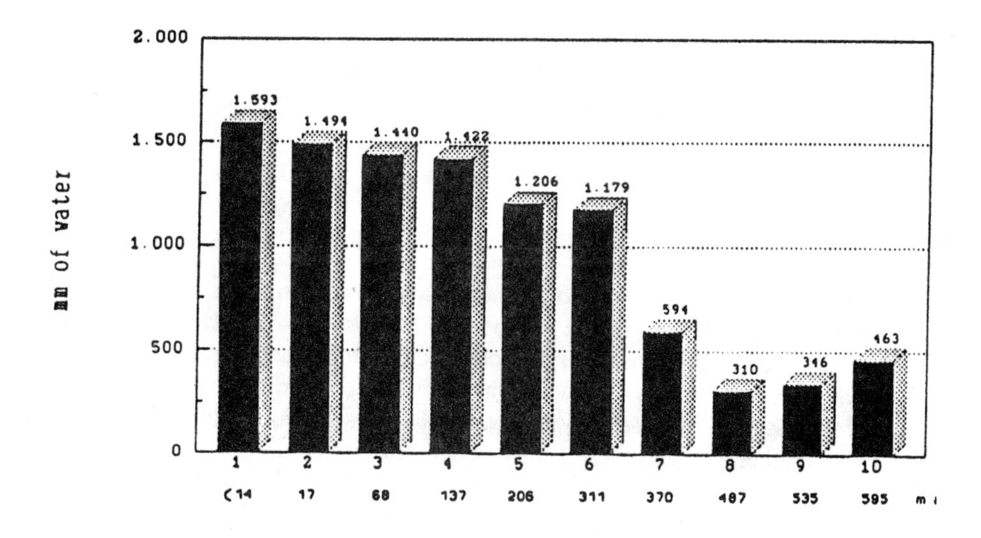

Fig. 3: Ablation of Erikbreen, summer 1990 (11.07. - 25.08.1990).

The specific discharge (Fig. 4) of the glacier-dominated basin for the summer period was measured to be about 0.67 m, for Erikbreen alone about 0.88 m. The suspension transport in the glacier river is larger than the river from the lake. Preliminary estimates show a total value of 3 650 tons in 50 days.

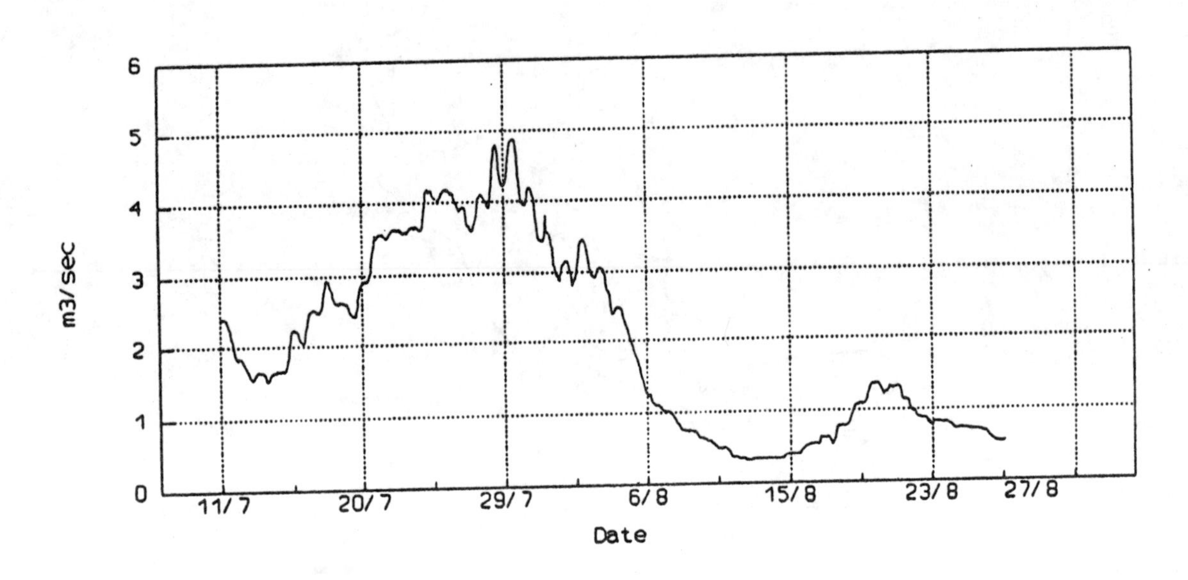

Fig. 4: Discharge from the ice-dammed lake summer 1990.

This value alone corresponds to an erosion rate of 0.3 kg/m^2/50 days. In addition, there is sedimentation in the lake and solute and bedload transport out of the basin. The glacial river deposits bedload on a fluvial fan in front of the glacier. Accumulation of about 30 cm of sand, gravel and stones were observed during the summer.

The high sediment transport in the glacial river indicates that the water has been in a subglacial position for quite a distance and has been able to erode in the ground moraine of the glacier. An interesting observation was also that as the air temperature decreased in the end of the ablation season and a smaller part of the glacier contributed with meltwater, the colour of the river changed from red/brown to yellow/gray. This could be a result of less melting in the accumulation area and, therefore, less meltwater draining down to the glacier sole in areas underlying red conglo-merate, sandstones and schists.

Another sediment source for the dammed lake are mudflows from the icecored endmoraines. As the ice in the moraines melts, the till becomes soaked with water and flows or slides into the lake. From these endmoraines there were many brooklets which were heavily loaded with suspended material.

4 Further studies

The main aim of the 1990 summer season was to do geomorphological mapping and basic hydrological and glaciological measurements. Further plans were made as we got to know the basin. A georadar survey of the glacier and lake could give us valuable data. The 0° isotherm and subglacial bedrock topography are essential in understanding the drainage system. Furthermore, measurements of lake sediment thickness would make it possible to estimate the sedimentation rate since the lake's age has been determined from aerial photographs. Finally, a 3-dimensioned digital elevation model of the subglacial relief and glacier itself could be constructed.

The DEM can be used, among others, to model the runoff on, in and under the glacier. If economical support is sufficient, a winter expedition will be arranged in April or May 1991. Additionally, the sedimentation rate on the fluvial fan in front of the glacial river will be measured during the summer to make an estimate of the bedload in the river.

The results from Erikbreen will be compared with data from Hannabreen, which lies next to Erikbreen. Hannabreen is interesting for comparative studies because it is about the same size as Erikbreen but the mean altitude of the accumulation area is lower and there are only a few crevasses. The water on Erikbreen drains mainly in meandering supraglacial channels with only a few moulins in which some of the water drains. These two glaciers, which fall under the same climatological conditions, have a quite different hydrology and glacial dynamics. Velocity measurements on Hanna-breen show a glacial movement between 0.9 and 2.5 cm/day. These are 6 to 10 times lower than those measured on Erikbreen in a compartive altitude and surface angle. Both glaciers are, therefore, interesting for comparative studies. The results will also be compared to studies of three glaciers on Brøggerhalvøya.

The investigation will contribute to a better understanding of subpolar glaciers as a geoecological factor and especially of the processes which rule the sediment transfer and discharge from a glacier-dominated drainage basin.

5 Acknowledgements

We would like to thank the German Science Foundation (DFG) for funding us and the Norwegian Polar Research Institute and NAVF's instrumenttjeneste for lending us equipment. Many thanks to the participants of the German project SPE 90 for their cooperation and logistics. We especially thank the coordinator of the project, Professor W.-D. Blümel, Department of Geography at the University of Stuttgart, Federal Republic of Germany.

Literature

HAGEN J. & LISTØL, O. 1990: Long term glacier mass-balance investigations in Svalbard, 1950-88. - Annals of Glaciology 14, 102-106.

LIESTØL, O. 1976: Pingos, springs and permafrost in Spitsbergen. - Norsk Polarinstitutt Årbok 1975, 7-29.

Anschrift:

PER HELGE BØ & BERND ETZELMÜLLER & RUNE S. ØDEGÅRD & Prof. Dr. JOHAN LUDVIG SOLLID & GEIR VATNE, Geografik Institutt Universitetet Oslo, P.O. Box 1042, Blindern, N-0316 Oslo 3/ Norwegen.

MATERIALIEN UND MANUSKRIPTE - Studiengang Geographie, Heft 19: 53 - 59, Bremen 1991.

Forschungskonzept zur Glazialmorphologie und Glazialökologie

Formen, Prozesse, Mikroklima

mit einem Nachtrag zur Witterung im Sommer 1990

mit 2 Tabellen und 2 Abbildungen

LORENZ KING, Gießen

Das Forschungsprogramm der Gießener Arbeitsgruppe versteht sich einerseits als Beitrag zum Themenbereich "Glazial- und Periglazialgeomorphodynamik" im Rahmen der Themenstellung "Stofftransporte Land-Meer in polaren Geosystemen" (s. LESER et al., 1988: 36-38). Andererseits ist es auch ein terrestrischer Beitrag zum PONAM-Projekt (Polar North Atlantic Margins) der European Science Foundation mit dem Rahmenthema "Arctic Sediment Dynamics Experiment" (vgl. ESF 1989).

Die "Kanarktis-Expedition 1988" zu den Queen Elizabeth-Inseln (Axel Heiberg, Ellesmere und Ward Hunt) unter Giessener Leitung, aber auch das Studium von Luftbildern des Expeditionsgebietes am Liefdefjorden sowie die Spitzbergenreisen von drei Gießener Geographen (King, Schmitt, Glock) im Sommer 1989 ermöglichten eine erste präzise Fassung des Forschungskonzeptes. Die dafür notwendigen genaueren Gebietskenntnisse wurden insbesondere von Rainer Glock im Rahmen seiner Vorexpedition zum Liefdefjorden eingebracht.

Im Zentrum der Arbeiten stehen Untersuchungen zum aktuellen Verhalten arktischer Gletscher und zu den Veränderungen an Moränen während und nach ihrer Ablagerung. Der Spezialfall der Stauchmoränen konnte schon intensiv auf der "Kanarktis-Expedition 1988" bearbeitet werden (KING 1990 a, b; LEHMANN 1990). Das Konzept der Spitzbergen-Expedition 1990 wurde daher aus wissenschaftlichen Gründen durch eine stärker geoökodynamische Blickrichtung erweitert. Aufbauend auf den klimageographischen Erfahrungen der Gießener Physiogeographie wurden die dafür notwendigen Modas-Geräte (Name gesetzlich geschützt) im Rahmen von bio- und geländeklimatologischen Arbeiten in der Umgebung von Gießen aufgebaut und getestet und die zur rationellen Verarbeitung notwendige Software entwikkelt. Eine ausführliche Beschreibung unserer Meßmethodik und Datenverarbeitung findet sich in SEIFERT (1990).

1 Problemstellung der Gießener Expeditionsgruppe

Im Rahmen der Expedition SPE 90 untersucht die Gießener Gruppe den Themenbereich Moränendynamik, d.h. also, die Bildung, den Aufbau, den Erhalt bzw. die Umformung von glazialen Ablagerungen. Thematisch sind es Anschlußarbeiten an die Untersuchungen über hocharktische Stauchmoränen in Kanada im Sommer 1988 mit einem geoökodynamischen Forschungsansatz. Naturgemäß spielen bei der primär glazialgeomorphologischen Fragestellung insbesondere gletscherkundliche und klimageschichtliche, aber auch ökologische und mikroklimatische Problemkreise eine ganz wesentliche Rolle. Ihnen galt daher während der rund 13 Wochen dauernden Expedition unser besonderes Interesse. Eine enge Zusammenarbeit mit den übrigen Expeditionsgruppen, die ihrerseits z.B. Fragen der Verwitterung und Hydrologie, der fluvialen und periglazialen Geomorphologie, der Gletscher- und Klimageschichte, der Küstenprozesse oder des Dauerfrostbodens bearbeiten, ist selbstverständlich. Da die arktischen Ökosysteme auf Spitzbergen noch immer sehr wenig bekannt sind, ist ein großer Teil der anfallenden Fragestellungen wohl der Grundlagenforschung zuzuordnen. Es werden aber auch Themen berührt, deren Bedeutung am besten wiederum mit dem Thema "Globale Klimaschwankungen und ihre Auswirkungen auf arktische Ökosysteme" beschrieben werden kann.

2 Forschungsziele und Arbeitsmethoden

Das Gießener Teilprojekt besitzt eine zentrale geomorphologisch/glaziologische Fragestellung und verwendet zu deren Lösung geomorphologische, ökologisch/klimatologische, geodätische und geophysikalische Arbeitsmethoden. Wie für die meisten Gebiete Spitzbergens typisch, enden auch im Expeditionsgebiet die meisten Gletscherzungen nahe der Küsten oder sogar in den Fjorden; nur wenige Gletscher liegen weiter im Landesinnern. Die Gletscherschwankungen der letzten Jahrhunderte haben somit junge Sedimente in Form von Schwemmebenen, Talfüllungen, Deltas und Moränen in verschiedenster Lage und unterschiedlicher Ausprägung hinterlassen. Repräsentative Teilbereiche daraus werden auf der Expedition als "Ökotypsysteme" stellvertretend für die wichtigsten Naturlandschaften Spitzbergens erforscht.

Ein wichtiges wissenschaftliches Expeditionsziel stellt die Erfassung der Landschaftsveränderungen und der die Landschaft gestaltenden Prozesse im Einflußbereich der Gletscher dar. Es wird mit folgenden Arbeitsmethoden verwirklicht:

1. Die Oberflächenformen der primär glazial geprägten Gebiete werden geomorphologisch nach den Richtlinien des DFG-Schwerpunktprogrammes GMK25 kartiert, allerdings in einem größeren Maßstab (1 : 5 000). Dies soll flächendeckend für einen Teilbereich des Expeditionsgebietes Liefdefjorden durchgeführt werden (vgl. Abb. 1). Bei einer zusätzlich geplanten topographischen Karte soll besonderer Wert auf kartographische Ausdrucksformen gelegt werden. Natürlich vorhandene Geländeeinschnitte (Aufschlüsse) werden es erlauben, den oberflächennahen Aufbau der Ablagerungen zu studieren. Die geomorphologische Kartierung erlaubt somit für die vorkommenden Geländeformen Fragen der Bildung, der Struktur, der Aktivität und des Alters zu beantworten. Zudem wird eine Typisierung der Moränen möglich sein (Ablationsmoränen, Stauchmoränen, blockgletscherartig überformte Moränen etc.).

2. Junge Reliefveränderungen im glazialen und proglazialen (vor dem Gletscher liegenden) Bereich werden durch einen Vergleich von Luftbildern mit terrestrischen Aufnahmen festgestellt.

3. Landschaftsverändernde Prozesse werden durch gelände- und mikroklimatische Untersuchungen erfaßt, wobei insbesondere morphologisch relevante Parameter untersucht werden (Wind, Niederschlag, Luft- und Bodentemperaturen, Strahlung, Luftfeuchte). Von besonderer Bedeutung ist dabei das bodennahe Klima und seine Auswirkungen auf die Auftauschicht. Methodische Erfahrungen dazu sind in KING (1984 und 1990) zusammengestellt.

4. Andere Meßgeräte werden in 2 bis 10 m Höhe installiert, um mit ihnen die wechselseitigen Beziehungen des Gelände- und Mesoklimas mit dem Mikroklima festzustellen. Es wird dadurch besser möglich sein, die während der Expeditionszeit gemessenen Daten mit den langjährigen Ergebnissen der offiziellen Wetterstationen auf Spitzbergen zu vergleichen und in ihrer Aussagekraft zu beurteilen.

5. Der Stoff- und Wasserhaushalt der Auftauschicht wird durch quantitative und teilweise qualitative Abflußmessungen untersucht. Dabei spielen insbesondere auch die Bodenbedeckung (Vegetation) und die Eigenschaften des Bodens als Speicher und Regler eine wichtige Rolle. Eine geoökologische Karte wird Bodenfeuchteverhältnisse, Bodenstabilität und Pflanzengesellschaften darstellen (vgl. methodische Erfahrungen in SCHMITT 1991).

6. Im gesamten Expeditionsgebiet ist unterhalb der sommerlichen Auftauschicht der Untergrund gefroren (Permafrost). Für die Landschaftsformung sind sowohl die Ausprägung der Auftauschicht als auch des darunter liegenden Dauerfrostbodens wichtige morphologische Faktoren. Die Zusammensetzung, Entwicklung und Mächtigkeit der Auftauschicht wird durch Probeentnahmen bzw. durch Sondierungen mit Peilstangen über die gesamte Expeditionszeit hinweg bestimmt. Mächtigkeit und Eisgehalt des Dauerfrostbodens sollen mittels geoelektrischer Sondierungen abgeschätzt werden. Sie sind nicht nur für den Wasserhaushalt der Auftauschicht, sondern auch z.B. beim langsamen Kriechen von gefrorenen Moränenschuttmassen von Bedeutung.

7. Die glazial geprägten Ökosysteme im unmittelbaren Küstenbereich werden ebenfalls mit den bisher genannten Methoden untersucht. Zusätzlich spielen hier aber Fragen der Brandungsenergie eine Rolle (vgl. KING 1985). Da Brandung nur während der eisfreien Zeit möglich ist, wird letztere durch Analyse von Luftbildern und Satellitenaufnahmen bestimmt. Zudem sollen, sofern vorhanden, Berichte von Eisbeobachtungsflügen ausgewertet werden. Morphologisch kartiert werden auch Hochwassermarken und durch Meereis geschaffene, "glazielle" Bildungen (z.B. Eisschubrücken; vgl. dazu z.B. DIONNE 1976).

Die vielseitige Arbeitsmethodik bedingt einerseits das selbständige Vorgehen von drei aufeinander abgestimmten Arbeitsgruppen, andererseits einen großen instrumentellen Aufwand, insbesondere bei den ökologisch/mikroklimatischen Messungen. Die vorgesehenen Meßgeräte wurden daher bei vergleichbaren Untersuchungen im Gießener Raum vor der

Expedition eingehend getestet und ermöglichten auch gerätetechnische Verbesserungen und die Entwicklung einer umfangreichen Software zur Datenverarbeitung. Eine Zusammenstellung der Arbeitsmethoden und Forschungsziele gibt Tabelle 1.

Tab. 1: Dynamik glazialer Ablagerungen (Stofftransport Land-Meer); Forschungsziel, Arbeitsziele und Arbeitsmethoden.

ARBEITSZIELE	ARBEITSMETHODEN
1. Inventar glazialer Oberflächenformen	GMK (Formen, Substrat, Prozesse, Genese, Prozeßbereiche)
2. Landschaftsveränderungen über Jahre	Luftbildvergleich (bes. Gletscherzungen, Moränen an Küsten)
3. Klimagesteuerte geomorphologische Prozesse	Mikroklimatische Meßstationen (Wind, Niederschlag, Temperatur von Luft und Boden, Strahlung, Luft und Bodendenfeuchte u.a.m.)
4. Bezug zum Makroklima	2 Stationen für Geländeklima (Lufttemperatur, -feuchte, Wind, Luftdruck)
5. Stoff- und Wasserhaushalt	Abflußmessungen, Kombination mit GMK und Vegetationsaufnahmen
6. Auftauschicht und Permafrost	Peilstangensondierung, Hammerschlagseismik, Geoelektrik
7. Gletschervorfelder im marinen Einflußbereich	Wie 1. bis 6., zusätzlich Erfassung von Brandung, Hochwassermarken und eisfreier Zeit (Luftbilder u.a.m.)

Themenaufteilung

Die skizzierten Arbeitsziele und Forschungsmethoden werden von allen Teilnehmern des Gießener Teams gemeinsam verfolgt bzw. einheitlich angewendet. Nur dadurch ist es möglich, das gemeinsame Forschungsziel "Moränendynamik" flächenhaft zu erreichen. Das umfangreiche Arbeitsgrogramm ist in drei Teilbereiche aufgeteilt, welche von den einzelnen Expeditionsteilnehmern weitgehend selbständig bearbeitet werden. Es handelt sich dabei um:

a) Geomorphologie (Genese, Struktur und Überformung glazialer Ablagerungen, morphodynamische Prozeßbereiche); (KING, VOLK u.a.)

b) Klima und geomorphologische Prozeßsteuerung (meso- und mikroklimatische Messungen); (KING, GLOCK u.a.)

c) Geoökologische Synthese (Bodenstabilität, Bodenfeuchteverhältnisse, Mikroklima, Pflanzengesellschaften in glazial geprägten, arktischen Geoökosystemen); (SCHMITT u.a.).

Zusammenarbeit mit anderen Expeditionsgruppen

Viele weitere Aspekte, die zur Fragestellung wesentlich sind, werden von der Gießener Expeditionsgruppe nicht bearbeitet, da solche aus der Zusammenarbeit mit anderen Forschergruppen der Expedition als wichtige Ergänzungen erwartet werden können. Von großer Bedeutung für unsere Arbeiten ist die Unterstützung bei den anfallenden vermessungstechnischen Aufgaben durch Geodäten (Arbeitsgruppe der Fachhochschule bzw. der TU Karlsruhe).

3 Nachtrag und Ausblick

Durch die bisherigen Geländearbeiten erwies sich, daß die Gletschervorfelder vielseitig gegliedert und glaziale Staucherscheinungen zahlreich vorhanden sind. Die Tatsache, daß viele Gletscher ihre Zunge bis in die Küstenbereiche vorschieben, scheint die Bildung von Stauchmoränen sehr zu begünstigen. Die guten Witterungsbedingungen im Juli und August 1990 haben es erlaubt, die Expeditionsarbeiten entsprechend dem vorgestellten Forschungskonzept durchzuführen und insbesondere die sehr zeitaufwendige geomorphologisch/ökologischen Kartierungen des vorgesehenen Kartenausschnittes (vgl. Abb. 1) weitgehend abzuschließen. Einen Überblick des Witterungsablaufs gibt Abbildung 2, die Ausstattung der Stationen der Gießener Arbeitsgruppe ist in Tabelle 2 zusammengefaßt.

Tab. 2: Ausstattung und Laufzeiten der MODAS-Stationen der Arbeitsgruppe Gießen.

NAME m ü. M.	LAUFZEIT	AUSSTATTUNG
SPE 1 34m	7.6.-21.7. 21.7.-24 8.	LT, T00,T02, T10, T20, T50, F, WG, WR, N, GS, SB, LD. ohne WR
SPE 2 21m	15.6.-11.7. 11.7.-21.7. 21.7.-23.8.	LT, T10, F, WG, GS LT, T01, T02,T02, T04, T10, F, WG, GS, T(Wasser) zusätzlich WR
SPE 3 149m	21.6.-12.7. 12.7.-17.7.	LT, T05, WG zusätzlich T01
SPE 3a 59m	17.7.-24.8.	LT, WG, T01, T12
SPE 4 34m	11.6.-13.6. 13.6.-24.7.	LT, LT(min/max), T05, T10 Baumbach-Kugelhütte ersetzt durch "Nepalhütte"
SPE 4a 630m	24.7.-24.8.	LT, T01, T02, WG
SPE 5 7m	10.7.-24.7.	T01, T01, T01, T02
SPE 6 1m	13.6.-15.6. 15.6.-16.7. 16.7.-17.7.	LT, WG, Pegel (Tidenhub) zusätzlich T (Meerwasser) ohne Pegel
SPE 6a 15m	18.7.-22.8.	LT(min/max), T01, T02, WG, GS
SPE 7 10m	11.7.-17.7. 17.7.-19.7. 19.7.-24.7.	T01, WG, GS ohne GS ohne WG
SPE 8 20m	11.7.-26.8.	Lattenpegel, elektron. Pegel

Erläuterungen: T05 = Bodentemperatur (5 cm); LT = Lufttemperatur; WG = Windgeschwindigkeit; WR = Windrichtung; GS = Globalstrahlung; SB = Strahlungsbilanz; F = Luftfeuchte; N = Niederschlag

Inwieweit die erlebte Witterung typisch für die Klimagunst des Liefdefjordgebietes ist, oder aber die Expedition in einem überdurchschnittlich warmen Sommer stattfand, muß noch durch einen Datenvergleich mit den langjährigen Meßreihen von anderen Wetterstationen abgeklärt werden. Festgestellt werden kann, daß im Vergleich mit den vorhandenen Luftbildern die Schneebedeckung Ende Juli sehr gering war. Ebenso scheint der Winter 1989/90 besonders mild gewesen zu sein; die Auftauschicht war an unseren Meßstellen Mitte Juli schon wesentlich mächtiger als im Herbst 1989 (mündliche Auskunft von Kollegen Priesnitz). Ende August überstieg sie an zahlreichen unserer Meßstellen 1.7 m. Dieser wahrscheinlich untypische Verlauf muß einerseits bei allen geomorphologisch-ökologischen Interpretationen der Expeditionsdaten berücksichtigt werden, bietet aber andererseits günstige Voraussetzungen für zahlreiche Arbeiten. Der Pegel am "Glopbach" zeigte ein ausgeprägt glaziales Regime mit Maximalwerten in den letzten Julitagen, einem starken Absinken während des Kälteeinbruchs Anfang August, sowie einem kontinuierlichen Wiederanstieg mit ausgeprägtem Tagesgang bis zu unserer Abreise Ende August.

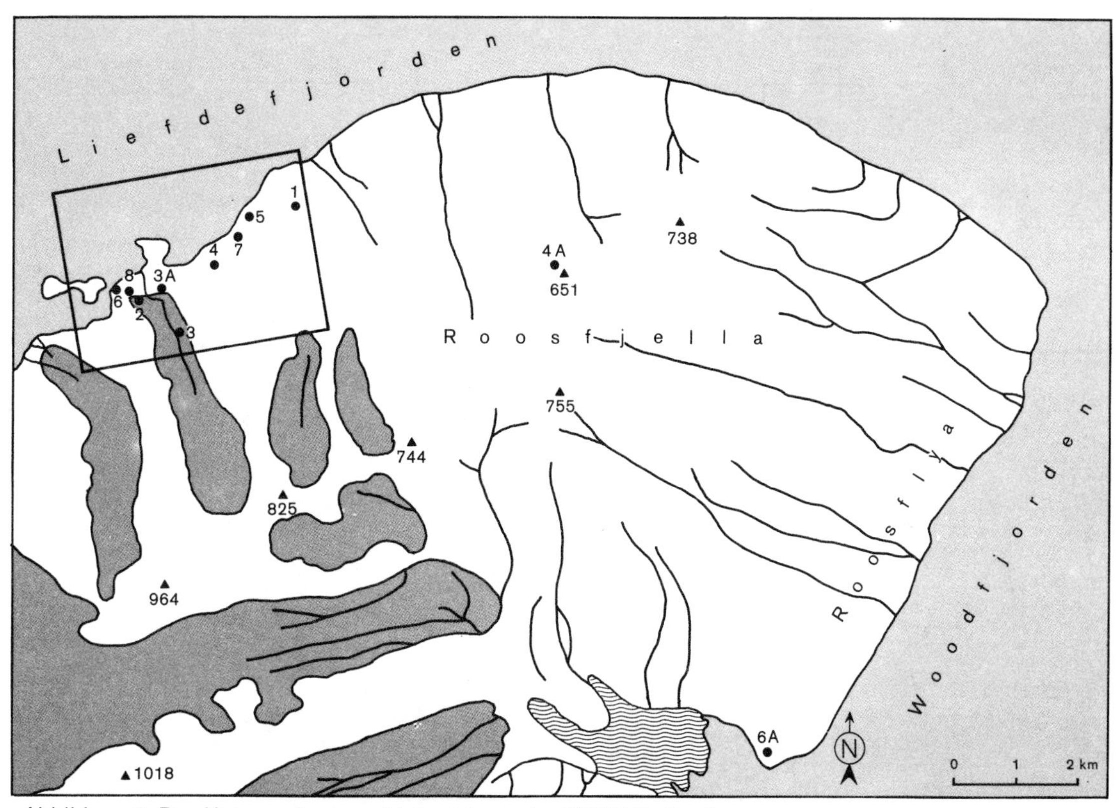

Abbildung 1: Das Untersuchungsgebiet mit Lage der MODAS - Stationen und Ausschnitt des kartierten Bereiches

Abb. 1: Das Untersuchungsgebiet mit Lage der MODAS-Stationen und Ausschnitt des kartierten Bereichs.

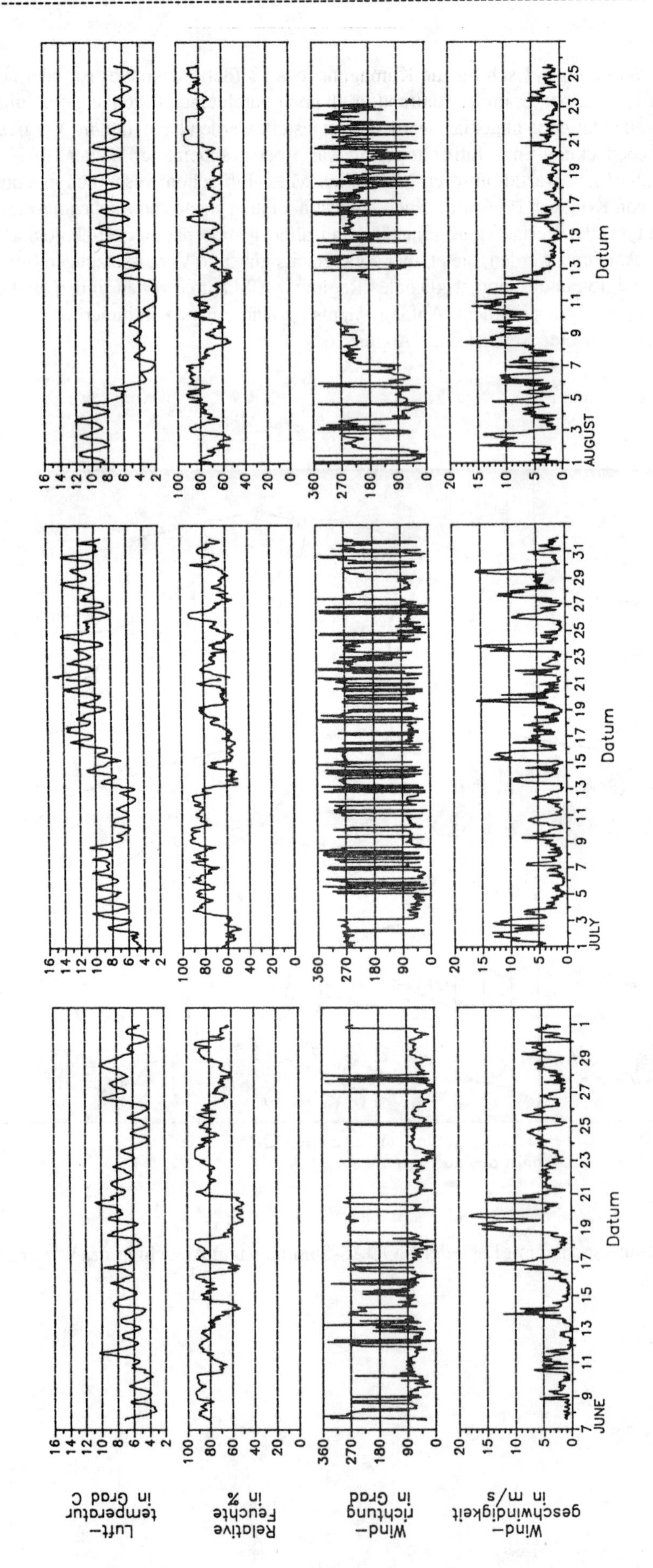

Abb. 2: Witterungsablauf während der Expeditionszeit, gemessen an Station SPE 1 (34 m ü. d. M.) oberhalb des Basislagers; Windrichtung ab 21.7.1990 von Station SPE 2.

Es ist vorgesehen, den größten Teil der Ergebnisse noch im Winterhalbjahr nach der Expedition auszuwerten und weitgehend zur Publikation vorzubereiten. Dieses Vorgehen ist notwendig, da erst dadurch die detaillierte Vorbereitung eines Anschlußprogramms für 1991 möglich ist. Insbesondere dürften bei diesen Folgearbeiten die auf entzerrte Luftbilder des Maßstabs 1 : 5 000 übertragenen Kartierungen vor dem Kartendruck nochmals überprüft und ergänzende geoökologische Messungen vorgenommen werden.

Literatur

DIONNE, J.-C., ed. 1976: Le glaciel. Premier Colloque International sur l'action geologique des glaces flottantes. - Rev. Geogr. Montreal 30: 20-24.

European Science Foundation, ESF 1989: European Programme on Polar North Atlantic Margins, late Cenozoic evolution (PONAM), proposals for an ESF associated programme. - 1-33, Strasbourg.

European Science Foundation 1990: Polar North Atlantic Margins, late Cenozoic evolution (PONAM), First Annual Workshop, november 1990. - 26-29, Ghent.

KING, L. 1984: Permafrost in Skandinavien - Untersuchungsergebnisse aus Lappland, Jotunheimen und Dovre/Rondane. - Heidelberger Geogr. Arbeiten 76: 1-174, Heidelberg.

KING, L. 1985: Land-Sea Interactions in an Arctic marine low energy environment, northern Ellesmere Island, N.W.T., Canada. - Abstracts of 14th Arctic Workshop, Arctic Land-sea interaction, Nov. 6-8: 1-144, Dartmouth N.S., Canada.

KING, L. 1990: Soil and Rock Temperatures in Discontinuous Permafrost; Gornergrat and Unterrothorn, Wallis, Swiss Alps. - Permafrost and Periglacial Processes 1: 177-188.

KING, L. 1990a: Geomorphology of high arctic push moraines in the Queen Elizabeth Islands, N.W.T., Canada. - (Gießener Geograph. Schriften, in Vorb.)

KING, L. 1990b: The Second Kanarktis Expedition to the Queen Elizabeth Islands, N.W.T., Canadian Arctic, June 28 to July 23, 1988. - (Gießener Geograph. Schriften, in Vorb.)

LEHMANN, R. 1990: Arctic push moraines, a case study of the Thompson Glacier moraine, Axel Heiberg Island, N.W.T., Canada. - (Z. f. Geomorphologie, Supplementband, im Druck.)

LESER, H. & BLÜMEL, W.D. & STÄBLEIN, G. 1988: Wissenschaftliches Programm der Geowissenschaftlichen Spitzbergen-Expedition 1990 (SPE 90) "Stofftransporte Land-Meer in polaren Geosystemen". - Materialien und Manuskripte, Univ. Bremen - Studiengang Geographie, 15: 1-49, Bremen.

SCHMITT, E. 1991: Biotopverbundmodell für Xerothermstandorte am Oberen Mittelrhein. - (Gießener Geograph. Schriften (70, im Druck.)

SEIFERT, C. 1990: Meteorologische Analyse der Wind- und Strahlungsverhältnisse in deutschen Mittelgebirgen. Ermittlung der Energiepotentiale kleiner Windenergieanlagen und photovoltaischer Systeme. - Gießener Geograph. Schriften (68), Gießen.

Anschrift:

Prof. Dr. LORENZ KING, Geographisches Institut der Universität Gießen, Senckenbergstraße 1, 6300 Gießen.

MATERIALIEN UND MANUSKRIPTE - Studiengang Geographie, Heft 19: 61 - 78, Bremen 1991.

Geologische Kartierung der Germaniahalvøya, Haakon VII Land, NW-Spitzbergen, Svalbard

mit 5 Abbildungen

S. KLEE & MATTHES MÖLLER & KARSTEN PIEPJOHN & FRIEDHELM THIEDIG, Münster

In den Sommern 1989 und 1990 führte die Gruppe von Prof. Dr. F. Thiedig (Münster) neben tektonischen und sedimentologischen Aufnahmen im Gebiet zwischen Bockfjorden und Liefdefjorden, an der N-Küste des Liefdefjords, an der S- und der E-Küste der Reinsdyrflya sowie im nördlichen Andréeland u.a. Kartierarbeiten auf dem Gebiet der Germaniahalvøya für eine detaillierte geologische Karte im Maßstab 1: 50 000 durch, die als Hilfsmittel bzw. Grundlage einzelner Teilprojekte der von der Deutschen Forschungsgemeinschaft (DFG) geförderten Geowissenschaftlichen Spitzbergenexpedition 1990 (SPE 90) gedacht sein soll, und die in dem vorliegenden Zwischenbericht vorgestellt wird.

Dieser Zwischenbericht hat zum Ziel, den Teilnehmern der SPE 90 die Gesteine der auf der Germaniahalvøya anstehenden Einheiten des kristallinen Basements (Hecla Hoek) und des postkaledonischen Deckgebirges (Old Red) vor allem hinsichtlich der Frage der Verbreitung und der Herkunft der für die jüngere Vereisungsgeschichte des Liefdefjords wichtigen Leitgeschiebe kurz vorzustellen und einen knappen Überblick über die Geologie in der Region der Germaniahalvøya zu vermitteln.

An dieser Stelle möchten sich die Mitglieder der Gruppe herzlich bei der Expeditionsleitung der SPE 90 für die Erlaubnis bedanken, die im Juli 1989 gemeinsam errichtete Station der SPE 90 im Sommer 1989 als Basislager und Unterkunft nutzen zu dürfen.

1 Geologischer Überblick

Die Insel Spitzbergen ist Teil des unter norwegischer Souveränität stehenden Archipels Svalbard im NW des Barentsschelfs. Die Basis dieser Inselgruppe wird von den polymetamorphen und mehrfach deformierten Gesteinen des Hecla Hoek gebildet, die ein jung-riphäisches bis silurisches Alter besitzen und die von der Hauptphase der kaledonischen Tektogenese, der Ny Friesland orogeny (HARLAND 1961, 1969, 1973; HARLAND & GAYER 1972), betroffen sind. Abgeschlossen wird die kaledonische Tektogenese durch die Intrusion des posttektonischen Hornemantoppengranits um 414 +/-10 m.y. (HJELLE 1979) W' des Liefdefjords.

Charakteristisch für NW-Spitzbergen ist ein großes, mehr oder weniger N-S-streichendes Grabensystem zwischen Raudfjorden und Monacobreen im W und dem Wijdefjord im E, das mit postkaledonischen, verfalteten Sedimenten des Old Red verfüllt ist und im W und E von den kristallinen Gesteinen des Hecla Hoek begrenzt wird (Abb. 1). Gegliedert wird diese Grabenstruktur durch einen Kristallin-Horst im Liefdefjordengebiet.

FRIEND (1961, 1965, 1973), FRIEND & MOODY-STUART (1972), GEE & MOODY-STUART (1966) und MURASCOV & MOKIN (1979) gliedern die devonischen Old Red-Sedimente im nördlichen Bereich des Devongrabensystems in folgende Gruppen: Siktefjellet-, Red Bay-, Wood Bay-, Grey Hoek- und Wijde Bay-Group. Diese Ablagerungen umfassen einen Zeitraum vom Gedinnium bis ins Givetium (MURASCOV & MOKIN 1979).

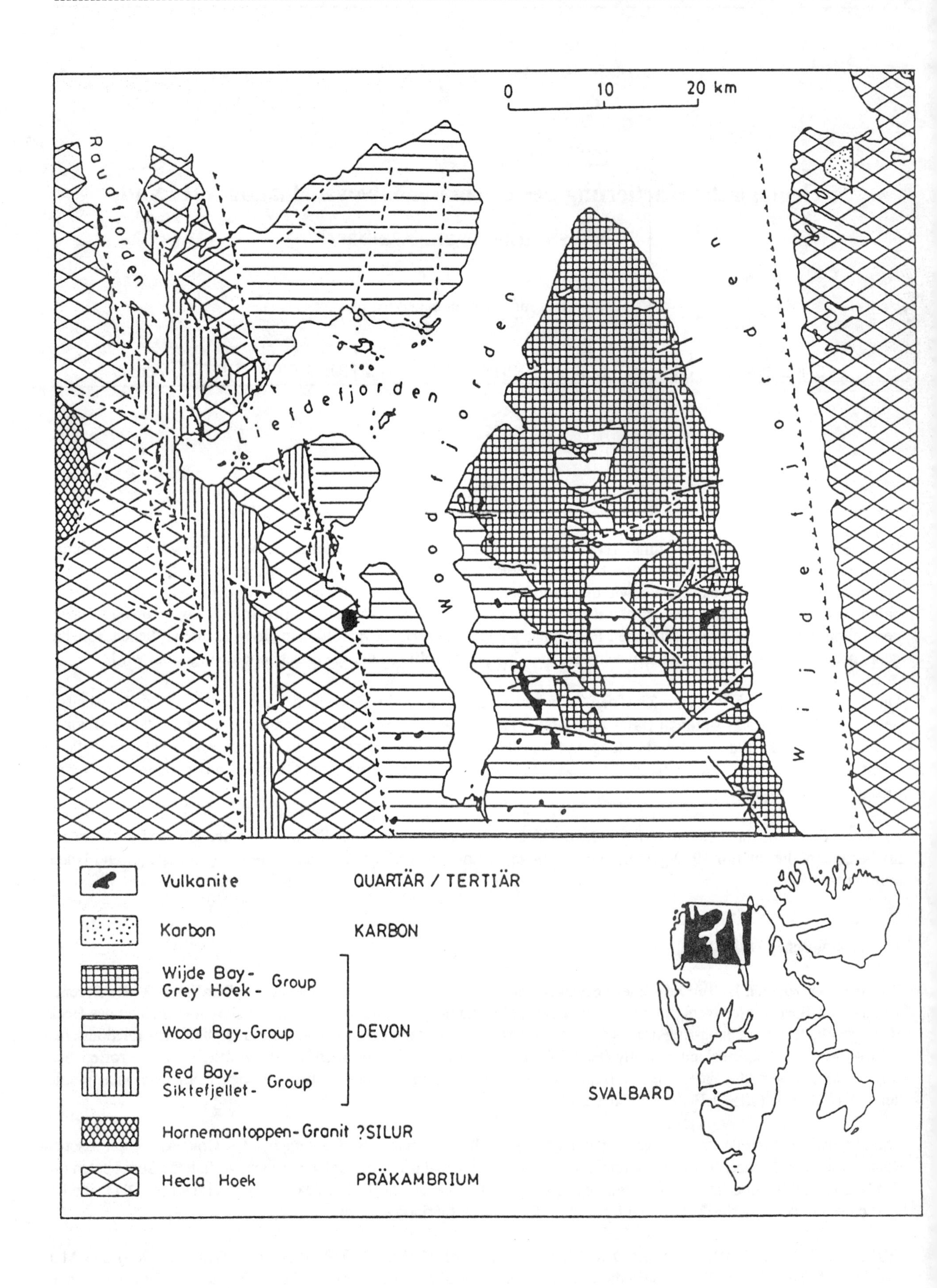

Abb. 1: Geologische Übersichtskarte NW-Spitzbergen.

Die gesamte Abfolge wird aus bis zu 8 000 m mächtigen Frischwasser- bis Brackwasser-Ablagerungen (FRIEND & MOODY-STUART 1972) aufgebaut und wurde nach BUROV & SEMEVSKIJ (1979), FRIEND & MOODY-STUART (1972), HARLAND (1969) und HARLAND et al. (1974) von einer großräumigen Faltungs- und Überschiebungstektonik während der sog. svalbardischen (VOGT 1929) Phase im Oberdevon betroffen.

Das Arbeitsgebiet umfaßt den nördlichen Bereich des Devongrabensystems NW-Spitzbergens in seiner vollen Breite. In dem vorliegenden Zwischenbericht soll jedoch das Gebiet der Germaniahalvøya zwischen Liefdefjorden im N, Woodfjorden im E und Bockfjorden im SE im Vordergrund stehen. In diesem Gebiet werden die tiefsten Stockwerke an der westlichen Schulter des Devongrabensystems W' des Liefdefjords und des Monacobreen sowie im Bereich des Kristallin-Horsts im Zentrum der Germaniahalvøya in Form von Gesteinen des kristallinen Basements (Hecla Hoek) angeschnitten (Abb. 2). Während W' des Monacobreen hauptsächlich Migmatite sowie der posttektonische Hornemantoppengranit aufgeschlossen sind, stehen im Zentrum der Germaniahalvøya und auf den Lernerøyane neben den Gesteinen der Migmatit-Gruppe vor allem Glimmerschiefer und Marmore und untergeordnet magmatische Ganggesteine an.

Den metamorphen Hecla Hoek-Gesteinen des Kristallin-Horsts liegen im W und im Zentrum der Germaniahalvøya direkt die Sedimente der Siktefjellet- und der Red Bay-Group auf. E' der Keisar Wilhelmhøgda und der Germaniahøgdene auf der Germaniahalvøya schließt sich bis zum Wijdefjord im E der Hauptdevongraben an. Hier sind Konglomerate und Sandsteine der Red Bay-Group und vor allem die Sand-, Silt- und Tonsteine sowie untergeordnet Karbonatgesteine der Wood Bay-, Grey Hoek- und Wijde Bay-Group verbreitet.

Auf den verfalteten und von Überschiebungen betroffenen Old Red-Sedimenten liegen im Grabenzentrum im Andréeland und auf der Kronprinshøgda auf einer peneplain Erosionsreste von miozänen Vulkaniten, die in diesem Gebiet die höchsten Gipfel bilden.

Die jüngsten Gesteine werden neben den Ablagerungen der letzten Kaltzeiten von jungquartären Vulkaniten (Sverrefjellet-Vulkan im Bockfjord) gebildet, in deren Gefolgschaft noch heute aktive warme Quellen (Bockfjord) auftreten.

2 Gesteine des kaledonischen Grundgebirges (Hecla Hoek)

Die kristallinen Gesteine des Hecla Hoek NW-Spitzbergens bestehen aus einem breiten Spektrum unterschiedlich metamorpher Gesteine. Nach GJELSVIK (1979) handelt es sich um folgende Gesteinstypen:

1. Granite, Migmatite, Gneise;
2. Phyllite, Glimmerschiefer;
3. Marmore mit z.T. eingeschalteten Dolomiten.

2.1 Gruppe der Granite, Migmatite und Gneise

Zu dieser Gruppe gehören neben dem W' des Liefdefjords anstehenden sog. Grauen Granit und dem Hornemantoppengranit vor allem die Migmatite, die in NW-Spitzbergen eine weite Verbreitung finden. Es handelt sich hierbei um helle, weiße bis graue, mittel- bis grobkörnige Gesteine, die hauptsächlich aus Quarz, Plagioklas, Kalifeldspat und Glimmern bestehen. Auffallend sind die in einer Matrix granitischer bis granodioritischer Zusammensetzung (HJELLE 1979) eingelagerten, z.T. sehr häufig auftretenden Einschlüsse, die aus nahezu allen in NW-Spitzbergen anstehenden kristallinen Gesteinen des Hecla Hoek, vor allem aus Marmoren, Quarziten, Amphiboliten und Metapeliten (GEE & HJELLE 1966) gebildet werden.

Die Zusammensetzung der Migmatite nach HJELLE (1979):

Restite:		
	Quarz:	25 %
	Kalifeldspat:	5 %
	Plagioklas:	45 %
	Biotit:	20 %
	Granat:	akzessorisch
	Sillimanit:	akzessorisch
	Cordierit:	2 %

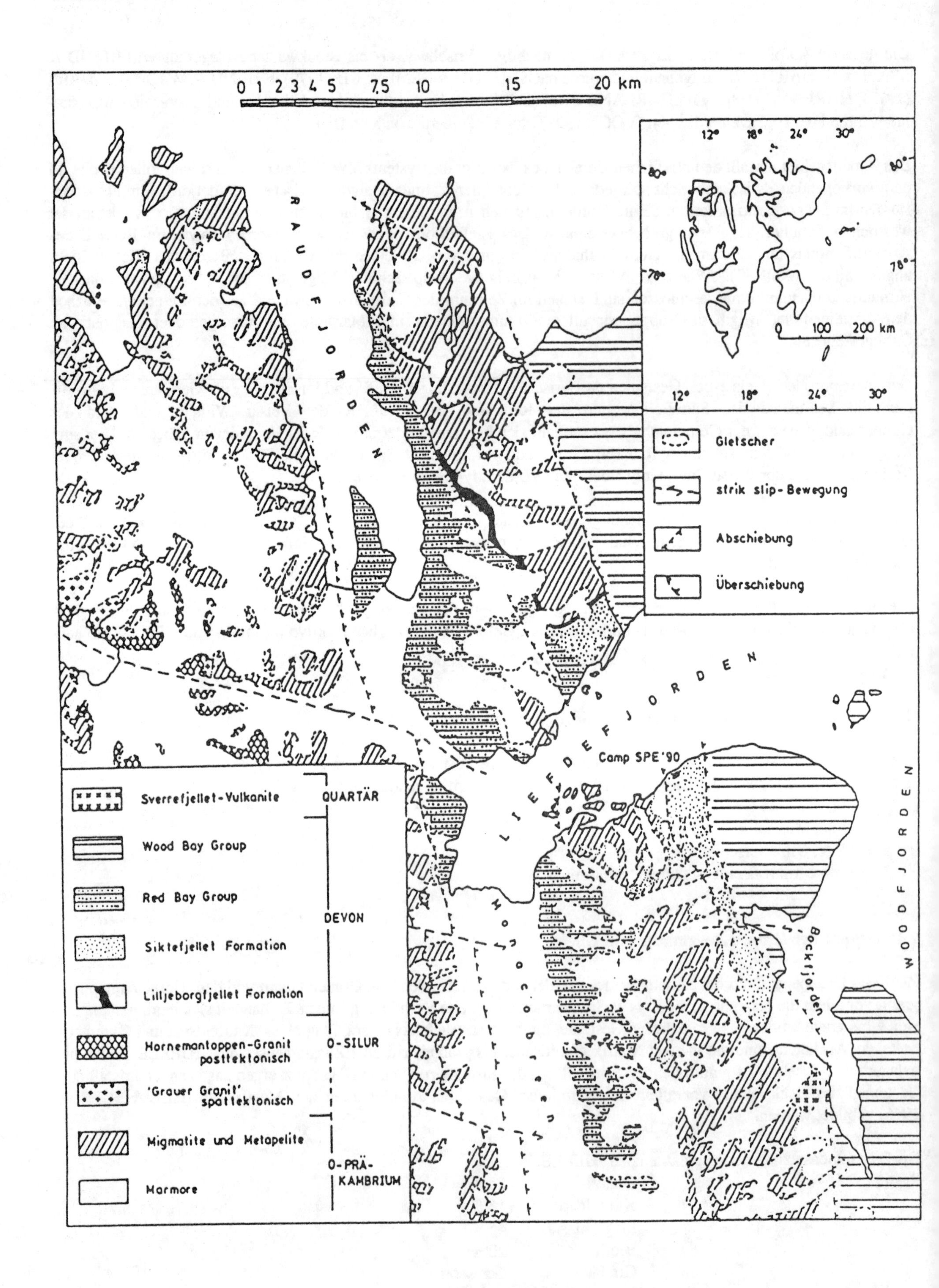

Abb. 2: Geologische Übersichtskarte des nördlichen Haakon VII Landes, NW-Spitzbergen. Zusammengefaßt und verändert nach GEE (1972), GEE & MOODY-STUART (1966), GJELSVIK (1979) und HJELLE (1979).

Metaktekt:	Quarz:	30 %
	Kalifeldspat:	17 %
	Plagioklas:	40 %
	Biotit:	8 %

Die Gneise bilden eine heterogene Gruppe meist grobkörniger Gesteine unterschiedlicher Farbe. In den meisten Fällen besitzen diese Gesteine einen deutlichen Lagenbau. Die Mächtigkeiten der einzelnen Lagen variieren zwischen einigen Zentimetern und mehreren Metern (HJELLE 1979).

Die Zusammensetzung der Gneise nach HJELLE (1979):

dunkle Lagen:	Quarz:	30 %
	Kalifeldspat:	5 %
	Plagioklas:	35 %
	Biotit:	25 %
	Granat + Cordiert + Sillimanit:	2 %
helle Lagen:	Quarz:	35 %
	Kalifeldspat:	15 %
	Plagioklas:	35 %
	Biotit:	10 %

Die Gesteine dieser Gruppe sind im Bereich der bisher bearbeiteten Gebiete der Germaniahalvøya auf den östlichen Lernerøyane, am N-Hang der Keisar Wilhelmhøgda und im W der Germaniahøgdene aufgeschlossen. Es handelt sich hier um einen äußerst heterogen aufgebauten Gesteinskörper, in dem neben stark verfalteten Gneisen alle Übergänge von Metatexiten und Diatexiten zu granitoiden Gesteinen auftreten. Durchzogen wird diese Einheit von prä- und syntektonischen Aplitgranitgängen sowie posttektonischen Ganggraniten und Pegmatiten, die offensichtlich in Zusammenhang mit der Intrusion des posttektonischen Hornemantoppengranits stehen.

Die granitischen Gesteine dieser Abfolge sind i.A. regellos und variieren sehr stark hinsichtlich ihrer Korngröße, des Mineralgehalts und der Farbe. Neben hellen, grobkörnig-regellosen Gesteinen wahrscheinlich granitischer Zusammensetzung treten hell- bis dunkelgraue, meist mittelkörnige Gesteine dioritischer Zusammensetzung auf, die u.U. eine deutliche Foliation der dunklen Gemengteile besitzen.

Die Gneise zeichnen sich oft durch einen deutlichen, scharfen Lagenbau von hellen und dunklen Lagen aus, deren Mächtigkeiten zwischen 0.5 und einigen Zentimetern liegen. Die Gneise sind meist äußerst stark verfaltet. In den Übergangsbereichen zu den meist ungeregelten granitischen Gesteinen verliert sich der deutliche Lagenbau allmählich.

Allen Gesteinen dieser Einheit ist der schwankende Anteil von Einschlüssen gemeinsam, die in ungleichmäßig verteilten Zonen des Verbreitungsgebiets der migmatitischen Gesteine vorkommen. Die häufigsten Einschlüsse vor allem in den Gneisen werden von Schieferrelikten und dunklen Biotit-Schlieren gebildet. Oft sind die länglichen Schiefereinschlüsse rotiert oder parallel zur Gneistextur orientiert und u.U. ebenfalls stark verfaltet. Die Größe der Einschlüsse in den Gneisen liegt selten über 30 cm. In den granitischen, meist ungeregelten Bereichen können die Einschlüsse weit größer werden. Die Durchmesser liegen oft im Meterbereich, das Maximum beträgt ca. 15 m. Die Arten der Einschlüssen zeigen hier eine größere Bandbreite als in den Gneisen. Neben unterschiedlichen Schieferrelikten treten dunkle Schlieren mafitischer Minerale, untergeordnet Marmore und Amphibolite sowie Kalksilikatfelse auf.

Durchzogen werden die Gesteine der Migmatitgruppe von verfalteten, boudinierten und laminierten hellen, feinkörnigen grauen Aplitgängen, die in den meisten Fällen flach liegen. Nur in dieser Gesteinseinheit treten bis zu 5 m mächtige, weiße (Feldspat-)Pegmatite auf, die E-W streichen und immer steil einfallen. Diese Pegmatite scheinen (nach den Geländebefunden) nicht deformiert zu sein und durchschlagen die grobkörnigen, hellen, ungeregelten granitischen Gesteine entlang scharfer Grenzen, während sie in der Nachbarschaft feinkörnigerer, dunklerer Gesteine in den ausgeprägten Lagenbau eindringen und diesen aufblättern. Die Pegmatite nehmen ihrerseits Gesteinsfragmente sämtlicher Umgebungsgesteine als Xenolithe auf.

2.2 Metapelite

Aus der Gruppe der Metapelite sind im bearbeiteten Gebiet der Germaniahalvøya nur die Glimmerschiefer anzutreffen. Bei diesen Glimmerschiefern handelt es sich um dunkle, relativ homogene, fein- bis mittelkörnige Gesteine mit einem je nach Gehalt an hellen Mineralen mehr oder weniger deutlichen Lagenbau. Durch den jedoch meist hohen Gehalt an parallel zum Lagenbau orientiertem Biotit erscheinen die Glimmerschiefer oft dunkelgrau bis schwarz. Nach HJELLE (1979) sind die von ihm allgemein als Glimmerschiefer bezeichneten Gesteine vor allem aus Muskovit, Biotit und Quarz mit geringen Mengen von Plagioklas und Chlorit zusammengesetzt.

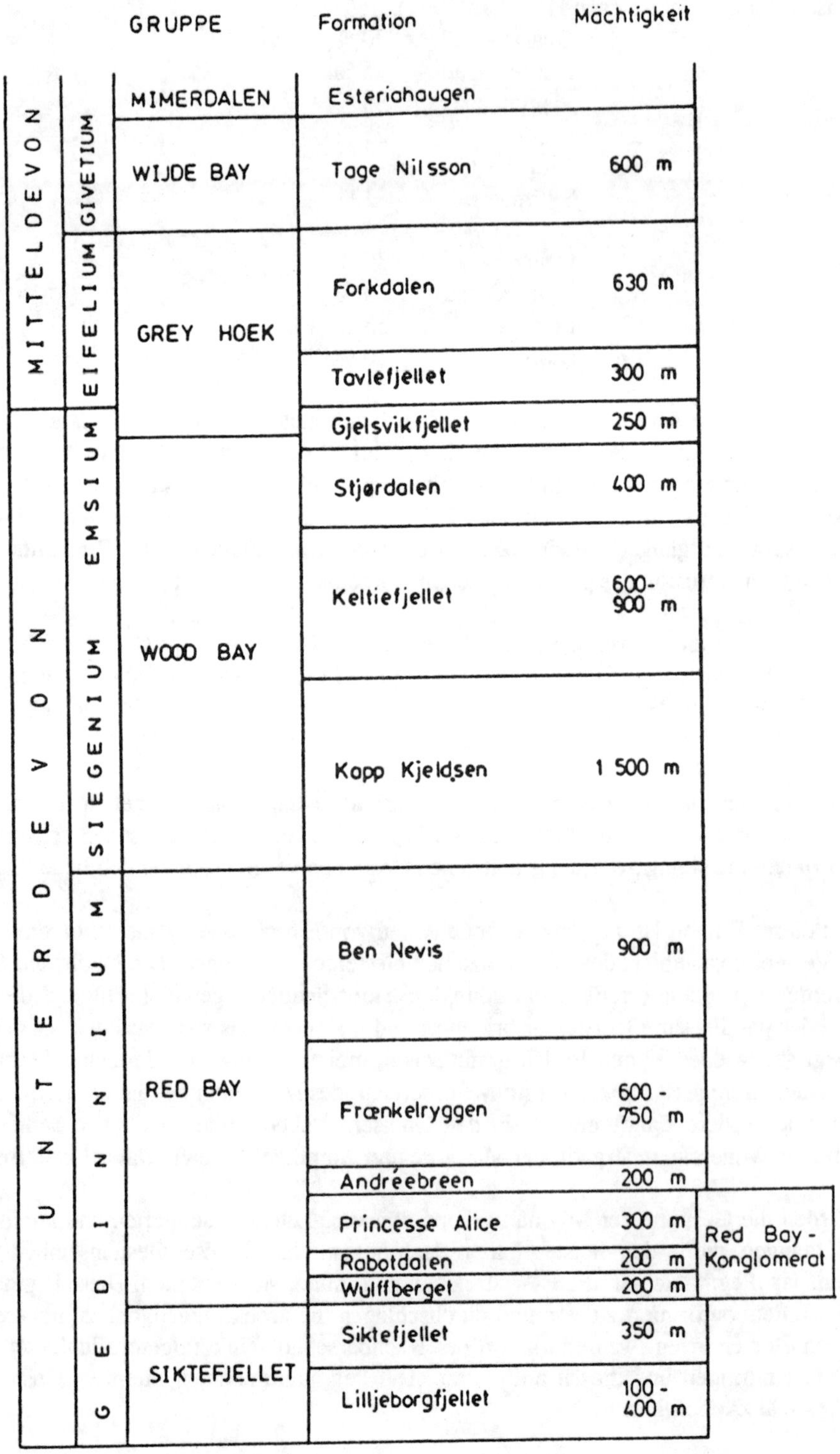

		GRUPPE	Formation	Mächtigkeit	
MITTELDEVON	GIVETIUM	MIMERDALEN	Esteriahaugen		
		WIJDE BAY	Tage Nilsson	600 m	
	EIFELIUM	GREY HOEK	Forkdalen	630 m	
			Tavlefjellet	300 m	
UNTERDEVON	EMSIUM		Gjelsvikfjellet	250 m	
		WOOD BAY	Stjørdalen	400 m	
			Keltiefjellet	600-900 m	
	SIEGENIUM		Kapp Kjeldsen	1 500 m	
	GEDINNIUM	RED BAY	Ben Nevis	900 m	
			Frænkelryggen	600 - 750 m	
			Andréebreen	200 m	
			Princesse Alice	300 m	Red Bay-Konglomerat
			Robotdalen	200 m	
			Wulffberget	200 m	
		SIKTEFJELLET	Siktefjellet	350 m	
			Lilljeborgfjellet	100 - 400 m	

Abb. 3: Gliederung der unter- und mitteldevonischen Old Red-Sedimente in NW-Spitzbergen nach MURASCOV & MOKIN (1979).

Charakterisiert werden die Glimmerschiefer im Arbeitsgebiet durch mm- bis cm-große Quarz-Mobilisate, die meist linsenförmig in der Lagentextur liegen und schon die 3. Deformation anzeigen. Der Gehalt dieser Quarz-Mobilisate schwankt, aber nur in wenigen Bereichen treten diese Mobilisate völlig zurück. Die im Bereich N' der Keisar Wilhelmhøgda mindestens 500 m mächtige Abfolge der Glimmerschiefer ist außerordentlich eintönig aufgebaut. Lediglich in einigen Zonen sind gelborange, quarzitische Lagen sowie Bereiche mit einem sichtbaren Hell-Dunkel-Lagenbau durch Materialwechsel eingeschaltet. Die Grenze der Glimmerschiefer zur Gruppe der Migmatite im Liegenden wird von einer großen, flach nach W einfallenden Störungszone gebildet, die aus Marmormyloniten, Lagen aus granitischen und gneisähnlichen Gesteinen und z.T. E-vergent verfalteten Marmoren besteht. Direkt über dieser Störungszone sind die hellen Lagen und die Quarz-Mobilisate der Glimmerschiefer an ihrer Basis oft erneut mobilisiert: Neben einer Mineralblastese, die den straffen Lagenbau zunehmend verwischt, kommt es zu einer Verarmung der dunklen Lagen an hellen Mineralen und folgend daraus zur Ausbildung von langen, schmalen, auskeilenden Mobilisatlagen.

Meistens parallel oder mit einem spitzen Winkel zum prägenden Lagenbau der Glimmerschiefer eingedrungen sind maximal 20 cm mächtige helle, feinkörnige Aplitgänge, die oft ausgelängt, boudiniert und mitverfaltet sind.

2.3 Karbonatgesteine

Über den Glimmerschiefern liegt konkordant eine Folge von Marmoren, die vor allem W' und E' des Verbreitungsgebiets der Glimmerschiefer sowie auf der Keisar Wilhelmhøgda aufgeschlossen sind. Den größten Anteil bilden graublaue bis graue und gelbe, massige, mittel- bis grobkörnige Marmore mit eingeschalteten gelblichen Dolomiten, daneben treten dunkle, feinkörnige Varietäten und helle, feinlagige Bändermarmore auf. Selten findet man grobkörnige, weiße und sehr reine Marmore. Im E des Hecla Hoek-Verbreitungsgebiets bilden die Marmore einen schmalen Gürtel parallel zur Grabenrandverwerfung des Hauptdevongrabens. Hier ist den Marmoren eine Zone mit Marmormyloniten (nach der Nomenklatur von HEITZMANN 1985) zwischengeschaltet. Innerhalb dieser flach nach E einfallenden Zone sind die sehr feinkörnigen Marmore hell- bis dunkelgrau und besitzen eine englagige Mylonit-Textur, die in einigen Bereichen z.T. zerbrochene und rotierte Gesteinsbruchstücke "umfließt". Diese Gesteinsbruchstücke oder Porphyroklasten sind meist 0.5 - 10 cm groß, können aber auch Durchmesser von 1.5 m erreichen (Küste N' des Sverrefjellets, Bockfjorden). Die Porphyroklasten bestehen größtenteils aus Schiefern, bekommen durch die Verwitterung durch Eisenhydroxide ein "verrostetes" Aussehen und markieren damit als Lesesteine in aufschlußlosen bzw. -armen Gebieten die Marmormylonitzone zwischen Liefdefjorden und Bockfjorden.

3 Postkaledonisches Deckgebirge (Old Red)

Innerhalb des Devongabensystems NW-Spitzbergens in seinem nördlichen Bereich ist eine 7 000 - 8 000 m mächtige Abfolge (MURASCOV & MOKIN 1979) unter- und mitteldevonischer Sedimente aufgeschlossen. Es handelt sich hierbei um die überwiegend klastischen Sedimente der Siktefjellet-Group, der Red Bay-Group, der Wood Bay-Group (Unterdevon) sowie der Grey Hoek-Group und Wijde Bay-Group (Mitteldevon) (Abb. 3 + 4). Während die Sandsteine und Konglomerate der Siktefjellet- und Red Bay-Group auf das Gebiet des westlichen Liefdefjord beschränkt sind, besitzen die Rotsedimente der Wood Bay-Group eine ausgedehnte Verbreitung innerhalb des Hauptgrabens im Liefdefjordgebiet und im Zentrum des Andréelandes. Die mitteldevonischen Sand-, Silt- und Tonsteine der Grey Hoek- und der Wijde Bay-Group sind bis auf eine Ausnahme an der E-Küste der Reinsdyrflya auf das Gebiet des Andréelandes beschränkt.

3.1 Siktefjellet-Group

Die Sedimente der Siktefjellet-Group sind in einem schmalen, NNW-SSE-streichenden Streifen entlang der westlichen Grabenflanke des Hauptgrabens aufgeschlossen. Sie erstrecken sich vom Siktefjellet N' des Liefdefjords über das Zentrum der Germaniahalvøya bis zum Bockfjord und sind durch Störungen von den Gesteinen des Hecla Hoek im W und denen der Red Bay- bzw. Wood Bay-Group im E getrennt. Nur auf der Keisar Wilhelmhøgda S' des Liefdefjords scheinen Sandsteine der Siktefjellet-Group direkt dem kristallinen Basement aufzuliegen. GEE & MOODY-STUART (1966) gliedern die Siktefjellet-Group in eine basale Lilljeborgfjellet Formation und eine hangende Siktefjellet Formation.

Gruppe	Formation	Kurzbeschreibung	Mächtigkeit (m)
WOOD BAY	Kapp Kjeldsen	rote Ton-, Silt- und feinkörnige Sandsteine mit graugrünen Siltsteinen, graugrünen Kalksandsteinen und einigen Konglomeraten, oft schräggeschichtet; Fossilinhalt: Pflanzen-, Ostrakoden- und Fischreste; im oberen Bereich: grüne, grüngelbe, rote, braune und violette Ton-, Silt- und Sandsteine und siltige Kalksandsteine; Fossilinhalt: Fisch- und Ostrakodenreste;	15 00
RED BAY	Ben Nevis	graugrüne Sandsteine, fein- bis grobkörnig, schräggeschichtet, glimmerführend; im mittleren Bereich: rot-violette Sand- und Tonsteine; Fossilinhalt: viele Fisch-, Ostrakoden-, Muschel- und Arthropodenreste;	900
RED BAY	Frænkelryggen	rote Sand- und Tonsteine mit grün-grauen Sand- und Tonsteinbändern und -linsen; Fossilinhalt: viele Fisch-, Arthropoden-, Muschel- und Pflanzenreste;	600 - 750
RED BAY	Andréebreen	graue und grüne, grobkörnige, z.T. schräggeschichtete Sandsteine;	200
RED BAY	Princesse Alice	rote Quarz- und Quarzit-Konglomerate mit grobkörnigen Sandsteinbändern;	300
RED BAY	Robotdalen	grobkörnige Sandsteine mit Ton- und Siltsteinbändern und -linsen; Fossilinhalt: Pflanzen- und Ostrakodenreste,	200
RED BAY	Wulffberget	rote, grobklastische Marmor-Konglomerate,	200
SIKTEFJELLET	Siktefjellet	graue bis grüne Sandsteine, fein- bis mittelkörnig, glimmerführend, oft schräggeschichtet, mit einigen Quarz-Konglomeraten;	350
SIKTEFJELLET	Lilljeborgfjellet	graue, fein- bis grobklastische, polymikte Konglomerate;	-400

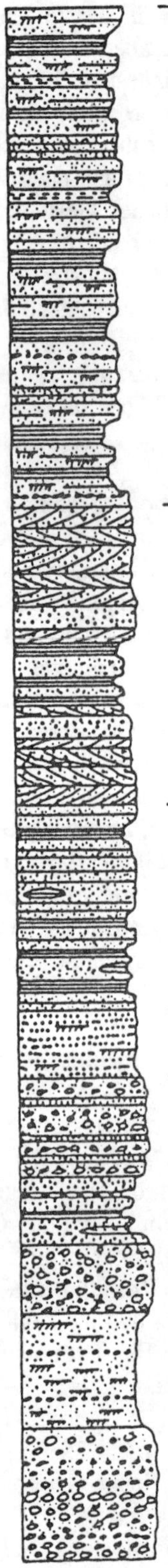

Meter: 0, 500, 1000, 1500, 2000, 2500, 3000, 3500, 4000, 4500 — Profil

Legende: Konglomerat; mittel- bis grobkörniger Sandstein; feinkörniger Sandstein; karbonatischer Sandstein; Siltstein; Tonstein; z.T. mit Schrägschichtung; Schrägschichtungssandstein

Abb. 4: Schematisches Profil und Kurzbeschreibung der im Raudfjorden-Liefdefjorden-Gebiet anstehenden unterdevonischen Sedimente. Zusammengefaßt nach FØYN & HEINTZ (1943), GEE & MOODY-STUART (1966) und MURASCOV & MOKIN (1979).

Lilljeborgfjellet Formation: Die Konglomerate der Lilljeborgfjellet Formation liegen winkeldiskordant auf den metamorphen Gesteinen des kristallinen Basements und sind nur N' des Liefdefjords aufgeschlossen. Die Mächtigkeit dieser Formation beträgt nach GEE & MOODY-STUART (1966) 400 m und nimmt nach S auf 100 m ab.

Die Gesteine dieser Einheit bestehen größtenteils aus grauen, fein- bis grobklastischen, polymikten Konglomeraten, deren Gerölle gut gerundet sind und Durchmesser von max. 30 cm erreichen können. Die Gerölle werden vorwiegend von Schiefern, Graniten, Gneisen, Quarziten und Migmatiten sowie seltener von Marmoren und Amphiboliten gebildet. Eingelagert sind diese Gerölle in eine graue bis grüne, grobkörnige, polymikte und stellenweise kalkhaltige Matrix.

Siktefjellet Formation: Die grünen Sandsteine der Siktefjellet Formation liegen sowohl den Konglomeraten der Lilljeborgfjellet Formation (N' des Liefdefjords) als auch direkt den Gesteinen des Hecla Hoek (S' des Liefdefjords) auf. Ihre Mächtigkeit wird von GEE & MOODY-STUART (1966) mit 1 400 m und von MURASCOV & MOKIN (1979) mit 350 m angegeben.

Die Siktefjellet Formation besteht zum größten Teil aus einer Wechselfolge grüner, graugrüner und grauer, polymikter Sandsteine. Feinkörnige Partien sind meist gut geschichtet und durch z.T. häufig auf den Schichtflächen angereicherte Glimmer plattig und gut spaltbar. In weiten Bereichen sind die Sandsteine bankig bis dickbankig. Innerhalb der massigen Bänke ist Schichtung oft schlecht erkennbar. Die Korngröße der Siktefjellet-Sandsteine liegt in der Fein- bis Mittelsand-Fraktion. Grobsandige Einschaltungen sind häufig. Nach MURASCOV & MOKIN (1979) nimmt die Korngröße im allgemeinen von unten nach oben ab. Verbreitet sind dünne, dunkle Ton- und Siltsteinlagen, die jedoch nur selten größere Mächtigkeiten von bis zu 4 m erreichen.

Häufig sind konglomeratische Sandsteine, die in allen Fällen schlecht sortiert sind und aus in einer Grobsandmatrix eingebetteten, meist eckigen, milchigweißen, max. 2 cm großen Quarz-Klasten aufgebaut sind. Neben max. 30 cm mächtigen Bänken bilden diese Quarz-Splitter-Sandsteine vor allem dünne Lagen, die ohne scharfe Übergänge in Fein- bis Mittelsandsteine eingelagert sind. Untergeordnet treten graue, schlecht sortierte Konglomerate auf, die meist dickbankig, massig, hart und ungeschichtet sind und überwiegend aus eckigen bis kantengerundeten, max. 1 - 2 cm großen Quarzklasten bestehen, die in eine mittel- bis grobkörnige quarzitische Matrix eingebettet sind. Nur selten enthalten diese Quarz-Splitter-Konglomerate einige gerundete Klasten aus Hecla Hoek-Schiefern. Ganz selten sind Konglomerate, die rote, kantengerundete bis gerundete Sandstein-Klasten mit Durchmessern von max. 2 cm und bis zu 4 cm große, eckige bis kantengerundete Quarzit-Klasten enthalten. Relativ häufig findet man schichtparallel angeordnete, graubraun verwitternde, kalkige Knauern, die oft in Horizonten angereichert sind, sowie cm- bis dm-große, kugelförmige Konkretionen, die oft entfärbt sind und u.U. konzentrische Fe-Hydroxid-Fällungsringe besitzen.

Die Sandsteine der Siktefjellet Formation sind sehr häufig schräg- bzw. kreuzgeschichtet. Vor allem in den Feinsandsteinen sind Schrägschichtungsblätter mit mm- bis cm-mächtigen Lagen ausgebildet, die z.T. mehrere Meter mächtige Sets aufbauen können. In den massigen Bänken ist Schrägschichtung oft als Vorschüttung gröberer Lagen zwischen feinerkörnige Lagen zu erkennen. Hier sind z.T. bis 0.5 cm große Quarzit-Klasten eingespült.

Verbunden mit den Schrägschichtungssandsteinen sind häufig Rinnen, die u.U. Linsen von Grobsanden und konglomeratischen Sandsteinen enthalten. Gelegentlich findet man synsedimentäre Schichtverbiegungen, u.U. auch Verfaltungen und convolute bedding.

MURASCOV & MOKIN (1979) stellen die Siktefjellet Formation nach eingeschwemmten Kohlenschmitzen sowie Pflanzenabdrücken ins Unterdevon.

3.2 Megabrekzien im Liegenden der Red Bay-Group

In nahezu allen im Sommer 1990 besuchten Lokalitäten im westlichen Liefdefjordgebiet, in denen die Auflagerungsfläche der Konglomerate der Red Bay-Group aufgeschlossen ist, wird das Unterlager dieser Sedimente nicht von Marmoren des Hecla Hoek, sondern von bisher nicht beschriebenen Marmor-Megabrekzien gebildet, die sehr inhomogen sind und z.T. erhebliche Mächtigkeitsschwankungen besitzen. Die größte Mächtigkeit mit mehr als 50 m erreicht diese Megabrekzie am N-Hang der Widerøefjella S' der westlichen Lernerøyane. Untergeordnet tritt in diesem Bereich eine rosagraue Brekzie auf, deren Komponenten aus einem dichten, äußerst feinlagigen Marmor mit rötlichen und grauen Bändern bestehen. In Teilbereichen sind die Komponenten der Brekzie nur minimal aus dem Verband gelöst und die spalten- bzw. netzförmigen Zwischenräume mit grauem Calcit gefüllt.

In den weitaus größeren Bereichen ist dieses Gestein stark zerrüttet und enthält neben den Marmor- auch Komponenten aus Hecla Hoek-Schiefern, die stark verfaltet sind und bis zu 50 cm Durchmesser erreichen können.

Das dominierende Gestein in diesem Gebiet wird jedoch von einer mächtigen, massigen, stark zerrütteten und meist grau verwitternden chaotischen Marmorbrekzie gebildet, die frisch angeschlagen eine milchig-weiße Farbe besitzt (Abb. 5).

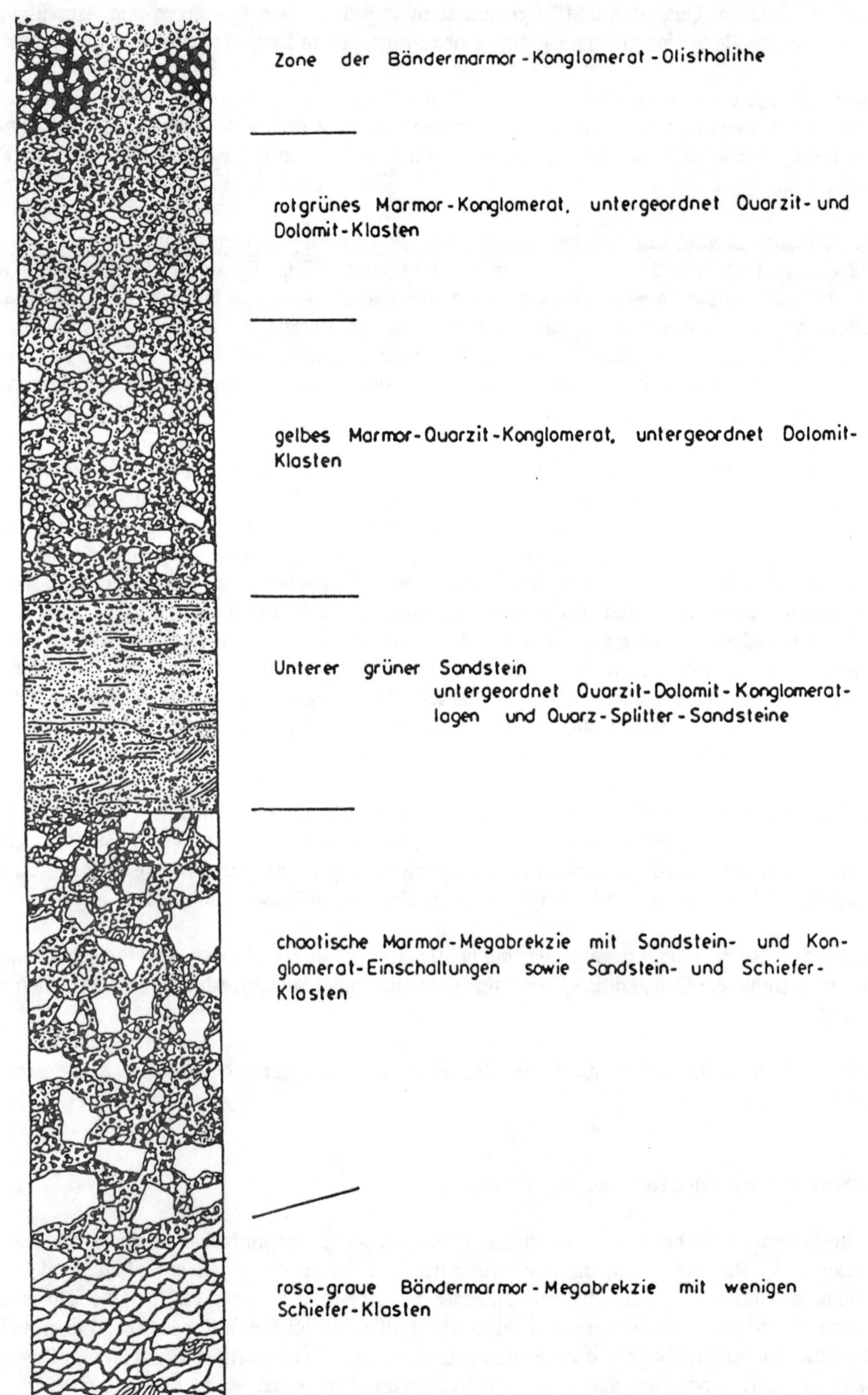

Abb. 5: Schematisches Profil der Megabrekzie und der aufliegenden Red Bay-(Basis-)Konglomerate am N-Hang der Widerøefjella.

Auch hier gibt es Bereiche, in denen die ursprünglichen Marmore nur schwach zerrüttet sind. Die netzartigen Spalten sind hier jedoch mit feinem Detritus gefüllt. Die Komponenten dieser Brekzie besitzen Größen von wenigen Millimetern bis zu 1 Meter. Innerhalb der stark zerrütteten Bereiche der Megabrekzie sind ungleichmäßig Taschen und Spalten mit Grobsand- und Konglomeratfüllung enthalten. Die Matrix der Konglomeratfüllungen ist meist rot und grün und besteht aus schlecht sortiertem Fein- bis Grobsand. Die Komponenten sind kantig bis gerundet und bestehen aus den grauen Marmoren der direkten Umgebung sowie aus roten Marmoren und bunten Quarziten. Teilweise sind die Spalten mit reinem Quarzit-Fein- und Grobsand verfüllt. Innerhalb der Megabrekzie treten auch isolierte feinschichtige grüne Feinsandsteine und brekziierte Hecla Hoek-Schiefer auf. Die Obergrenze der Megabrekzie wird überall von einem scharfen Horizont gebildet, der sowohl als Aufarbeitungs- als auch als erosive Auflagerungsfläche entwickelt sein kann.

Am N-Ufer des Liefdefjords S' des Erikbreen ist ein weiteres Vorkommen der Megabrekzie aufgeschlossen. Verbreitet ist hier der Typ der feinlagigen, rosagrauen Marmorbrekzie. Die Komponenten sind eckig zerlegt und die Zwischenräume mit rötlichem Calcit verfüllt. Ohne scharfe Grenze gehen hier die dichten, brekziösen Bereiche kontinuierlich in konglomerat-ähnliche Gesteine mit besserer Rundung der Komponenten und größerem Matrix-Anteil über. Die Komponenten der Brekzie sind monomikt und bestehen aus grauweiß gebänderten, teils rotweiß gebänderten und teils diffus-grauen Marmoren. Die Auflagerungsfläche der Red Bay-Sedimente ist hier im Gegensatz zu den Vorkommen S' des Liefdefjords nicht als scharfe Grenze ausgebildet. Es scheint sich um eine wellig-unebene Fläche zu handeln, in deren Bereich die Megabrekzie kontinuierlich in das Basis-Konglomerat der Red Bay-Group übergeht.

Das Alter dieser Megabrekzie ist schwer zu bestimmen. Allerdings deutet ihre Position direkt unter den Konglomeraten der Red Bay-Group daraufhin, daß sie nicht viel älter sein kann, zumal an einigen Stellen die Brekzie kontinuierlich in die Konglomerate übergeht. Außerdem sind ähnliche Megabrekzien im Liegenden der Siktefjellet-Group unbekannt. Die eingelagerten grünen Sandsteine sprechen ebenfalls für ein Alter der Brekzien zwischen der Siktefjellet- und Red Bay-Group.

Die Fremdkomponenten innerhalb der Megabrekzie schließen eine tektonische Entstehung dieses Gesteins aus. Dagegen spricht auch das Fehlen von Scherbahnen und -zonen, die in einer tektonischen Brekzie zu erwarten wäre. Es handelt sich hier um ein Sediment, das nicht mehr dem kristallinen Grundgebirge zuzuordnen ist. Offensichtlich ist die Entstehung dieses Sediments mit einer erhöhten Reliefenergie in Verbindung zu bringen, die mit dem Einsatz der Grabenentwicklung des Raudfjordengrabens in Zusammenhang gebracht werden kann.

Unsere Untersuchungen 1987, 1988 und 1990 zeigen, daß die Megabrekzien im Liegenden der Sandsteine und Konglomerate der Red Bay-Group keineswegs lokale Erscheinungen, sondern im Gegenteil weit verbreitet sind: sowohl am Rivieratoppen im Raudfjord als auch auf der Blomstrandhalvøya im Kongsfjord befinden sich unter den Red Bay-Sedimenten Megabrekzien, die mit denen am Liefdefjord vergleichbar sind.

3.3 Red Bay-Group

Sedimente der Red Bay-Group sind vor allem im hinteren Bereich des Liefdefjords W' des Kristallin-Horsts aufgeschlossen, wo sie den Marmor-Megabrekzien aufliegen, die ihrerseits von den Marmoren des Hecla Hoek unterlagert werden. In diesem Gebiet konnten nur wenige grabenrandparallele Abschiebungen lokalisiert werden: die Red Bay-Sedimente, die Megabrekzien und die Oberfläche der Hecla Hoek-Marmore fallen meist einheitlich und ungestört in westliche Richtungen ein.

N' des Liefdefjords, am Siktefjellet und am Högeloftet, liegen Konglomerate der Red Bay-Group direkt über den graugrünen Sandsteinen der Siktefjellet-Group und fallen ebenfalls in westliche Richtungen ein. E' des Kristallin-Horsts waren Red Bay-Sedimente bisher unbekannt. Hier sind jedoch entlang der westlichen Grabenflanke des Hauptgrabens mehrere Vorkommen schollenartig zwischen den Gesteinen des Hecla Hoek bzw. der Siktefjellet-Group im W und den Rotsedimenten der Wood Bay-Group im E aufgeschlossen, wobei das Vorkommen am Fotkollen N' des Liefdefjords die größte Verbreitung besitzt.

Nach GEE (1972) bestehen die Gesteine der Red Bay-Group aus einer ca. 2 000 m mächtigen Abfolge grober Konglomerate und bunter Sandsteine, die dem Unterdevon (Gedinne) zuzuordnen sind. Nach GEE & MOODY-STUART (1966) und MURASCOV & MOKIN (1979) wird die Red Bay-Group wie folgt gegliedert:

Wulffberget Formation: Konglomerate, rot, grob, im unteren Bereich mit überwiegend Marmorklasten, im oberen Bereich zunehmend Quarzit- und Glimmerschiefer-Klasten; die Matrix ist grobkörnig und teils karbonatisch; Mächtigkeit 200 m.

Rabotdalen Formation: Sandsteine, grobkörnig, polymikt, grün und gelb, mit z.T. roten Ton-, Silt- und Grobsandlinsen und -bändern; Reste von Pflanzen und Ostracoden deuten auf ein unterdevonisches Alter; Mächtigkeit 200 m.

Princesse Alice Formation: Konglomerate, rot, feinklastisch, Klasten überwiegend aus Quarzen und Quarziten, mit Bändern von grobkörnigen Sandsteinen; Mächtigkeit 300 m.

Andréebreen Formation: Sandsteine, grau und graugrün, polymikt, grobkörnig, parallel- und kreuzgeschichtet, mit Silt- und Tonsteinbändern und -linsen mit Mächtigkeiten bis zu 2.5 m; Mächtigkeit 200 m.

Frænkelryggen Formation: Sand- und Tonsteine, rot und grün, fossilführend (Fisch-, Arthropoden-, Bivalvier- und Pflanzenreste); Mächtigkeit 600 - 750 m.

Ben Nevis Formation: Sandsteine, graugrün, fein- und grobkörnig, polymikt, glimmerführend, im mittleren Bereich mächtige violettrote Sand- und Tonsteine; fossilführend (Ostracoden-, Fisch-, Bivalvier- und Arthropodenreste); Mächtigkeit 900 m.

Die Konglomerate der Red Bay-Group im bisher bearbeiteten Gebiet besitzen große Bandbreiten. Am besten ist das Auflager der Red Bay-Sedimente am N-Hang der Widerøefjella S' der Lernerøyane aufgeschlossen. Über der Megabrekzie setzen die Sedimente der Red Bay-Group entweder über einer sehr scharfen Grenze oder über einem Aufarbeitungshorizont überraschenderweise mit einer Sandsteinbank und nicht, wie bisher beschrieben, mit einem Konglomerat ein. Es handelt sich um grüne, fein- bis mittelkörnige Sandsteine, die z.T. feinschichtig und z.T. undeutlich schräggeschichtet sind. Sie keilen seitlich aus und werden max. 10 m mächtig. Die Sandsteine enthalten einige Quarz-Splitter-Sandsteine und gehen u.U. lateral in Quarzit-Konglomerate über (Abb. 5).

Überlagert werden die grünen Sandsteine von einem gelben Marmor-Quarzit-Konglomerat. Die Basis ist scharf und z.T. rinnenartig ausgebildet. Das Konglomerat ist sehr grob, schlecht sortiert und ungeschichtet. Es ist lediglich ein Wechsel von matrix- bzw. klastenreicheren Lagen zu beobachten. Die Matrix ist meist grobkörnig, und das Konglomerat ist teils matrix-, teils komponentengestützt. Den Hauptklastenanteil bilden graue Marmore, daneben treten weiße und graurötliche Quarzite und seltener gelbe Dolomite auf. Die Größen der Dolomit- und Quarzit-Klasten liegen zwischen 1 und 3 cm, während die Marmor-Klasten 15 cm erreichen. Die Klasten sind meist eckig bis gerundet.

Das gelbe Konglomerat geht nach oben über in ein buntes Konglomerat, das hauptsächlich Marmor-Klasten, ferner Dolomit- und Quarzit- sowie seltener Schiefer-Klasten enthält. Die Klasten sind eckig bis kantengerundet (gerundet). Auch hier bilden die Marmore mit Durchmessern bis zu 15 cm die größten Klasten. Die Matrix ist mittel- bis grobkörnig, und die Farben gehen kontinuierlich von rot in grün über. Innerhalb dieses bunten Marmor-Konglomerats befinden sich kubikmetergroße, runde Blöcke eines weiteren Konglomerats, das seinerseits nach der Ablagerung und Verfestigung erneut transportiert wurde und nun als Olistholith gemeinsam mit dem bunten Marmor-Konglomerat abgelagert wurde (Abb. 5). Es handelt sich um ein sehr grobes, gelbes Marmor-Konglomerat, dessen Hauptkomponenten aus bis zu 25 cm großen, kantengrundeten, grauen Bändermarmoren und untergeordnet aus Quarziten bestehen.

S' des Erikbreen an der N-Küste des Liefdefjords ist das Auflager der Red Bay-Sedimente ebenfalls aufgeschlossen, und zwar in Form eines mächtigen Marmor-Quarzit-Konglomerats. Innerhalb des Konglomerats fehlen die grünen Sandstein-Klasten, die die Basis der Red Bay-Group an der Widerøefjella bilden. Das Konglomerat liegt hier direkt der Megabrekzie auf, und zwar an einer sehr diffus ausgebildeten Grenze. Die Konglomerate sind grau bis gelb, sehr schlecht sortiert und ungeschichtet. Die Klasten sind aber häufig in Horizonten angereichert. Die Matrix ist grobkörnig, und das komponentengestützte Konglomerat enthält einige auskeilende Feinkieslagen.

Den Hauptklastentyp bilden graue Marmore und graue Quarzite mit max. 40 cm Durchmesser. Dolomit-Klasten sind selten. Dafür treten einige Bändermarmore und schwarze Hecla Hoek-Schiefer auf. Nennenswert ist ein 40 cm großes Geröll aus einer rosagrauen Brekzie, die der Megabrekzie am N-Hang der Widerøefjella gleicht.

Innerhalb des gelbgrauen Marmor-Quarzit-Konglomerats befinden sich rote Konglomerate, die rote Sandsteinrinnen und -linsen enthalten. Es ist ungeschichtet und besitzt einen höheren Matrix-Anteil als das gelbbraune Konglomerat.

Es ist ungeschichtet und besitzt einen höheren Matrix-Anteil als das gelbgraue Konglomerat. Die Klasten bestehen fast ausschließlich aus grauen Marmoren und Quarziten und werden max. 50 cm groß.

Am W-Hang des Siktefjellets am N-Ufer des Liefdefjords ist eine weitere Gruppe ca. 50 m mächtiger Konglomerate aufgeschlossen. Im Gegensatz zu den vorher beschriebenen liegen diese jedoch nicht den Megabrekzien, sondern den grünen und grauen, quarzitischen Sandsteinen der Siktefjellet-Group auf. Die Konglomerate hier sind tiefrot, sehr grob und schlecht sortiert. Schichtung wurde nicht beobachtet, sondern nur der Wechsel von sehr groben Lagen mit Mittel- und Feinkies-Horizonten. Die Klasten sind eckig bis gerundet, schlecht sortiert und werden bis zu 40 cm groß. Auffallend ist neben den Marmor- und Quarzit-Geröllen der hohe Anteil an Glimmerschiefer-Klasten. Lateral scheint das Konglomerat in ein feinerklastisches, deutlich klastengestütztes und besser sortiertes Konglomerat überzugehen, dessen kantengerundete bis gerundete, bis zu 30 cm großen Klasten überwiegend aus Marmoren und Dolomiten bestehen. Glimmerschiefer sind selten. Dieses Konglomerat ist ebenfalls rot mit zunehmend grauen Bereichen und besitzt eine deutliche Differenzierung in grobe und feinere Lagen. Die Matrix ist meist aus Grobsand gebildet, und u.U. sind Grobsandlinsen in das Konglomerat eingeschaltet.

S' des Hannabreen steht auf zwei Inseln ein mächtiges, graugrünes Konglomerat mit rötlichen Bereichen an, das ungeschichtet, schlecht sortiert, komponentengestützt und sehr dicht gepackt ist. Die Matrix ist graugrün und sandigsiltig. Die Klasten bestehen aus Marmoren, Bändermarmoren, Quarziten und Glimmerschiefern und werden max. 70 cm groß. Die letztgenannten Klasten ähneln den hellgrauen Glimmerschiefern, die auf der Insel SE' des Konglomerats und an der Küste S' des Siktefjellets anstehen. Die Basis des Konglomerats wird jedoch nicht von den Glimmerschiefern, sondern von sehr stark tektonisierten grauen Sand- und Siltsteinen gebildet.

Die Konglomeratvorkommen an den beschriebenen Lokalitäten lassen erkennen, daß die Basis-Konglomerate der Red Bay-Group weitaus differenzierter sind als die bei MURASCOV & MOKIN (1979) im Raudfjord beschriebenen. Die Vorkommen unterschiedlich ausgebildeter Konglomerate an der Basis der Red Bay-Group und die Varianz der Konglomerate in Ausbildung und Klasteninhalt sowohl lateral als auch vertikal sowie die Mächtigkeitsschwankungen weisen darauf hin, daß das differenzierte Hecla Hoek-Liefergebiet schon recht nahegelegen war und daß es sich bei den Konglomeraten um lokale Schuttströme handelt, die sich lateral und vertikal verzahnen. Die groben Konglomerate und die unter den W' des Kristallin-Horsts anstehenden Megabrekzien, die als Hangschutt- oder Bergsturz-Brekzien gedeutet werden können, sprechen für ein ausgeprägtes Relief im Hinterland entlang eines wahrscheinlich aktiven Grabenrandes.

Im Raudfjord am Rivieratoppen fanden wir im Sommer 1988 Hinweise für eine synsedimentäre Grabenbildung während der Ablagerung der Red Bay-Basis-Konglomerate: hier sind sehr große Olistholithe aus Marmorbrekzien in die Konglomerate eingeschaltet, die z.T. von synsedimentären Abschiebungen begrenzt sind. Überdeckt werden die Olistholithe und die synsedimentären Störungen von Konglomeraten, und innerhalb der Olistholithe sind Spalten mit Konglomeratmaterial verfüllt. Diese Hinweise sprechen dafür, daß vor der Ablagerung der Red Bay-Konglomerate eine Phase aktiver Grabenbildung den Beginn der Entwicklung des Raudfjordengrabens einleitete, einhergehend mit erhöhter Reliefenergie durch Hebung des kristallinen Hinterlandes und der Entstehung der Megabrekzien an der Grabenflanke. Während der Ablagerung der Red Bay- Konglomerate setzte sich die aktive Phase der Grabenentwicklung bis zur Ablagerung der oberen Red Bay-Sedimente fort, die über die Grabenschulter hinaus nach E übergriffen.

Ein weiteres Vorkommen grobklastischer Sedimente befindet sich an der W-Küste des Bockfjords E' der Germaniahøgdene. Hier konnte 1989 ein Vorkommen grüner, mittel- bis grobkörniger Sandsteine und rotgrüner Konglomerate entdeckt werden, das als tektonische Scholle zwischen Gesteinen der Siktefjellet- und der Wood Bay-Group innerhalb der westlichen Flanke des Hauptdevongrabens eingeklemmt ist. Die Klasten bestehen aus weißen und roten Quarziten und gelegentlich aus Schiefern und selten aus Marmoren. Nennenswert ist der u.U. über 50 % hohe Anteil von grünen und braunen Sandstein-Klasten. Auffallend ist, daß die Konglomerate feinerklastisch und die Klasten besser gerundet sind als bei den oben beschriebenen Basis-Konglomeraten. Durch die Abwesenheit von Marmor-Klasten und den meist hohen Anteil an Quarz-Klasten lassen sich diese Konglomerate am besten mit dem Princesse Alice-Konglomerat nach der Gliederung von MURASCOV & MOKIN (1979) vergleichen. Einzigartig ist dieses Konglomerat im Arbeitsgebiet durch den hohen Anteil an Sandstein-Klasten. Bemerkenswert ist auch die Lage dieses Konglomerats E' des Kristallin-Horsts. Seine Existenz spricht dafür, daß auch die westliche Flanke des Hauptdevongrabens schon zur Zeit der Red Bay-Konglomerate das erste Mal aktiviert wurde.

Sandsteine der Red Bay-Group sind im Arbeitsgebiet auf den W-Hang der Widerøejella und des Schievefjelletes sowie auf bisher unbekannte Vorkommen im Bereich der Störungszone der westlichen Flanke des Hauptdevongrabens beschränkt, und zwar W' des Finnluva S'des Liefdefjords und am Fotkollen N' des Liefdefjords.

Am W-Hang der Widerøefjella ist eine mächtige Wechselfolge bunter Sand-, Silt- und Tonsteine aufgeschlossen, die den Basis-Konglomeraten am N-Hang der Widerøefjella sowie den Marmoren am Flykollen aufliegen. Neben mächtigen, fein- bis mittelkörnigen, grünen Sandsteinen mit Schrägschichtung und Rinnen treten weiße, mittelkörnige und dunkelgraue, fein- bis mittelkörnige Sandsteine auf. Eingeschaltet sind u.U. sehr mächtige schwarze, feinscherbig abwitternde Siltsteine und rote, fein- bis feinstschichtige Ton- und Siltsteine. Letztere kommen überwiegend in den mittleren Bereichen der Folge vor und enthalten rote Knauern, die Durchmesser von 2 - 12 cm besitzen und in Horizonten angereichert sind. Auf der Insel vor der Front des Monacobreen stehen grüne feinkörnige, glimmerreiche, sehr gut parallel- und schräggeschichtete Sandsteine an, die einige dunkelgraue Siltsteinbänke und Aufarbeitungshorizonte mit Panzerfischresten enthalten.

Das Vorkommen W' des Finnluva besteht hauptsächlich aus mürben, mittel- bis grobkörnigen, schlecht bis ungeschichteten roten, hellbraunen, hellgelben und orangegelben Sandsteinen und groben, weißgrauen Konglomeraten mit ausschließlich kantengrundeten Quarz-Klasten, die bis zu 4 cm Größe erreichen.

Das größte Vorkommen von Red Bay-Sandsteinen E' des Kristallin-Horsts befindet sich E' des Siktefjellets am Fotkollen. Neben roten bis braunroten Silt-, Fein-, Mittel- und Grobsandsteinen wird die Abfolge von groben, spröden, teilweise konglomeratischen Sandsteinen und untergeordnet Konglomeratlagen aufgebaut, die weiße, orangegelbe und grüne Farben besitzen und teils massig ungeschichtet, teils schräggeschichtet sind. Zum Teil ähneln die roten Silt- und Feinsandsteine stark den Sedimenten der Wood Bay-Group, jedoch sprechen die hier häufig auftretenden Mittel- und Grobsandsteine für eine Zuordnung dieser Sedimente zur Red Bay-Group.

3.4 Wood Bay-Group

Die Sedimente der Wood Bay-Group bestehen aus einer etwa 3 000 m mächtigen Serie (GEE 1972) roter, fluviatiler Sand- und Siltsteine. Nach FRIEND (1961), FYN & HEINTZ (1943) und MURASCOV & MOKIN (1979) wird diese Gruppe gegliedert wie folgt:

Kapp Kjeldsen Formation: Konkordant auf den Sandsteinen der Ben Nevis Formation (Red Bay-Group) aufliegende Wechselfolge roter Ton-, Silt- und Feinsandsteine mit wenigen dünnen Lagen aus graugrünen Siltsteinen und pflanzenführenden Sandsteinen. Die Kapp Kjeldsen Formation wird abgeschlossen von den "pale beds", einer Wechselfolge von grünen, grüngelben, roten, violetten und braunen Ton,- Silt- und Sandsteinen sowie einigen siltigen Kalksteinen. Im allgemeinen laterale Zunahme der Korngröße Richtung SE. Nach Fisch- und Ostracodenfunden wird diese Formation in das Siegen gestellt. Ihre Mächtigkeit wird mit 1 500 m angegeben.

Keltiefjellet Formation: An der Basis 25 - 30 m mächtige grüne Sandsteinfolge, gefolgt von einer Wechsellagerung roter Silt- und Sandsteine, in die einige gröbere braungrüne und graugrüne Sandsteine, sandige Siltsteine und einige Kalksandsteine eingeschaltet sind. Den Abschluß bilden 15 m mächtige kreuzgeschichtete grüne Sandsteine. Nach Fisch- und Pflanzenresten wird diese Formation in das Unterdevon (Siegen bis Ems) gestellt. Die Mächtigkeit beträgt 600 - 900 m.

Stjırdalen Formation: Überwiegend Tonsteine und kirschrote kalkige Siltsteine. Eingeschaltet sind mehrere Horizonte überwiegend bunter, teils glimmerführender, teils quarzitischer Feinsandsteine und einige Kalksandsteine. Das Alter wird mit Ems angegeben, die Mächtigkeit liegt max. bei 400 m.

Im Bereich des Arbeitsgebiets sind Sedimente der Wood Bay-Group vor allem auf der Reinsdyrflya, auf den Inselgruppen im Liefdefjord (Stasjonsøyane, Andøyane und Måkeøyane) und auf der östlichen Germaniahalvøya verbreitet. Unseren bisherigen Kenntnissen zufolge ist in diesem gesamten Gebiet nur die Kapp Kjeldsen Formation aufgeschlossen. Die unteren Bereiche der Kapp Kjeldsen Formation stehen E' der Flanke des Hauptdevongrabens im Gebiet der westlichen Reinsdyrflya und am Sørkollen (N' des Liefdefjords) und auf der Roosfjella (zwischen Liefdefjorden und Bockfjorden) an. Die östliche Reinsdyrflya, die östlichen Andøyane und die Måkeøyane werden von Sedimenten der oberen Kapp Kjeldsen Formation mit den "pale beds" aufgebaut.

Die Sedimente im Verbreitungsgebiet der unteren Kapp Kjeldsen Formation bestehen im Arbeitsgebiet aus einer recht eintönigen Serie meist roter bis braunroter Feinsand-, Silt- und Tonsteine. Gelegentlich sind massige, graugrüne und grüne Feinsandsteinbänke und Kalksandsteinbänke zwischengeschaltet. Häufig sind Horizonte mit eingeschwemmten Panzerfischresten. Oft sind diese Reste an Aufarbeitungshorizonte gebunden, die meist gerundete, durchschnittlich weniger als 1 cm große Silt- und Tongallen enthalten.

Sehr selten sind bis zu 20 cm mächtige Konglomeratlagen, die zum größten Teil aus bunten, eckigen bis kantengerundeten, nicht mehr als 2 cm großen Quarz-Klasten gebildet werden. Dabei sind die Übergänge zum Hangenden und Liegenden oft unscharf. Die Sedimente sind gebankt und teils ungeschichtet massig, teils geschichtet. Oft kommen Schrägschichtung und Rinnen vor, untergeordnet Flaserschichtung. Nur sehr selten findet man Trockenrisse.

Die Sedimente der oberen Kapp Kjeldsen Formation bauen im Arbeitsgebiet den östlichen Bereich der Reinsdyrflya, die östlichen Andøyane und die Måkeøyane auf. Überwiegend wird die Schichtenfolge hier von roten und braunroten Ton-, Silt- und feinsandigen Siltsteinen gebildet, in die häufig Folgen bunter feinklastischer Sedimente eingeschaltet sind.

Das Hauptgestein bilden feinsandige braunrote Siltsteine, die oft dickbankig ausgebildet sind und im allgemeinen ungeschichtet sind, u.U. aber auch Schrägschichtung zeigen. Daneben treten sehr häufig rote, braunrote und seltener graugrüne, oft tonige Siltsteine auf, die ebenfalls meist gebankt sind. Gegenüber den sandigen Siltsteinen sind die tonigen Siltsteine überwiegend gut geschichtet. Es herrscht eine Feinschichtung vor, die oft als Schräg-, Kreuz- und u.U. als Flaserschichtung ausgebildet ist. Die tonigen Siltsteine können synsedimentär verfaltet sein, und nicht selten findet man convolute bedding und Rinnen, in denen z.T. Tongallen abgelagert sind. Oft sind auf den Schichtoberseiten der Siltsteine und der sandigen Siltsteine Wellenrippeln ausgebildet. Die dritte Hauptgruppe wird von Tonsteinen gebildet, die ebenfalls meist rötliche Farben besitzen, häufig jedoch auch grün, violett, grau, dunkelgrau, gelbbraun und dunkelbraun gefärbt sein können. Die Tonsteine sind meist sehr feingeschichtet. Neben m-mächtigen Bänken treten die Tonsteine immer wieder als dünne Lagen zwischen den Siltsteinen auf.

Gelegentlich enthalten vor allem die Siltsteine rötliche und grüne Aufarbeitungshorizonte und Rinnen, in denen meist weniger als 5 mm große Tongallen, u.U. aber auch bis zu 3 cm große, gut gerundete Siltstein-Klasten abgelagert wurden. Besonders in den Aufarbeitungshorizonten sind z.T. zusammengeschwemmte Panzerfischreste zu finden. Im Bereich der E-Küste der Reinsdyrflya trifft man an einigen Stellen auf gebankte, ungeschichtete, sehr harte, gelbbraune bis graue helle quarzitische Sandsteine. Ebenfalls selten sind Kalkbänke. Auf der großen Måkeøya streichen mehrere Bänke mit graugelben, sandigen und groben Kalken aus, die einige wenige Schalenreste enthalten, und an der E-Küste der Reinsdyrflya stehen mehrere max. 30 cm mächtige Bänke mit massigen, sehr harten, hellgrauen, splittrigen Mikriten mit ebenfalls wenigen Schalenbruchstücken an.

Typisch für die Gesteine vor allem der oberen Bereiche der Kapp Kjeldsen Formation sind die sehr häufig auftretenden grünen bis blauen Entfärbungshöfe und -zonen. Neben oft unregelmäßig im Gestein verteilten, diffus begrenzten rundlichen Höfen treten sowohl senkrecht zur Schichtung und kluftflächenparallel orientierte Entfärbungszonen als auch schichtflächenparallel entfärbte Bereiche auf. Die Dimensionen der entfärbten Zonen reichen von mm-dünnen Fugen entlang von Klüften und Schichtflächen bis zur Entfärbung mehrerer Meter mächtiger Zonen, dann meist parallel zur Bankung. Während die Entfärbungshöfe fast ausschließlich einen diffusen Übergang in die roten Bereiche besitzen, sind die kluft- und schichtflächenparallel entfärbten Zonen oft auch scharf begrenzt. Auffallend ist, daß die entfärbten Bereiche in nahezu allen Fällen weniger von der Schieferung betroffen sind als die roten. So sind besonders die roten tonigen ungeschichteten Siltsteinbänke von der steilstehenden Schieferung betroffen und zerfallen entlang der dichtstehenden Schieferflächen, die oft Abstände von weniger als 1 mm besitzen. Sind innerhalb dieser enggeschieferten Bänke schichtparallel entfärbte Zonen, so zeigen diese lediglich eine weitständige Schieferung, ohne daß ein Materialwechsel zwischen den roten und den entfärbten Zonen zu erkennen wäre.

3.5 Grey Hoek-Group

Obwohl die Gesteine der Grey Hoek- und der Wijde Bay-Group im Bereich der Germaniahalvøya nicht aufgeschlossen sind, scheint es sinnvoll, der Vollständigkeit halber auch auf diese Ablagerungen kurz einzugehen, die die jüngsten Anteile des deformierten Grabeninhalts des Devongrabensystems NW-Spitzbergens bilden.

Die Sedimente der Grey Hoek-Group bestehen aus einer Abfolge mächtiger dunkler Tonschiefer mit zahlreichen Schillagen von Zweischalern, wechselnd mit dickbankigen, hellen Sandsteinen und Quarziten. Vereinzelt treten dünne Kalklagen auf. WINSNES et al. (1962) schließen nach dem Fossilinhalt auf ein brackisches bis marines Ablagerungsmilieu. MURASCOV & MOKIN (1979) gliedern die Grey Hoek-Group wie folgt:

Gjelsvikfjellet Formation: graue bis violettgraue siltige Kalksteine, wechselnd mit bunten Silt- und Sandsteinlagen und -linsen sowie dunkle graue, glimmerführende, kalkige Siltsteine mit Silt- und Tonsteinbändern und -linsen.

Tavlefjellet Formation: unten: dunkle, graue bis schwarze Tonsteine mit hellen kalkigen Siltsteinlagen und siltige Kalksteine; oben: dunkelgraue bis schwarze kalkige Tonsteine mit karbonatischen Siltsteinbändern.

Forkdalen Formation: wechsellagernde graue und dunkelgraue Siltsteine, schwarze Tonsteine und polymikte Sandsteine. Nach oben hin Zunahme der Sandsteinbänke an Zahl und Mächtigkeit.

Die Mächtigkeit der Grey Hoek-Group wird von MURASCOV & MOKIN (1979) mit 1 200 m angegeben. Nach den Fossilien wird sie in das Eifel gestellt.

Die Grey Hoek-Group findet ihr Hauptverbreitungsgebiet im nördlichen Bereich des Andréelandes. Hier sind hauptsächlich dunkelgraue bis schwarze Ton- und Siltsteine aufgeschlossen, die z.T. dichte Schillagen mit weißen Bivalvierschalen sowie deformierte Abdrücke von Zweischalern enthalten. Eingeschaltet sind hellere quarzitische Sandsteine. Häufig tritt Schräg- bzw. Kreuzschichtung auf, und in den quarzitischen Sandsteinen sind u.U. Megarippeln ausgebildet. Die schwarzen Ton- und Siltsteine treten durch die im N des Andréelandes vorherrschende, steilstehende Schieferung nahezu ausschließlich als Griffelschiefer auf. Eingeschaltet in die feinkörnigen Sedimente sind dünnbankige, gelbbraun verwitternde Sandsteine und dickbankige, blaugraue, z.T. schräggeschichtete Sandsteine.

Außerhalb des Andréelandes konnten wir im Sommer 1990 ein Vorkommen von Grey Hoek-Sedimenten entdecken, das entlang eines sehr schmalen Streifens an der E-Küste der Reinsdyrflya aufgeschlossen ist. Es handelt sich hier um eine eintönige Folge von graugrünen bis schwarzen, feinschichtigen und z.T. etwas sandigen Siltsteinen in Wechsellagerung mit dunkelgrauen bis schwarzen Tonsteinen, die als Griffelschiefer vorliegen. In einigen Horizonten häufen sich Abdrücke von Zweischalern. Während die schwarzen Siltsteine meist nicht geschichtet sind, besitzen die grauen bis schwarzen Tonsteine oft eine ausgeprägte Feinschichtung. Zwischengeschaltet sind gelblich verwitternde, gut geschichtete Feinsandsteine, die z.T. flaser- bzw. kreuzgeschichtet sind und in denen u.U. Wellenrippeln, convolute bedding sowie load marks zu finden sind.

3.6 Wijde Bay-Group

Die Wijde Bay-Group besteht überwiegend aus hellen, grauen bis dunkelgrauen feinkörnigen Sand- und Siltsteinen, die mit dunklen Tonsteinen wechsellagern. Vereinzelt sind dünne Kalkbänke eingeschaltet (SCHENK 1937). Nach FYN & HEINTZ (1943) unterscheiden sich die Sedimente der Wijde Bay-Group durch ihre hellere Farbe und die häufiger auftretenden Sandsteinbänke von denen der Grey Hoek-Group. Anhand der Pflanzen- und Fischreste nehmen WINSNES et al. (1962) kontinentale Ablagerungsbedingungen an.

MURASCOV & MOKIN (1979) setzen die Wijde Bay-Group in ihrem nördlichen Verbreitungsgebiet mit der **Tage Nilsson Formation** gleich, die aus wechsellagernden quarzitischen Sandsteinen, massigen Siltsteinen und Tonsteinen aufgebaut ist. Grobsandsteinlinsen enthalten häufiger Fischreste, und in den quarzitischen Sandsteinen tritt oft eine Eisen-Mineralisation entlang der Klüfte auf. Die Wijde Bay-Group wird in das Givet gestellt und erreicht eine Mächtigkeit von 600 m.

4 Tertiärer Vulkanismus

Im Bereich des südlichen Woodfjords und am Tavlefjellet W' des Wijdefjords bedecken Olivinbasalte die deformierten Old Red-Sedimente des Devongrabensystems NW-Spitzbergens (HOEL & HOLTEDAHL 1911; HOEL 1914; PRESTVIK 1978) und bauen hier morphologisch die Gipfelregionen der höchsten Berge auf. Diese flachliegenden Plateau-Lavas besitzen mit +/-11 m.y. ein obermiozänes Alter (PRESTVIK 1978) und bestehen vor allem aus Plagioklas, Olivin und Klinopyroxen. HOEL (1914) berichtet von bis zu 15 Lavaströmen am Tavlefjellet, die von schlackenähnlichen Lagen getrennt werden. Nach BUROV & ZAGRUZINA (1976) bilden die Basaltvorkommen Fragmente einer bis zu 275 m mächtigen Lava-Abfolge.

5 Quartärer Vulkanismus

Der Sverrefjellet-Vulkan im Bockfjord wird aufgebaut aus olivinführenden Alkalibasalten, die zahlreiche Fragmente ultrabasischer Gesteine enthalten (GOLDSCHMIDT 1911; HOEL & HOLTEDAHL 1911; GJELSVIK 1963; BUROV 1965). Innerhalb der Lava finden sich Xenolithe aus Gneisen und Marmoren, die dafür sprechen, daß unter dem Sverre fjellet-Vulkan Gesteine des kristallinen Basements (Hecla Hoek) anstehen (GJELSVIK 1963). Die offensichtlich aus dem Erdmantel stammenden ultrabasischen Xenolithe sprechen für eine tiefreichende Störungszone im Bereich des Bockfjords, die eventuell bis zur Mohorovicic-Diskontinuität hinunterreicht (GJELSVIK 1963). Rezente, niedrig temperierte Thermalquellen N' und S' des Sverrefjellets sowie die von uns im Sommer 1988 entdeckten rezenten Störungen an der W-Küste des Bockfjords sprechen für die anhaltende Aktivität dieser Störungszone. Die Anwesenheit des Sverrefjellet-Vulkans in einem glazial überprägten Tal spricht nach HOEL & HOLTEDAHL (1911) für eine postglaziale Entstehung des Sverrefjellets. Nach SEMEVSKIJ (1965) deuten marine Terrassen, die Basanitgerölle enthalten, auf ein Alter des Sverrefjellet-Vulkans zwischen 4 000 - 6 500 Jahre vor heute.

Literatur

BUROV, Y.P. 1965: Peridotite inclusions and bombs in the trachybasalts of Sverre volcano in Vestspitsbergen. (Translated from Russian). - Materiali po geologii Spicbergena: 267-279, Leningrad.

BUROV, Y.P. & SEMEVSKIJ, D.V. 1979: The tectonic structure of the Devonian Graben (Spitsbergen). - Norsk Polarinst. Skr, 167: 239-248, Oslo.

BUROV, Y.P. & ZAGRUZINA, I.A. 1976: Results of a determination of the absolute age of Cenozoic basic rocks of the northern part of the osalnd of Spitsbergen (Translated from Russian). - Geologija Sval'barda: 139-140, Leningrad.

FRIEND, P.F. 1961: The Devonian stratigraphy of north and central Vestspitsbergen. - Proc. Geol. Soc. Yorkshire, 33: 77-118.

FRIEND, P.F. 1965: Fluviatile sedimentary structures in the Wood Bay Series (Devonian) of Spitsbergen. - Sedimentology, 5.

FRIEND, P.F. 1973: Devonian stratigraphy of Greenland and Svalbard. - Arctic Geology, Amer. Ass. Petrol. Geol. Mem., 19: 469-470, Tulsa.

FRIEND, P.F. & MOODY-STUART, M. 1972: Sedimentation of the Wood Bay Formation (Devonaina) of Spitsbergen: Regional analysis of a late orogenic basin. - Norsk Polarinst. Skr., 157: 1-77, Oslo.

FØYN, S. & HEINTZ, A. 1943: The Downtonian and Devonian Vertebrates of Spitsbergen. VIII. - Norges Svalbard og Ishavs-undersøkelser Skr., 85: 1-51, Oslo.

GEE, D.G. 1972: Late Caledonian (Haakonian) movements in northern Spitsbergen. - Norsk Polarinst. Årbok, 1970: 92-101, Oslo.

GEE, D.G. & HJELLE, A. 1966: On the crystalline rock of northwest Spitsbergen. - Norsk Polarinst. Årbok, 1964: 31-45, Oslo.

GEE, D.G. & MOODY-STUART, M. 1966: The base of the Old Red Sandstone in central north Haakon VII Land, Veststspitsbergen. - Norsk Polarinst. Årbok, 1964: 57- 68, Oslo.

GJELSVIK, T. 1963: Remarks on the structure and composition of the Sverrefjellet volcano, Bockfjorden, Vestspitsbergen. - Norsk Polarinst. Årb., 1962: 50-54, Oslo.

GJELSVIK, T. 1979: The Hecla Hoek ridge of the Devonian Graben between Liefdefjorden and Holtedahlfonna, Spitsbergen. - Norsk Polarinst. Skr., 167: 63-71, Oslo.

GOLDSCHMIDT, W.M. 1911: Petrographische Untersuchung einiger Eruptivgesteine von Nordwestspitzbergen. - Vid. Selsk. Skr. I. Math.- Nat. Kl., 9, Kristiania.

HARLAND, W.B. 1961: An outline structural history of Svalbard. - Geology of the Arctic, Univ. of Toronto, Press 1, Toronto.

HARLAND, W.B. 1969: Contribution of Spitsbergen to understanding of tectonic evolution of North Atlantic Region. - North Atlantic - Geology and Continental Drift, Amer. Ass. Petrol. Geol. Mem., 12: 817-851, Tulsa.

HARLAND, W.B. 1973: Tectonic evolution of Barents Shelf and related plates. - Amer. Ass. Petrol. Geol. Mem., 19: 599-608, Tulsa.

HARLAND, W.B., CUTBILL,J.L., FRIEND, P.F., GOBBETT, D.J., HOLLIDAY, D.W., MATON, P.I., PARKER, J.R. & WALLIS, R.H. 1974: The Billefjorden Fault Zone, Spitsbergen. The long history of a major tectonic lineament. - Norsk Polarinst. Skr., 161: 1-72, Oslo.

HARLAND, W.B. & GAYER, R.A. 1972: The arctic Caledonides and earlier oceans. - Geol. Mag., 109 (4): 289-384, Cambridge.

HEITZMANN, P. 1985: Kakirite, Kataklasite, Mylonite - Zur Nomenklatur der Metamorphite mit Verformungsgefügen. - Eclogae geol. Helv., 78 (2): 273-286, Basel.

HJELLE, A. 1979: Aspects of the geology of northwest Spitsbergen. - Norsk Polarinst. Skr., 167: 37-62, Oslo.

HOEL, A. 1914: Nouvelles observations sur le district volcanique du Spitsberg du nord. - Vid. Selsk. Skr. I. Math.-Nat. Kl., 9, Kristiania.

HOEL, A. & HOLTEDAHL, O. 1911: Les nappes de lave, les volcans et les sources thermales dans les environs de la Baie Wood au Spitsberg. - Vid. Selsk. Skr. I. Math.-Nat. Kl., 8, Kristiania.

MURASCOV, L.G. & MOKIN, J.I. 1979: Stratigraphic subdivision of the Devonian deposits of Spitsbergen. - Norsk Polarinst. Skr., 167: 249-261, Oslo.

PRESTVIK, T. 1978: Cenozoic plateau lavas of Spitsbergen - a geochemical study. - Norsk Polarinst. Årb., 1977: 129-143, Oslo.

SCHENK, E. 1937: Kristallin und Devon im nördlichen Spitzbergen. - Geol. Rundsch., 28 (1/2): 112-124, Stuttgart.

SEMEVSKIJ, D.V. 1965: Age of the Sverrefjellet volcano. (Translated from Russian). - Materiali po geologii Spicbergena: 280-283, Leningrad.

VOGT, T. 1929: Frå en Spitsbergen-ekspedition i 1928. - Årb. norske Vidensk, Nat. Vid. Kl., 11: S. 10-12.

WINSNES, T.S., HEINTZ, A. & HEINTZ, N. 1962: Aspects of the Geology of Svalbard. - Norsk Polarinst. Meddelelser, 87: 1-34, Oslo.

Anschrift:

S. KLEE & MATTHES MÖLLER & KARSTEN PIEPJOHN & Prof. Dr. FRIEDHELM THIEDIG, Geologisch-Paläontologisches Institut der Universität Münster, Corrensstraße 24, 4400 Münster.

MATERIALIEN UND MANUSKRIPTE - Studiengang Geographie, Heft 19: 79 - 102, Bremen 1991.

Tektonische Entwicklung in NW-Spitzbergen (Liefdefjorden - Woodfjorden), das kaledonische Basement und die postkaledonischen Old Red-Sedimente

mit 7 Abbildungen

KARSTEN PIEPJOHN & FRIEDHELM THIEDIG, Münster

Neben den im Rahmen der Geowissenschaftlichen Spitzbergen-Expedition 1990 (SPE 90) in den Sommern 1989 und 1990 erfolgten Kartierarbeiten im Liefdefjordengebiet besonders auf dem Untersuchungsgebiet der SPE 90 (Germaniahalvøya) lag der Schwerpunkt der Arbeiten der Gruppe Geologie in der Untersuchung der tektonischen Entwicklung des kaledonischen Basements (Hecla Hoek) und der postkaledonischen Old Red-Sedimente (Devon) im Liefdefjordengebiet und im nördlichen Andréeland.

Ziel dieser Arbeiten ist die Aufnahme der in diesem Gebiet NW-Spitzbergens erfolgten tektonischen Ereignisse sowie der Versuch, einen Überblick über die Entwicklungsgeschichte dieses für NW-Spitzbergen charakteristischen Devongrabensystems zu ermitteln. Die Aufnahme von Profilen des in seinem nördlichen Bereich etwa 50 km breiten Grabensystems soll den strukturellen Aufbau des Devongrabens in diesem Gebiet verdeutlichen. Es ist geplant, die Arbeiten in der Sommerkampagne 1991 im Rahmen der SPE 91 im Bereich des Raudfjords und im Andréeland fortzusetzen, um die bisherigen Ergebnisse zu vervollständigen.

1 Geologischer Überblick

Die Insel Spitzbergen ist Teil des unter norwegischer Souveränität stehenden Archipels Svalbard im NW des Barentsschelfs. Die Basis dieser Inselgruppe wird von den metamorphen Gesteinen des Hecla Hoek gebildet. Dieses Basement besitzt ein jung-riphäisches bis silurisches Alter und wurde während der kaledonischen und der präkaledonischen Tektogenesen tektonisiert und metamorphisiert. Die Hauptphase der kaledonischen Tektogenese, die Ny Friesland orogeny (HARLAND 1961, 1969, 1973; HARLAND & GAYER 1972), betrifft alle Gesteine des Hecla Hoek in Svalbard. Abgeschlossen wird die kaledonische Hauptphase von der um 414 +/-10 m.y. (HJELLE 1979) erfolgten Intrusion des posttektonischen Hornemantoppen-Granits W' des Liefdefjords.

Die postkaledonischen Old Red-Sedimente besitzen in NW-Spitzbergen eine ausgedehnte Verbreitung und liegen als Inhalt einer großräumigen, etwa N-S-streichenden Grabenstruktur vor, die durch einen Kristallin-Horst im Liefdefjordengebiet in zwei Teilgräben gegliedert ist, und zwar in den Raudfjordengraben im W und den Hauptdevongraben im E. Die Grabenschultern W' des Monacobreen und Raudfjords sowie E' des Wijdefjords werden von den Gesteinen des kristallinen Basements gebildet.

Nach FRIEND (1961, 1965, 1973), FRIEND & MOODY-STUART (1972), GEE & MOODY-STUART (1966) und MURASCOV & MOKIN (1979) werden die devonischen Old Red-Sedimente vom Liegenden ins Hangende in folgende Gruppen untergliedert: Siktefjellet-, Red Bay-, Wood Bay-, Grey Hoek- und Wijde Bay-Group. Diese Ablagerungen umfassen einen Zeitraum vom Gedinne bis ins Givet (MURASCOV & MOKIN 1979). Jüngere Sedimente der Mimerdalen-Group (Givet bis ?Fammene) sind auf das Billefjordengebiet beschränkt (MURASCOV & MOKIN 1979).

Die gesamte Abfolge besteht aus Frischwasser- bis Brackwasser-Ablagerungen mit einer Maximalmächtigkeit von 8 000 (FRIEND & MOODY-STUART 1972) bzw. 6 500 m (FRIEND 1973) und wurde nach BUROV & SEMEVSKIJ (1979), FRIEND & MOODY-STUART (1972), HARLAND (1969) und HARLAND et al. (1974) von einer großräumigen Faltungs- und Überschiebungstektonik während der sog. svalbardischen (VOGT 1929) Phase im Oberdevon betroffen.

Der Beginn der Grabentektonik setzte in den westlichen Bereichen der Grabenstruktur (Raudfjorden- und Liefdefjordengebiet)(BUROV & SEMEVSKIJ 1979; GEE & MOODY-STUART 1966) an Abschiebungszonen ein, die offensichtlich frühere kaledonisch angelegte Störungszonen reaktivierten (GEE 1972). Mit dem Einsetzen der Grabenentwicklung ging die Ablagerung der Siktefjellet- und Red Bay-Sedimente einher. Besonders während der Ablagerung der Red Bay-Sedimente dürfte eine Hauptphase der frühen Grabenentwicklung erfolgt sein. Nach FRIEND & MOODY-STUART (1972) verlagerte sich die aktive Zone der Grabenbildung nach E. Nach unseren Erkenntnissen erfolgte die Ablagerung der feinkörnigen post-Red Bay-Sedimente in einem weiträumigen Becken, dessen Ablagerungsraum über die heutigen Grabenschultern übergriff.

Nach der kompressiven Deformation während der ?svalbardischen Phase im Oberdevon setzte erneut die Grabenentwicklung ein, während die deformierten, devonischen Sedimente versenkt wurden. Diese Grabenentwicklung erfolgte offensichtlich in mehreren Schüben. Es ist damit zu rechnen, daß diese extensiven Phasen von der kreide-tertiärzeitlichen Deformation, die sich eventuell auch in diesem Gebiet ausgewirkt hat, unterbrochen wurden. Es gibt Hinweise darauf, daß sich die Entwicklung des Grabens nach wie vor in einer aktiven Phase befindet, wie die quartäre bzw. subrezente magmatische Aktivität (Sverrefjellet-Vulkan und warme Quellen im Bockfjordengebiet) sowie rezente Störungen W' des Bockfjords belegen.

2 Tektonik des kristallinen Grundgebirges (Hecla Hoek)

Das kristalline Grundgebirge des Hecla Hoek im Gebiet des Kristallin-Horsts auf der Germaniahalvøya wird hauptsächlich aus der Einheit der Migmatit-Gruppe, aus Glimmerschiefern und aus Marmoren aufgebaut. Das tiefste Stockwerk wird von den Gesteinen der Migmatit-Gruppe repräsentiert, die in NW-Spitzbergen eine ausgedehnte Verbreitung besitzen. Die Grenze zwischen den Gesteinen dieser Migmatit-Gruppe und den im Hangenden folgenden Glimmerschiefern und Marmoren wird von einer u.U. mehrere 10er m mächtige Mylonit- und Faltenzone gebildet, an der die mehrfach deformierten Glimmerschiefer und die Marmore auf die Gruppe der Migmatite überschoben wurden. Zu nennen sind weiterhin mindestens 2 Generationen magmatischer Ganggesteine im Bereich der Lernerøyane. Während die erste Ganggeneration deformiert ist, intrudierte die zweite Generation posttektonisch und ist damit mit der Intrusion des Hornemantoppengranits in Zusammenhang zu bringen.

2.1 Deformationen in den Gesteinen der Migmatit-Gruppe

In weiten Bereichen des Verbreitungsgebiets der Migmatit-Gruppe sind Strukturen älterer Deformationen durch die Migmatisierung zerstört. Lediglich in den gneisartigen Gesteinen bzw. in den blastischen Glimmerschiefern sowie in den Xenolithen sind ältere Deformationsgefüge erhalten. In diesen Bereichen gleicht vor allem der Deformationsstil der verfalteten blastischen Glimmerschiefer dem der im Hangenden folgenden Glimmerschiefer. Gegenüber den blastischen Glimmerschiefern der Migmatit-Gruppe sind die grobkörnigen, gneisartigen Gesteine mit einem meist hellen und dunklen Lagenbau jedoch weit stärker und recht chaotisch verfaltet. Die Faltenachsen dieser Gesteine pendeln leicht und fallen meist flach in südsüdwestliche und nordnordöstliche Richtungen ein.

Die granitischen und granodioritischen, oft grauen und mittel- bis grobkörnigen Gesteine sowie die in die Gneise und blastischen Glimmerschiefer eingedrungenen gangartigen Gesteine (meist Aplite) sind in der Regel geschiefert und zeigen eine mehr oder weniger deutliche Einregelung der dunklen Gemengteile. Diese Foliation liegt parallel zum prägenden Lagenbau der in der Nähe aufgeschlossenen Glimmerschiefer, streicht etwa N-S und fällt flach nach W ein. Die gangartigen Intrusionen und Aplit-Gänge liegen oft spitzwinklig zum prägenden Lagenbau der blastischen Glimmerschiefer und dringen u.U. S-Flächenparallel in den Lagenbau ein und blättern ihn auf. Schmale Aplit-Gänge sind oft verfaltet und/oder boudiniert, während die mächtigeren Gänge meist nicht so stark betroffen sind. Innerhalb der Gänge treten häufig Xenolithe aus dem umgebenden Wirtsgestein auf (Abb. 1).

Die Schiefer-Xenolithe in den granitischen bis granodioritischen Gesteinen der Migmatit-Gruppe sind meist parallel zur Foliation dieser Gesteine eingeregelt und z.T. als Ganzes mitverfaltet. Sie zeigen einen deutlichen, engen Lagenbau, der

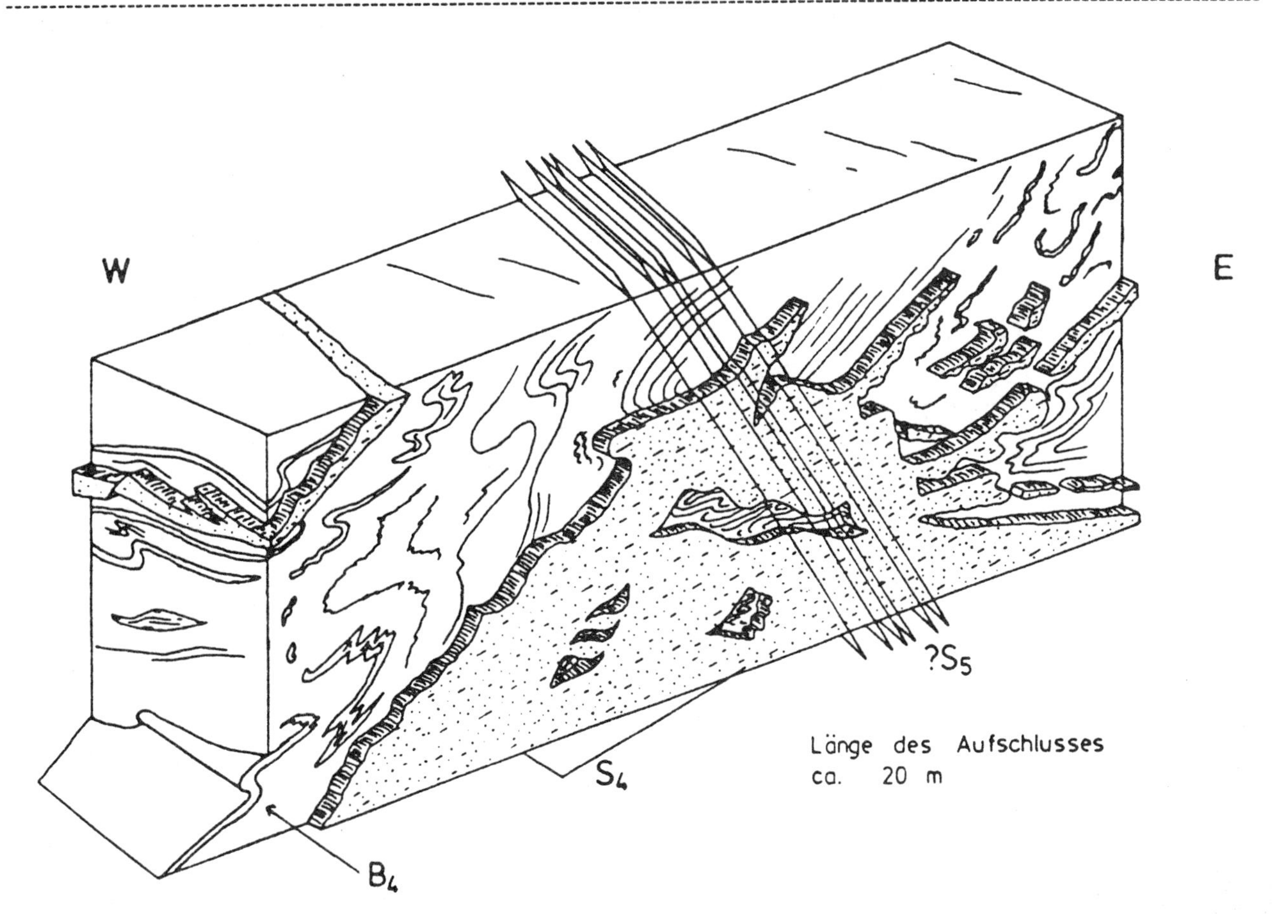

Abb. 1: Deformierte und geschieferte Gangintrusionen in den Gesteinen der Migmatit-Gruppe am E-Ende der nordöstlichen großen Lernerøya sowie Lage der $?S_5$ in diesem Bereich.

u.U. isoklinal verfaltet ist. Demnach ist also die Migmatisierung jünger als die Isoklinalverfaltung des prägenden Lagenbaus der pelitischen Gesteine in diesem Gebiet.

In einigen Aufschlüssen fällt eine durchgehende Schar von Scherflächen auf, die meist weitständig ist und nur selten eng beieinanderstehende Flächenscharen bildet. Diese Flächenschar schneidet sämtliche Gesteine der Migmatitgruppe sowie alle tektonischen Elemente und fällt meist steil nach ESE ein. Bei dieser Flächenschar könnte es sich um eine Schieferung handeln, die im Zuge der postdevonischen ?svalbardischen kompressiven Deformation in den Gesteinen des kristallinen Grundgebirges angelegt wurde.

2.2 Mylonit- und Faltenzone

Zwischen den Einheiten der Migmatit-Gruppe im Liegenden und den Glimmerschiefern im Hangenden ist eine max. 30 - 40 m mächtige Zone ausgebildet, in der neben einigen bis zu 1.5 m mächtigen Mylonit-Horizonten sehr stark verfaltete Gesteine auftreten (Abb. 2). Überraschend ist, daß in dieser Zone die unterschiedlichen Gesteine aus der Migmatit-Gruppe lagenweise und parallel zum prägenden Lagenbau eingeschaltet und verfaltet sind. Die Mylonit- und Faltenzone besteht z.T. aus einer regelrecht "bankigen" Wechselfolge folgender Gesteine, die u.U. stark verfaltet sein können:

- dunkelgraue, fein- bis mittelkörnige, bis auf eine leichte Foliation ungeregelte, quarzarme, gangartige, dioritische Gesteine;
- feinkörnige Schiefer mit einem wechselnd dunkelgrauen und rötlichen Lagenbau mit seltenen weißen Lagen und z.T. mit Porphyroklast-Lagen;
- grüne, massige, z.T. als m-mächtige Bänke vorliegende Mylonite mit einem sehr engständigen Lagenbau. In schmalen Zonen sind Porphyroklasten angereichert und werden vom Mylonit-Lagenbau "umflossen";
- feinkörnige, z.T. massige, z.T. fein- bis feinstlagige, weiße bis graue Marmore und Bändermarmore;
- Marmormylonite mit Porphyroklast-Lagen;
- "Bänke" mit blastischen Glimmerschiefern;
- "Bänke" mit gneisartigen Gesteinen.

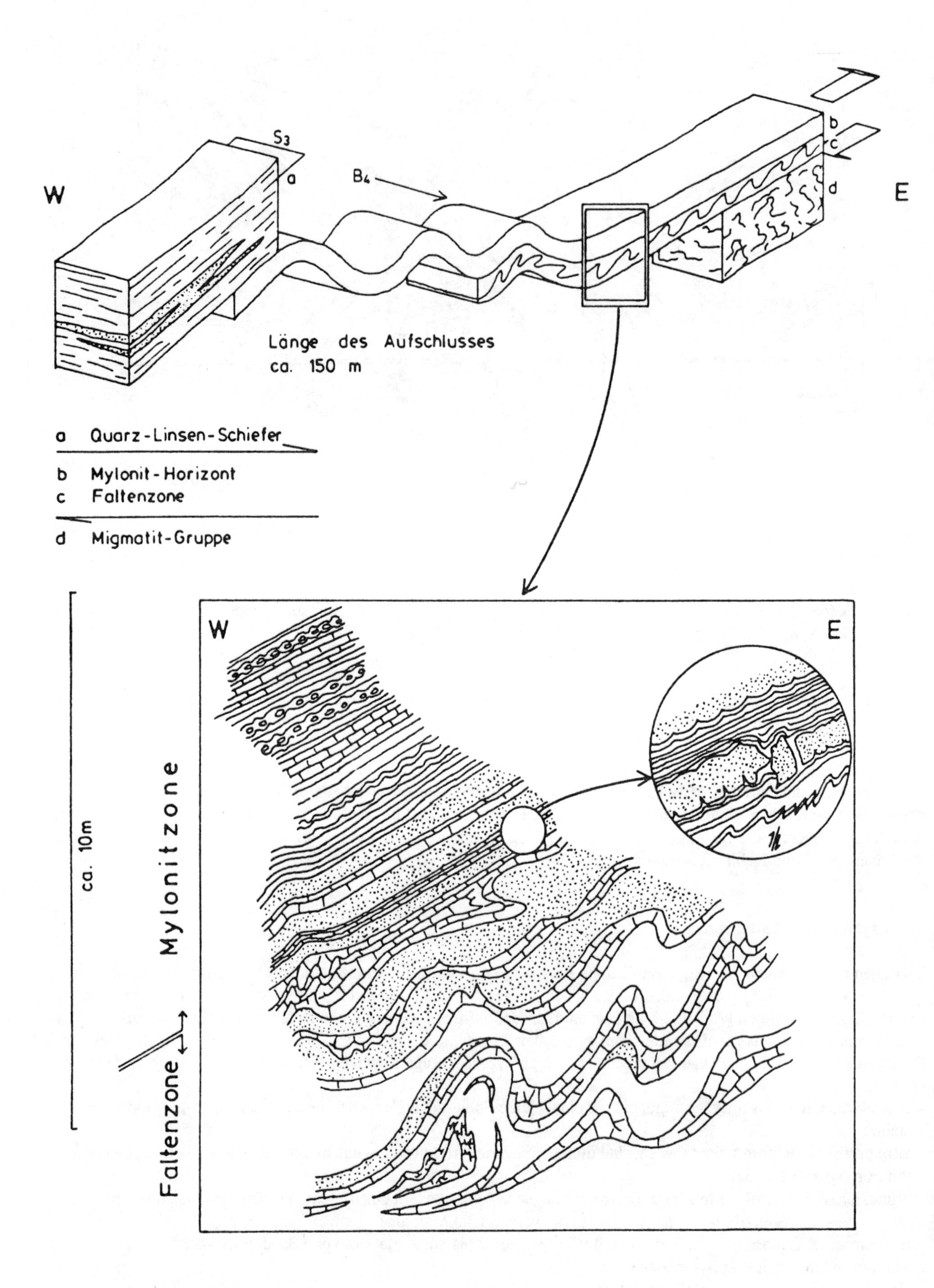

Abb. 2: Mylonit- und Faltenzone zwischen den Einheiten der Glimmerschiefer im Hangenden und der Migmatit-Gruppe im Liegenden.

Diese Mylonit- und Faltenzone fällt mit etwa 30° nach W ein und ist vom Hangenden ins Liegende aufgebaut wie folgt: Der obere Teil dieser Störungszone wird gebildet von einer Mylonitzone, die aus einer Wechselfolge von dunkelgrauen und grünen Myloniten, Marmoren, dioritischen Gesteinen und blastischen Glimmerschiefern besteht. Der Lagenbau innerhalb der einzelnen Gesteinstypen wie auch die "bankige" Wechselfolge selbst fällt recht einheitlich nach W ein und ist u.U. offen an N-S-streichenden Achsen verfaltet. Im Liegenden der Mylonitzone folgt eine sehr stark verfaltete Zone mit E-vergentem Faltenbau, Isoklinalfalten und boudinierten Faltenschenkeln. Am Aufbau dieser Faltenzone sind vor allem Marmore und blastische Glimmerschiefer, ansonsten gneisartige Gesteine und dunkle dioritische Gesteine beteiligt. In den oberen Bereichen der Faltenzone tritt in Annäherung an die Mylonitzone zunehmend feinerer Lagenbau und Mylonitisation ein. Der Übergang zwischen der Falten- und der Mylonitzone selbst ist scharf. Auch diese Grenze ist z.T. in offene Falten gelegt.

Die Mylonit- und Faltenzone ist an mehreren Stellen zwischen den Gesteinen der Migmatit-Gruppe im Liegenden und den Glimmerschiefern im Hangenden aufgeschlossen. In den Aufschlüssen am N-Hang der Keisar Wilhelmhøgda wird diese Zone von stark verfalteten Marmoren und Myloniten gebildet und ist relativ geringmächtig. Nach N wird diese Zone mächtiger, und es werden zunehmend andere Gesteine meist aus der liegenden Migmatit-Gruppe am Aufbau der Mylonit- und Faltenzone beteiligt. Offensichtlich handelt es sich um eine größere Überschiebungszone. Die rotierten Porphyroklasten der Mylonitlagen sowie der E-vergente Faltenbau der Faltenzone weisen einen Transport der Glimmerschiefer nach E auf die Gesteine der Migmatit-Gruppe nach. Dabei ist der Kontakt zwischen dem Lagenbau der Glimmerschiefer und dem der Mylonitzone meist diskordant. Da in die Mylonit- und Faltenzone nahezu sämtliche Gesteine der Migmatit-Gruppe eingeschaltet sind, muß diese Störungszone jünger sein als die Migmatisierung.

2.3 Deformationen in den Glimmerschiefern

Anhand der Glimmerschiefer ist der Ablauf der Deformationen, die das kristalline Grundgebirge betroffen haben, am deutlichsten und relativ lückenlos zu beobachten (Abb. 3). Typisch für die Glimmerschiefer ist ein engständiger monotoner Lagenbau, der entweder von straff eingeregelten Glimmern und seltener durch einen Materialwechsel heller und dunkler Lagen gebildet wird, der eventuell als Relikt einer Schichtung gedeutet werden kann. Das zweite typische Merkmal ist das häufige Auftreten weißer, mm- bis max. 10 cm großer Quarz-Mobilisate. Diese Quarz-Mobilisate können u.U. mehrere 10er cm ausgelängt sein, werden von der prägenden und durchgreifenden Schieferung "umflossen" und indizieren bereits die 3. Deformation dieser Einheit. Durch eine 1. rotationale Deformation werden in den Glimmerschiefern Quarz-Mobilisatgänge gebildet, die parallel zur antithetischen S_1 angelegt werden und die als Grundlage für die Indizierung der nachfolgenden Faltungen verwendet werden können (NABHOLZ & VOLL 1963; VOLL 1960, 1969).

Diese syn-S_{1a} gebildeten Quarzgänge sind in den Glimmerschiefern durch eine 2. Faltung um B_2 isoklinal verfaltet. Zwischen den aneinandergelegten Faltenschenkeln der B_2-(Quarzgang-)Falten befindet sich oft ein dünner Belag aus Biotiten, an dem diese Isoklinalfaltung abzulesen ist. Dieser Belag ist in den Glimmerschiefern der einzige makroskopische Hinweis auf S_2.

In sehr feinkörnigen Bereichen der Glimmerschiefer ist u.U. ein Materialwechsel heller und dunkler Lagen zu finden. Diese Bereiche treten gegenüber den straff geschieferten, biotitreichen Schiefern zurück und sind äußerst massig und glimmerarm. Sie sind mehrfach gefaltet und zeigen makroskopisch bis auf Ausnahmen keine Schieferung. Es zeigt sich aber, daß der Lagenbau dieser feinkörnigen Bereiche isoklinal stark gefaltet ist, und zwar das erste Mal um B_2. Diese B_2-Falten sind extrem ausgelängt, so daß die Faltenschenkel parallel zur B_2-Achsenebene liegen und somit auch zur S_2, die makroskopisch jedoch nicht sichtbar bzw. durch spätere Schieferungen überprägt wird.

Durch eine folgende 3. Deformation wird ein Teil der B_2-Quarzgang-Falten erneut gefaltet, und zwar z.T. in offene, z.T. in isoklinale Falten. Zudem werden in den massigen feinkörnigen Partien die durch B_2 erstmals isoklinal verfalteten hellen und dunklen Lagen erneut isoklinal verfaltet, z.T. mit scheitelvergenten monoklinen Kleinfältchen auf den +/- parallel liegenden Lang- und Kurzschenkeln der E-vergenten Isoklinalfalten. In diesen feinkörnigen Bereichen sind die B_2-Quarzgang-Falten ebenfalls mitverfaltet, und zwar je nach Lage in den Faltenschenkel oder im Scheitelbereich der B_3-Isoklinalfalten offen oder ebenfalls isoklinal. Schon durch die Plättung während der 2. Deformation sind die Quarzgang-Falten jedoch sehr stark ausgelängt, so daß die Schenkel und Scheitel oft auseinandergerissen sind. Demzufolge sind die Glimmerbeläge der ursprünglichen B_2-Falten nur selten zu erkennen. Durch die Plättung bilden die Quarz-Falten bei der 3. Faltung oft schmale, lange Quarzgängchen, die parallel zum Lagenbau mitverfaltet sind. Eine S_3 ist in diesen sehr feinkörnigen Bereichen makroskopisch nicht sichtbar. Dagegen ist die S_3 in den gröberkörnigen biotitreichen Bereichen prägend und durchgreifend. Hier ist zwar ein (zweifach isoklinal) verfalteter Lagenbau heller

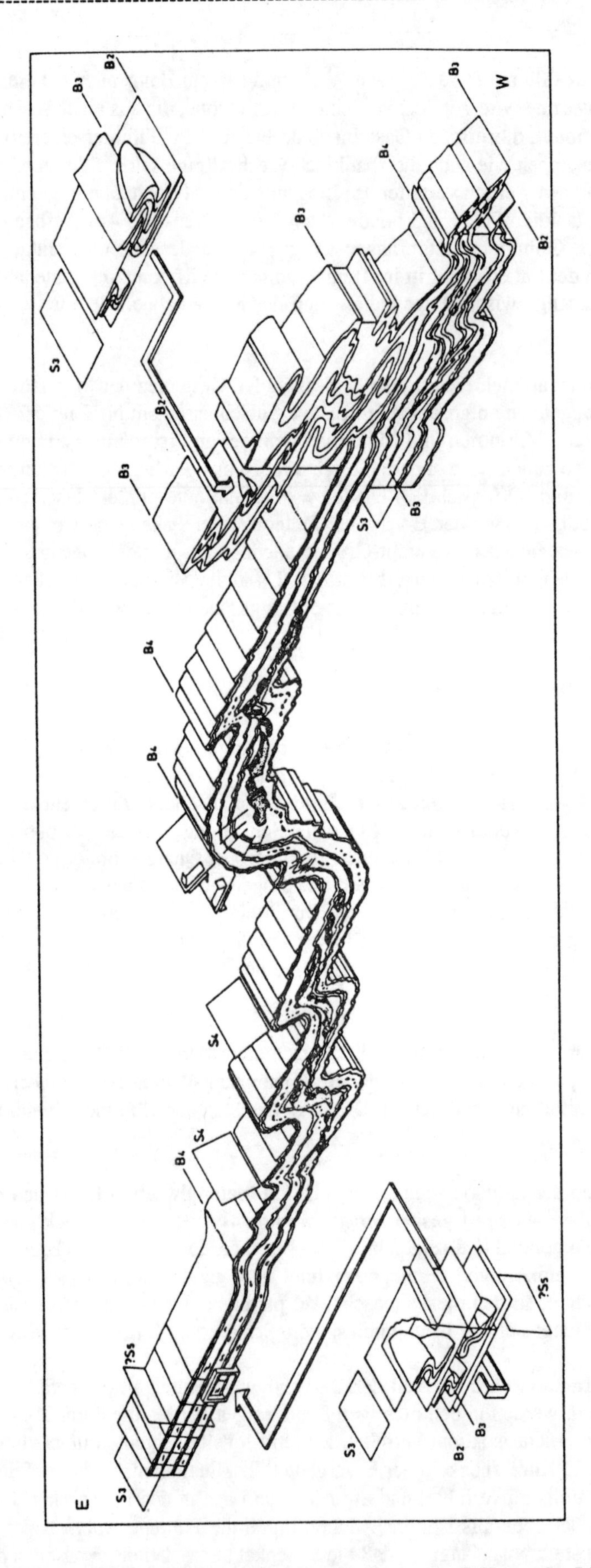

Abb. 3: Schematische Darstellung des Baustils der Glimmerschiefer an der S-Küste des Liefdefjords und auf den Lernerøyane. Die Darstellung ist nicht maßstabsgetreu. Der Baustil und die relative Abfolge der Deformationsphasen wurde ermittelt und zusammengefaßt anhand mehrerer Aufschlüsse im Verbreitungsgebiet der Glimmerschiefer.

und dunkler Materialwechsel nicht erkennbar, aber es ist davon auszugehen, daß es sich bei der Schieferung in diesen Bereichen um S_3 handelt, da in dieser Schieferungsebene die (um B_3 verfalteten) Quarz-Mobilisate eingeregelt sind. Zudem liegt diese Schieferung parallel zur B_3-Faltenachsenebene.

Nach der 3. Deformation kommt es zur Intrusion schmaler, max. 30 cm mächtiger, heller, feinkörniger Aplitgänge (siehe Aplite in den Gesteinen der Migmatit-Gruppe). Ein Teil der meist flach liegenden Gänge schneidet die Schieferung unter einem spitzen Winkel, während der größte Teil parallel zu S_3 Platz nimmt.

Nach der Intrusion der Aplite erfolgt eine weitere Faltung B_4, die S_3 in große, monokline, E-vergente Falten legt. Der übergeordnete Faltenbau besitzt Amplituden von etwa max. 100 m. Den Kurz- und Langschenkeln sind scheitelvergente Parasitärfalten im 5 m-Bereich, diesen wiederum Kleinfalten im dm- und diesen letztlich Kleinfältchen im cm-Bereich zugeordnet. Die Kurzschenkel stehen meist +/- senkrecht, während die Langschenkel flach nach W einfallen. Die Schieferung S_4 ist in den massigen feinkörnigen Partien nur undeutlich ausgebildet, während sie in den gröberkörnigen biotitreichen Bereichen in Form von Scherflächen deutlicher hervortritt. Die S_4 besitzt je nach Lage in den Falten Fächer- oder Meilerstellung und fällt demnach mehr oder weniger steil nach W ein.

Gemeinsam mit den Glimmerschiefern sind auch die post-B_3 intrudierten Aplite verfaltet. Wie die prägende Schieferung S_3 zeigen die Gänge einen E-vergenten monoklinen Faltenbau. Daneben sind sie in den Langschenkeln und den Faltenscheiteln oft boudiniert. Die Aplite besitzen eine Foliation in Form von parallel zu S_4 eingeregelten dunklen Gemengteilen. Die Intensität von B_4 klingt nach E aus. Während im westlichen Verbreitungsgebiet monokline, E-vergente Falten vorherrschen, ist im östlichen Bereich der Glimmerschiefer keine B_4-Faltung erkennbar. Lediglich die boudinierten Aplitgänge geben einen Hinweis auf die 4. Faltung in diesem Gebiet.

Die nächste Deformation ist durch eine Überschiebungstektonik geprägt, die sich in Form mehrerer Imbricate-Zonen ausdrückt, die nach W einfallen und einen Transport in östliche Richtungen anzeigen. Zum Teil sind Überschiebungsbahnen ausgebildet, die sämtliche tektonischen Elemente und die deformierten Aplitgänge schneiden und die hangenden Partien nach E überschieben.

Relativ selten sind steil in östliche Richtungen einfallende Flächen bzw. Scherflächen zu beobachten, die alle genannten Elemente schneiden und eventuell als eine Schieferung S_5 der postdevonischen ?svalbardischen Phase zugeordnet werden können.

Auffallend sind besonders im Gebiet der Lernerøyane und am N-Hang der Keisar Wilhelmhøgda zwei große Störungssysteme, die spitzwinklig aufeinandertreffen und +/- E-W streichen. Durch das Losfrieren und Ausräumen während der Vergletscherung durch den Monacobreen bildeten sich entlang dieser Zonen bis zu 25 m tiefe Korridore, an deren oft senkrechten Wänden Gletscherschliff zu beobachten ist. Es handelt sich hier vor allem um Abschiebungen, die einem E-W-streichenden Grabensystem zuzuordnen sind, dessen Zentrum im Liefdefjord zu vermuten ist. Neben dem abschiebenden Charakter dieser Störungen sind untergeordnet Harnische zu finden, die auf dextrale E-W-strike slip-Bewegungen hinweisen. Obwohl im Gebiet des Devongrabensystems NW-Spitzbergens die etwa N-S-verlaufenden Störungen den Hauptanteil an Störungen bilden, treten sie im Gebiet der Glimmerschiefer gegenüber den E-W-streichenden Abschiebungen weit in den Hintergrund.

2.4 Deformationen in den Marmoren

Während die massigen, grobkörnigen, z.T. bankig ausgebildeten Marmore, die konkordant die Glimmerschiefer überlagern, nur u.U. makroskopische Anzeichen von Deformationen erkennen lassen, sind die Bändermarmore, die im Hangenden der massigen Marmore folgen, z.T. stark verfaltet.

In den Aufschlüssen im Liefdefjord (westliche Lernerøyane und W' des Basislagers der SPE 90) ist die prägende S-Fläche in Form eines feinen Lagenbaus weißer und hell- bis dunkelgrauer feinkörniger Lagen ausgebildet. Die Übergänge zwischen den einzelnen Lagen sind nicht scharf, sondern verwaschen und diffus. Dieser metamorphe Lagenbau ist zu monoklinen Falten mit scheitelvergenten Kleinfältchen verfaltet. Die Vergenz der Falten ist W' des Verbreitungsgebiets der Glimmerschiefer E-vergent und E' davon W-vergent. Dieser Faltung ist eine Schieferung zugeordnet, die in den Marmoren auf den westlichen Lernerøyane flach nach W und in denen W' des SPE 90-Camps flach nach E einfällt. Diese Schieferung ist nicht durchgreifend und wird durch parallel zur Faltenachsenebene eingeregelte dunkle Gemengteile sichtbar. Die Wellenlänge der Falten liegt zwischen 0.5 m im E und 3 m im W. Die Faltenachsen pendeln und fallen flach in nördliche und bis zu 25° in südliche Richtungen ein.

N' des Sverrefjellet-Vulkans im Bockfjordengebiet sind Bändermarmore aufgeschlossen, die im Gegensatz zu den nördlichen Vorkommen am Liefdefjord eng isoklinal verfaltet sind. Die Faltenscheitel und -schenkel sind extrem ausgelängt, und die parallel aneinanderliegenden S-Flächen der Faltenschenkel bilden die prägende Schieferung ab. Die Faltenachsen fallen mit zwischen 10° und 45° nach ESE ein. Im Gegensatz zu den Bändermarmoren im Liefdefjordengebiet sind die Wechsel von hellen und dunklen Lagen schärfer. In den Langschenkeln der ausgedünnten Isoklinalfalten sind schmale, ausgelängte und abgerissene, scheitelvergente Kleinfältchen parallel zum prägenden Lagenbau eingeregelt. Insgesamt weist der Faltenbau eine W-Vergenz auf.

Einen Hinweis auf eine ältere Faltung geben langgestreckte, weiße, ebenfalls parallel zum prägenden Lagenbau innerhalb der Langschenkel orientierte Lagen, die schon isoklinal verfaltet zu sein scheinen, wobei die Faltenscheitel dieser früher verfalteten Lagen nach E weisen. Eingeschaltet in den engen, straffen Isoklinalfaltenbau sind Lagen mit Porphyroklasten. Meist handelt es sich um Horizonte mit vereinzelt auftretenden Porphyroklasten sowie um einzelne Porphyroklast-Lagen, die lateral auskeilen können, andererseits sind innerhalb der Bändermarmore einige mächtige Zonen ausgebildet, in denen die Porphyroklasten Durchmesser von mehr als 1 m erreichen können und die durch das "Umfließen" der Porphyroklasten durch die prägende S-Fläche die typische Mylonit-Textur erhalten. Da diese prägende S-Fläche die Porphyroklasten nicht schneidet und ihrerseits streng isoklinal verfaltet ist, ist anzunehmen, daß der tektonische Lagenbau und dessen Isoklinalverfaltung im Zuge der Mylonitisation ausgebildet wurde.

Auch im Liegenden der Bändermarmore W' des SPE 90-Camps im Liefdefjord befindet sich ein mächtiger grauer Marmormylonit, dessen Lagenbau zwischen den Porphyroklast-Lagen ebenfalls isoklinal verfaltet ist. Dieser Mylonit ist durchaus mit dem im Bockfjord zu korrellieren: zwischen beiden Vorkommen befindet sich W' der Abschiebungszone zur Siktefjellet-Group ein mehr oder weniger mächtiger Marmorkörper, in dem anhand von Lesesteinfunden stark verwitterter Porphyroklasten die Mylonitzone vom Bockfjord zum Liefdefjord zu verfolgen ist. Diese Mylonitzone ist nur E' des Verbreitungsgebiets der Glimmerschiefer aufgeschlossen. Im Bereich der Marmore auf den westlichen Lernerøyane und am Widerøefjella fehlt sie.

Eine weitere Faltung betrifft sämtliche Marmore in allen drei Verbreitungsgebieten, und zwar sowohl die Bändermarmore, die Mylonite als auch die grobkörnigen, massigen Marmore: es handelt sich um eine offene Faltung, deren Falten im westlichen Liefdefjord monoklin und E-vergent sind. Hier sind die bankig ausgebildeten massigen Marmore gemeinsam mit den unterlagernden Glimmerschiefern an selten auftretenden Falten im m-Bereich verfaltet. Die Marmormylonite W' des SPE 90-Camps sind in m-große rhombische Falten gelegt, während die Marmormylonite am Bockfjord lediglich zu einer großen Synkline mit nach S einfallender Faltenachse verbogen sind.

2.5 Deformationen in den Gangintrusionen

In die kristallinen Gesteine des Hecla Hoek sind im Arbeitsgebiet zwei Generationen von Ganggesteinen intrudiert. Die erste Generation wird von den unter 2.1 und 2.3 beschriebenen Ganggesteinen gebildet. Es handelt sich einerseits um mehrere m mächtige, graue, dioritische Gesteine und andererseits um helle, feinkörnige Aplite, die meist parallel zur prägenden Schieferung in den Verband eindringen und sehr flach liegen. Die Mächtigkeit der Aplite überschreitet selten 30 cm. Diese Ganggefolgschaft ist verfaltet und von einer Foliation geprägt, die sich mehr oder weniger deutlich durch eine Einregelung dunkler Gemengteile ausdrückt.

Die Verfaltung der m-mächtigen dioritischen Gänge ist nur undeutlich zu sehen. Allerdings sind Apophysen, die von diesen Gängen in den Lagenbau des Umgebungsgesteins eindringen, verfaltet und oft boudiniert. Die Aplitgänge sind deutlich verfaltet und zeichnen in den Glimmerschiefern z.T. den monoklinen, E-vergenten Faltenbau nach. Auch die Aplite sind oft boudiniert, und zwar sowohl in den Langschenkeln der übergeordneten monoklinen Falten sowie in den Falten selbst.

Die zweite Generation gangähnlicher Gesteine wird gebildet von nahezu saiger stehenden, bis zu 5 m mächtigen, weißen Feldspat-Pegmatiten in den Gesteinen der Migmatit-Gruppe auf der östlichsten Insel der Lernerøyane sowie von einem etwa 40 m mächtigen grauen, feinkörnigen Ganggranit, der zwischen den Glimmerschiefern im Hangenden und der Mylonit- und Faltenzone im Liegenden am N-Hang der Keisar Wilhelmhøgda Platz genommen hat.

Beide Gangsysteme der 2. Generation lassen makroskopisch keinerlei Deformation erkennen. Sie dürften mit der Intrusion des Hornemantoppengranits W' des Liefdefjords in Zusammenhang stehen, der als posttektonischer Granit die kaledonische Tektogenese abschließt. Lediglich der fast söhlig liegende Ganggranit zeigt eine weitständige Flächenschar (ca. 20 cm Abstand), die sehr steil einfällt und etwa NNE-SSW streicht. Es ist auffallend, daß diese Flächenschar in allen Gesteinen des Hecla Hoek auftritt und mit dem Streichen der Faltenachsen in den postkaledonischen Old Red-Sedimenten übereinstimmt. Aus diesem Grunde ist davon auszugehen, daß es sich hierbei um eine Schieferung handelt, die während der wahrscheinlich svalbardischen Deformation der devonischen Sedimente angelegt wurde.

2.6 Deformationsabfolge in den kristallinen Gesteinen des Hecla Hoek

Durch die Ausbildung von verfalteten Quarz-Mobilisaten ist in den Glimmerschiefern die Möglichkeit gegeben, die Faltungsabfolge zu indizieren, da die Anlage der Quarzgänge das erste nachzuweisende tektonische Ereignis im Kristallin des Liefdefjordengebiets darstellt. Nach unseren bisherigen Untersuchungen kann folgender Deformationsablauf aufgestellt werden:

D_1		Erste rotationale Deformation mit entlang der antithetischen S_1 angelegten Quarz-Mobilisatgänge innerhalb der Glimmerschiefer;
D_2	B_2	Zweite Deformation und Isoklinalverfaltung der synS_{1a} gebildeten Quarzgänge und des Lagenbaus der Glimmerschiefer um B_2;
D_3	B_3	Dritte Deformation und zweite Isoklinalverfaltung des ursprünglichen Lagenbaus und der Quarzgänge um B_3 und Anlage der prägenden Schieferung S_3. Die B_3-Achsen fallen flach nach S ein;
D_4		Migmatisierung und Platznahme syntektonischer grauer, feinkörniger Ganggesteine. An den Restiten bzw. Xenolithen in den Gesteinen der Migmatit-Gruppe ist zu erkennen, daß die Migmatisierung post-S_3 erfolgt;
D_5		Überschiebung der Glimmerschiefer und der Marmore auf die Einheit der Migmatit-Gruppe (Zuordnung von Gesteinen innerhalb der Mylonit- und Faltenzone zu der liegenden Migmatit-Gruppe). Der Transport ist nach E gerichtet;
D_6	B_4	Anlage einer offenen, monoklinen, E-vergenten Faltung der Glimmerschiefer, der auflagernden Marmore sowie der unterlagernden Mylonit- und Faltenzone um B_4, die W-E-Kompression anzeigt. Die B_4-Achsen fallen flach nach S bis SSW ein und sind homoaxial zu B_3;
D_7		brittle-Deformation durch Überschiebungstektonik in den Glimmerschiefern, die in Form von Imbricates und Überschiebungen einen Transport nach E anzeigt;
D_8		Im Obersilur Platznahme des Hornemantoppengranits W' des Liefdefjords sowie der posttektonischen Ganggesteine im Liefdefjordengebiet;
D_{10}	B_5	Anlage von ?S_5 im Zuge der ?svalbardischen postdevonischen Deformation in sämtlichen Gesteinen des Hecla Hoek. B_5-Falten sind im Kristallin nicht bekannt;

Diese Deformationsabfolge in den kristallinen Gesteinen des Hecla Hoek S' des Liefdefjords stimmt mit den tektonischen Abfolgen überein, die HJELLE (1979) für das Gebiet W' Raudfjords und Monacobreen ermittelt hat. HJELLE (1979) faßt die Hauptphasen der tektonischen Entwicklung und der Metamorphose wie folgt zusammen:

F0	Schwache, grünschiefer-fazielle Regionalmetamorphose; im Zuge dieser Deformation schwa-che Faltung mit E-W-streichenden Faltenachsen F0 und Anlage einer Schieferung S0 parallel zum ursprünglichen sedimentären Lagenbau; **Jungpräkambrium**; entspricht D_1 in der vorliegenden Arbeit;
F1	Regionalmetamorphose in der oberen Amphibolit-Fazies; S0 wird von F1 isoklinal verfaltet; F1-Achsen fallen nach S-SSE ein; Anlage von S_1; Früh-Kaledonische Phase im **Späten Proterozoikum oder Frühen Paläozoikum**; entspricht D_2 bzw. B_2 in der vorliegenden Arbeit;

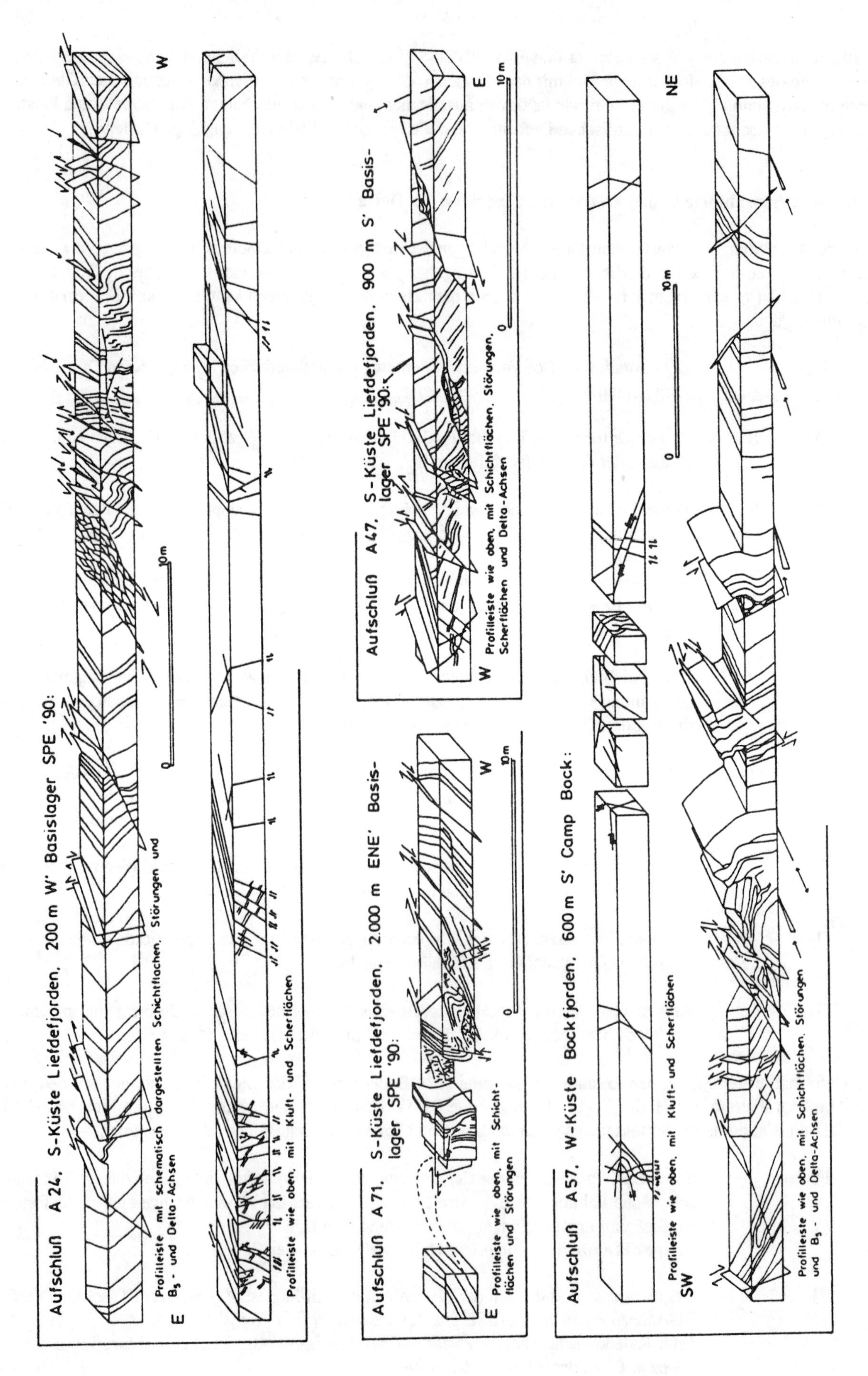

Abb. 4: Schematische Profilleisten von 4 Aufschlüssen der Siktefjellet-Group zur Darstellung des Baustils und der Deformation der Siktefjellet-Sandsteine.

F2 Metamophose in der unteren bis oberen Amphibolit-Fazies; F2 überfaltet S_1 isoklinal um nach S-SSE einfallende F2-Achsen; in pelitischen Gesteinen Anlage von achsenebenenparalleler S_2; E-W-Kompression; Kaledonische Hauptphase:
Ny Friesland orogeny im **?Oberordovizium bis ?Untersilur**; entspricht D_3 bzw. B_3 in der vorliegenden Arbeit; Anlage der prägenden S_3;

F3 Migmatisierung und Platznahme syntektonischer granitischer Gesteine; an Restiten in den Migmatiten ist erkennbar, daß die Migmatisierung post-S_2 erfolgte;
?Silur, entspricht D_4 in der vorliegenden Arbeit: Migmatisierung post-S_3;

F4 Amphibolit- bis grünschiefer-fazielle Metamorphose; während dieser Phase sowohl Blockbewegungen und Mylonitisierung als auch Platznahme des posttektonischen Hornemantoppen-Granits;
Obersilur; entspricht D_5 in der vorliegenden Arbeit: Mylonitisierung (Mylonit- und Faltenzone?), entspricht D_8 in der vorliegenden Arbeit: Intrusion des Hornemantoppen-Granits; Anschließend Hebung und Erosion des kristallinen Grundgebirges;

3 Tektonik des postkaledonischen Deckgebirges (Old Red)

Im späten Silur wird die Ära der kaledonischen und präkaledonischen Tektogenesen durch die Platznahme des posttektonischen Hornemantoppengranits W' des Liefdefjords abgeschlossen. Mit der Ablagerung des ?unterdevonischen Lilljeborgfjellet-Konglomerats (Siktefjellet-Group) setzt die Sedimentation des postkaledonischen Deckgebirges (Old Red) ein, die vor allem während des Gedinnes geprägt wird von der beginnenden Entwicklung des Devongrabensystems NW-Spitzbergens.

Hinweise auf eine NW-SE-gerichtete Kompression während der sog. Haakonischen Phase (GEE 1972) konnten im Gelände nicht nachvollzogen werden. Eine Phase von Blockbewegungen, die zu Hebungen und Abtragung nach der Ablagerung der Sedimente der Siktefjellet-Group erfolgte, könnte aber mit dieser Haakonischen Phase in Zusammenhang gebracht werden. Ab Siegen herrscht ein ruhiges fluviatiles bis flachmarines Ablagerungsmilieu vor, das offensichtlich weit über die westliche Grabenschulter übergreift und für eine tektonische Ruhephase während des oberen Unterdevons und des Mitteldevons spricht.

Höchstwahrscheinlich im Zuge der svalbardischen (entspricht der variscischen) Tektogenese findet durch E-W-Kompression die Hauptdeformation der devonischen Old Red-Sedimente des Devongrabens statt. Im Anschluß an diese Kompression erfolgt eine offensichtlich mehrphasige Weiterentwicklung des Devongrabensystems, die noch nicht abgeschlossen zu sein scheint, wie rezente Störungen sowie der subrezente Vulkanismus und die noch heute aktiven warmen Quellen am Bockfjord belegen.

Die Frage nach der Auswirkung einer kreide-tertiärzeitlichen Deformation kann für das Gebiet des nördlichen Devongrabens nicht mit Sicherheit beantwortet werden, da durch die Schichtlücke zwischen Mitteldevon und Miozän im Woodfjorden-Liefdefjorden-Gebiet keine Zeitmarken vorhanden sind. Die Existenz von Überschiebungen, die Transportrichtungen in nordöstlichen Richtungen aufweisen, ist jedoch ein Hinweis dafür, daß die kreide-tertiärzeitliche Deformation auch hier gewirkt haben kann.

3.1 Deformationen in den Sedimenten der Siktefjellet-Group

Die Sandsteine der Siktefjellet-Group zeichnen sich durch einen höheren Grad an Deformationen gegenüber den Sedimenten der Red Bay- und der Wood Bay-Group aus, und zwar sowohl kompressive als auch extensive Deformationserscheinungen betreffend (Abb. 4).

Das prägende tektonische Ereignis ist zweifellos die kompressive Deformation infolge der ?svalbardischen Tektogenese. Diese E-W-gerichtete Einengung faltet die Sandsteine der Siktefjellet-Group in z.T. rhombische und meist monokline W-vergente Falten um etwa N-S-streichende B_5-Faltenachsen. Nach unseren Ermittlungen und der Indizierung der Faltungsphasen durch die Quarz-Mobilisate im Kristallin handelt es sich bei dieser 5. Faltung um das tektonische Ereignis D_{10}.

Den Aufschlußverhältnissen an der S-Küste des Liefdefjords (Küste E' des Basislagers der SPE 90) zufolge beginnt das Profil im W mit einer großen monoklinen Falte mit E-vergenten Kurzschenkeln und relativ steil nach W einfallenden Langschenkeln. Der östliche Langschenkel geht nach E in eine sanfte Mulden- und Sattelstruktur über, die am östlichen Ende des Profils durch eine Überschiebung von einer erneuten, W-vergenten Faltenfront überfahren wird. Die Schieferung S_5 ist in den Sandsteinen, soweit zu identifizieren, als meist weitständige Flächenschar ausgebildet, während sie in den seltenen gefalteten Silt- und Tonsteinlagen sehr engständig in Fächer- und Meilerstellung vorliegt und u.U. antithetische S_{5a} und synthetische S_{5s} erkennen läßt. In den nicht verfalteten Bereichen der Langschenkel und in der seichten Mulden- und Sattelzone ist S_5 nicht zu erkennen, da hier eine Vielzahl von Kluft- und Scherflächenscharen auftritt.

Im Zuge von D_{10} werden die Sedimente der Siktefjellet-Group neben der Faltung von einer Überschiebungstektonik betroffen, die im Bereich vieler Bewegungsbahnen die Sandsteine oft vollständig tektonisiert, so daß u.U. sämtliche sedimentäre Strukturen wie Schichtung oder Schrägschichtung vernichtet werden. Die Überschiebungen bauen sich oft aus phacoidförmigen Imbricates und zahlreichen gebogenen und sich überschneidenden Bewegungsflächen auf und können bis zu 5 m mächtig werden. Das Einfallen dieser Zonen nach E und die auf den Bewegungsflächen auftretenden Harnische weisen einen Transport nach W nach. Diesen W-gerichteten Überschiebungen können u.U. kleinere backthrusts zugeordnet sein.

An der W-Küste des Bockfjords ist innerhalb der Siktefjellet-Group eine Überschiebung aufgeschlossen, die in ihrer Richtung nicht mit den überwiegend nach W gerichteten Überschiebungen übereinstimmt. Hier sind Sandsteine der Siktefjellet-Group in nordöstliche Richtung auf eine Wechselfolge von Ton-, dickbankigen Sandsteinen und konglomeratischen Sandsteinen überschoben. Diese Richtung stimmt mit der der Überschiebungen auf der Brøggerhalvøya überein und könnte ein Hinweis darauf sein, daß die kreide-tertiärzeitliche Tektogenese in geringem Maße auch das Gebiet des Devongrabens betroffen hat.

Die nach der kompressiven Deformation der ?svalbardischen Phase einsetzende, offenbar mehrphasige Extension im Zuge der Weiterentwicklung des Devongrabensystems führt zu einer komplizierten Zerlegung der Vorkommen der Siktefjellet-Group parallel zu den Grabenrandverwerfungen in zahlreiche Schollen, die z.T. stark verstellt und verkippt werden.

Im Bereich des Liefdefjords sind neben dem NNW-SSE-streichenden Hauptstörungssystem besonders im Kristallin zahlreiche +/- E-W-streichende Abschiebungen aufgeschlossen, die sich in die Sandsteine der Siktefjellet-Group sowie in die Sedimente der Red Bay-Group hinein durchpausen. Die Aufschlußverhältnisse gestatten keine sichere Aussage über die relative zeitliche Abfolge beider Systeme. Nach dem Kartenbild sieht es jedoch so aus, daß die E-W-Störungen entweder vor oder zeitgleich mit dem NNW-SSE-streichenden Hauptsystem entstanden sind. Bei der gleichzeitigen Anlage beider Systeme könnten die E-W-Störungen bei der E-W-Extension durch die unterschiedlichen Versenkungsbeträge der einzelnen Schollen entstanden sein.

Neben den beiden genannten Systemen sind SW-NE-streichende Abschiebungen zu nennen, die jedoch nur untergeordnet auftreten. Diese Abschiebungen werden von dem NNW-SSE-streichenden System geschnitten. Die Schollenverkippungen innerhalb der oft antithetischen Hauptgrabenrandscholle der Siktefjellet-Group werden vor allem durch die Verstellungen der B_5- und Delta-Achsen sowie der Einfallsrichtungen der Überschiebungen und ihrer back thrusts deutlich.

Sowohl die Überschiebungen als auch die Abschiebungen und Störungen sind innerhalb der Siktefjellet-Group als Kakirite ausgebildet (HEITZMANN 1985), d.h. als tektonische Brekzien oder Bruchbrekzien infolge des Zerbrechens des Gesteins durch das spröde Verhalten der Sandsteine. Dabei beschränkt sich die Verformung meist auf die das Gestein durchziehenden Bewegungsflächen. Einzelne Bereiche innerhalb der größeren Überschiebungen zeigen makroskopisch sichtbar stärkere Deformationen: die zwischen zahlreichen Scherflächen liegenden Gesteinskörper besitzen oft keinerlei Schichtmerkmale mehr. Es könnte sich bei diesen Zonen bereits um Kataklasite handeln (HEITZMANN 1985), die anscheinend vor der Anlage der Scherzonen als Ganzes deformiert wurden.

Auffallend sind die immer wieder auftretenden strike slip-Bewegungen, die unterschiedlich im Gestein aufgefangen werden. Relativ selten treten in den Siktefjellet-Sandsteinen Systeme mit Fiederspalten auf, die ESE-WNW streichen und eine sinistrale strike slip-Bewegung angeben. Häufiger sind steilstehende Störungen mit dextralem Sinn, die NE-SW streichen und Versatzbeträge von bis zu 50 cm besitzen. In einem Fall (A 47, 900 m S' des Basislagers der SPE 90) ist eine dextrale strike slip-Störung aufgeschlossen, deren Versatzbetrag so bedeutend ist, daß auf beiden Seiten der Störung unterschiedliche Gesteine anstehen (Abb. 4). Die Vielzahl der strike slip Bewegungen wird jedoch von Scherflächenscharen aufgefangen, die NE-SW streichen und im Gegensatz zu den Störungen meist einen sinistralen Sinn der

Bewegung angeben.

Neben relativ undeformierten Bereichen innerhalb der Siktefjellet-Group, die aber nur untergeordnet auftreten, findet man eine Vielzahl von Kluft- und Scherflächensystemen. Die Scherflächen treten oft in engständigen Scharen auf und sind zum größten Teil parallel zu den extensiven Störungssystemen sowie zu den strike slip-Zonen orientiert.

3.2 Deformationen in den Megabrekzien im Liegenden der Red Bay-Group

Hinweise auf kompressive tektonische Ereignisse sind innerhalb der Megabrekzien nicht zu erkennen. In diesen Gesteinen konnten weder Falten und Schieferung noch Überschiebungen lokalisiert werden. Im Gegensatz zu den fehlenden Anzeichen für Kompression sind die Megabrekzien gemeinsam mit den aufliegenden Red Bay-(Basis-) Komglomeraten besonders im Bereich der westlichen Lernerøya und S' des Erikbreen sehr stark von einem E-W-streichenden Abschiebungssystem betroffen.

Die Megabrekzien sind Anzeichen für die beginnende Grabenentwicklung des Raudfjordgrabens. Es handelt sich bei diesen Brekzien offenbar um hangschutt- oder bergsturzähnliche Sedimente, die für einen plötzlichen Anstieg der Reliefenergie im Zuge der einsetzenden Grabenbildung sprechen.

3.3 Deformationen in den Sedimenten der Red Bay-Group

Auf den ersten Blick scheinen die Sandsteine und Konglomerate der Red Bay-Group nur wenig deformiert zu sein. Es gibt weite Bereiche, in denen sie nahezu ungestört wirken. Allerdings sind diese Bereiche meist auf die massigen Konglomerate beschränkt, in denen sich nur u.U. Scherflächen ausgebildet haben, die auch die Klasten durchschlagen und als Schieferung angesehen werden können. Dagegen ist in den Ton- und Siltsteinen vor allem am W-Hang der Widerøefjella eine außerordentlich engständige und straffe Schieferung ausgebildet. Die Aufschlußverhältnisse sowie der kleinstscherbige Verfall der Tonsteine lassen Messungen nicht zu, aber es ist erkennbar, daß die Schieferung etwa N-S streicht und damit der S_5 zuzuordnen ist, die die gesamten Sedimente des Old Red betroffen hat.

Falten sind in den Sedimenten der Red Bay-Group sehr selten. Nur am W-Hang der Widerøefjella und am S-Hang des Siktefjellets sind wenige Falten aufgeschlossen, die um N-S-streichende B_5-Achsen verfaltet sind. N' des Hannabreen ist in Sandsteinen der Red Bay-Group eine sanfte Sattel- und Muldenstruktur ausgebildet. Bis auf diese Ausnahmen scheinen die Red Bay-Sedimente bis auf die Vorkommen E' des Kristallin-Horsts generell ungestört nach W einzufallen.

Eine weitere kompressive Deformation wird in der Red Bay-Group außer der B_5 durch eine Überschiebungstektonik W' des Kristallin-Horsts abgebildet. Diese Überschiebungen lassen sich meist nicht über den Aufschlußbereich hinaus verfolgen und sind auf die unteren Bereiche der Red Bay-Group beschränkt. Dabei ist auffallend, daß in benachbarten Aufschlüssen die Basis einerseits ungestört dem Kristallin des Hecla Hoek bzw. den Sandsteinen der Siktefjellet-Group aufliegt, während der Kontakt zum Liegenden andererseits von einer tektonischen Überschiebung gebildet wird. Die betreffenden Aufschlüsse werden allerdings von jüngeren Störungen voneinander getrennt, so daß anzunehmen ist, daß ihre ursprüngliche Position weiter auseinanderlag. Die Tatsache, daß das Auflager der Red Bay-Sedimente z.T. durch einen sedimentären und teils durch einen tektonischen Kontakt gebildet wird, spricht für die Existenz von Überschiebungen, die aus ihrer Position innerhalb der Red Bay-Sedimente in flachem Winkel in die Kontaktzone Red Bay-Group zu Kristallin/Siktefjellet-Group hineinlaufen, so daß die Auflagerungsfläche im Liegenden der Überschiebung noch sedimentär ungestört ist (Abb. 5). Daß die Sedimente der Red Bay-Group überhaupt auf ihr Unterlager, also ihr Liegendes, überschoben sind, spricht dafür, daß sie schon vor der für die Überschiebungen verantwortlichen Kompression verstellt wurden.

Im Bereich der Red Bay-Basis sind oft Schuppen von roten und grünen Sandsteinen in die Überschiebungen eingeschaltet. Bei Überschiebung der Basis auf die Sandsteine der Siktefjellet-Group wird die Haupt-Überschiebungszone von Imbricates aus Sandsteinen und Konglomeraten gebildet, die über die vollständig tektonisierten Siktefjellet-Sandsteine überschoben sind.

Auffallend ist, daß sämtliche Überschiebungen im Bereich der Basis der Red Bay-Group weder nach E noch nach W, sondern in südwestliche Richtungen einfallen. Von der Richtung her stimmen diese Überschiebungen also nicht mit der Richtung der ?svalbardischen Tektogenese ein. S' des Arbeitsgebiets sind nach GJELSVIK (1979) mehrere großräumi-

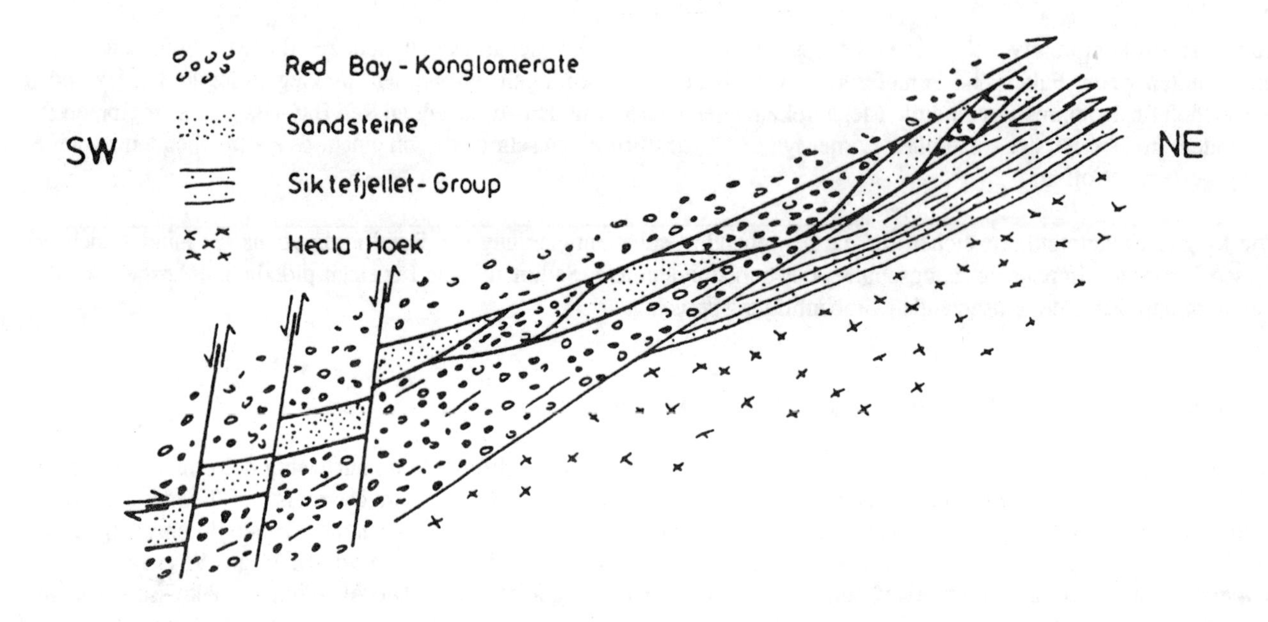

Abb. 5: Darstellung der vermuteten, den Konglomeraten der Red Bay-Group in die Kontaktzone zwischen Red Bay-Group im Hangenden und Hecla Hoek/Siktefjellet-Group im Liegenden hineinlaufende Überschiebungszone.

ge Überschiebungen aufgeschlossen, in denen Marmore des Hecla Hoek mit den aufliegenden Red Bay-Basis-Konglomeraten auf Sedimente der Red Bay-Group überschoben sind. Auch diese Überschiebungszonen fallen nach SW ein und weisen auf einen Transport in nordwestliche Richtungen hin.

Bei dieser Überschiebungsgeneration könnte es sich um Auswirkungen der kreide-tertiärzeitlichen Tektogenese handeln. Auffallend ist die übereinstimmende Transport-Richtung dieser Überschiebungen mit der der großen Überschiebungen auf der Brøggerhalvøya. Vermutlich hat hier im Monacobreen-Gebiet der Kristallin-Horst als Widerlager gewirkt, gegen das die Sedimente der Red Bay-Group überschoben wurden.

Neben den kompressiven Deformationen ist die Red Bay-Group von einem System von Abschiebungen betroffen, die die im Bereich der Grabenränder liegenden Vorkommen in ein Schollenmosaik zu zerlegen scheinen. Auffallend sind E-W-streichende Abschiebungen, die u.U. engständige Störungsscharen bilden können. Offensichtlich fallen diese Störungen S' des Liefdefjords steil nach N und N' des Liefdefjords steil nach S ein, womit im Liefdefjord selbst das "Grabeninnere" zu vermuten wäre. Allerdings scheinen diese Abschiebungen zeitgleich mit bzw. vor dem N-S-streichenden Hauptgrabensystem angelegt worden sein, da es keine Hinweise darauf gibt, daß das letztere System von den E-W-Störungen geschnitten wird.

In den groben Basisschichten der Red Bay-Group gibt es vor allem im Raudfjord Hinweise auf eine synsedimentäre Grabentektonik. Gemeinsam mit den Konglomeraten der Wulffberget Formation (Basis-Konglomerate der Red Bay-Group nach MURASCOV & MOKIN 1979) wurden beim Rivieratoppen an der E-Küste des Raudfjords große Megabrekzien-Olistholithe abgelagert, die z.T. von synsedimentären, grabenrandparallelen Abschiebungen begrenzt sind. Für die synsedimentäre Anlage der Störungen spricht, daß die Störungen und Olitstholithe von Konglomeraten bedeckt sind. Spalten und Taschen innerhalb der Olitholithe sind mit demselben Konglomeratmaterial wie in der Umgebung gefüllt.

3.4 Deformationen in den Sedimenten der Wood Bay-Group

Das Verbreitungsgebiet der Wood Bay-Group kann in 3 tektonische Provinzen gegliedert werden, die sich durch einen voneinander abweichenden Baustil unterscheiden.

Die erste, westliche Provinz grenzt im W an die grabenrandparallele Abschiebung zu den Schollen aus Siktefjellet- und Red Bay-Sedimenten. Sie bildet N' des Liefdefjords das Gebiet von Högkollen und Sørkollen bis zur Sørdalsflya und S' des Liefdefjords die östliche Germaniahalvøya. Diese Provinz zeichnet sich durch einen scheinbar äußerst geringen Grad an Deformation aus: die Schichten der Wood Bay-Group fallen in dem gesamten Gebiet ungefaltet sehr flach in östliche bis südöstliche Richtungen ein. Lediglich an der E-Küste der Germaniahalvøya sind einige rhombische Falten im m-Bereich aufgeschlossen, und am NE-Hang des Korken befindet sich eine große Flexur.

Neben diesen um B_5 verfalteten, seltenen Bereichen gibt es einige wenige Überschiebungen, die nur geringe Versatzbeträge aufweisen und nach E wie auch nach W einfallen. Die kompressive D_{10} (?svalbardische Phase) macht sich in diesem meist nicht gefalteten Gebiet durch eine relativ intensive Schieferung (S_5) vor allem der tonigen Silt- und der Tonsteine bemerkbar. In den feinkörnigen Sandsteinen ist diese Schieferung weitständig und fällt, je nach Schieferungsbrechung, flach bis steil in östliche Richtungen und seltener steil in westliche Richtungen ein. Die Delta- bzw. wenigen B_5-Achsen pendeln leicht, fallen aber generell nach SSE bis SSW ein.

Besonders an der Steilwand des Korken werden die nach der ?svalbardischen Deformation erfolgten extensiven Bewegungen deutlich: die Gesteine der Wood Bay-Group werden von einer Vielzahl von Abschiebungen durchzogen, die nur selten größere Versenkungsbeträge andeuten. Diese Abschiebungen laufen zum größten Teil parallel zum westlichen Grabenrand des Hauptdevongrabens und streichen NNW-SSE bis NW-SE. Meist fallen die Abschiebungen nach E zum Grabeninneren hin ein. Ihre Einfallswinkel liegen zwischen ca. 80° und 45°. Selten sind in westliche Richtungen einfallende Störungen. Diese grabenrandparallelen Abschiebungen schneiden ein System etwa NE-SW-streichender Abschiebungen.

Das E-W-streichende Abschiebungssystem, das im Kristallin der Lernerøyane und am N-Hang der Keisar Wilhelmhøgda prägend ist und auch die Sedimente der Siktefjellet- und Red Bay-Group betrifft, wurde in den Gesteinen der Wood Bay-Group W' des Woodfjords nicht angetroffen. Das einzige System E-W-streichender Störungen besteht hier aus sinistralen strike slip-Störungen am Bockfjord und W' des Liefdefjords/Monacobreen, die aber auch die älteren Sedimente sowie das Hecla Hoek betreffen.

Die zweite tektonische Provinz innerhalb der Wood Bay-Group besitzt eine weite Verbreitung N' des Liefdefjords auf dem Gebiet der südlichen und östlichen Reinsdyrflya sowie auf den Andøyane. Ihre westliche Begrenzung besteht offensichtlich aus einer grabenrandparallelen Abschiebung zur ersten Provinz, während sie im E von einer NE-SW-verlaufenden Störung begrenzt wird. Im W ist innerhalb dieser zweiten Provinz eine größere Muldenstruktur ausgebildet, deren westliche Flanke ungefaltet nach E einfällt. Die langgestreckte östliche Muldenflanke zeichnet sich durch auf der Flanke sitzende monokline, E-vergente Falten im 10 m-Bereich aus. Durch eine Verkippung dieser Scholle fallen die Schichten auf der westlichen Muldenflanke nach E, die im Muldenkern nach S und die auf der östlichen Muldenflanke nach SW bis S ein. Die Bögen der umlaufend streichenden Schichtköpfe sowie die E-vergenten Falten auf der östlichen Muldenflanke sind auf den Luftbildern deutlich zu erkennen. Die B_5- und Delta-Achsen fallen ausnahmslos nach SSW bis SW ein.

Auffallend auf dem gesamten Gebiet der Reinsdyrflya und den Andøyane ist die straffe und engständige Schieferung S_5, die einheitlich NNE-SSW streicht und je nach der Schieferungsbrechung meist steil nach ESE und u.U. nach WNW einfällt. Besonders die tonigen Silt- und die Tonsteine zerfallen entlang der Schnittlinien von Schichtung und Schieferung in kleinste Scherben.

Durchzogen wird das Gebiet der Reinsdyrflya von meist nur auf dem Luftbild zu erkennenden Störungen, die zwischen einem Streichen von NNW-SSE bis NE-SW pendeln. Dabei werden letztere von den ersteren geschnitten.

Die dritte Provinz innerhalb der Wood Bay-Sedimente ist sehr klein und beschränkt sich auf den SE der Reinsdyrflya und auf die Måkeøyane. Von der zweiten Provinz wird sie durch eine NE-SW-streichende Störung abgetrennt, während die östlichen Begrenzung im Woodfjord liegt. In ihrem Baustil gleicht diese Provinz der zweiten, allerdings sind hier die monoklinen Falten W-vergent. Im Bereich zwischen Worsleyhamna und Reinstrandodden fallen die Schichtflächen in nördliche bis nordöstliche Richtungen ein, während sie auf den Måkeøyane nach S bis SSW einfallen. Demzufolge fallen die B_5- und Delta-Achsen im SE der Reinsdyrflya mit bis zu 25° nach NNE und auf den Måkeøyane mit bis zu

35° nach SSW bis SW ein. Auf den Luftbildern wird der W-vergente, nach SSW abtauchende Faltenbau durch das Ausstreichen der Schichtköpfe deutlich sichtbar. Die Schieferung S_5 gleicht in ihrem Erscheinungsbild der in der zweiten Provinz und streicht NNE-SSW, wobei sie besonders in den feinkörnigen Sedimenten wieder äußerst engständig ausgebildet ist.

Offensichtlich können die tektonischen Provinzen zwei und drei zu einer großen, flachen Sattelstruktur mit E-vergenten Kleinfalten auf der westlichen und mit W-vergenten Falten auf der östlichen Flanke zusammengefaßt werden. Der Kulminationspunkt dieses Sattels ist durch die späteren, extensiven Ereignisse und die unterschiedlichen Versenkungsbeträge entlang der einzelnen Störungssysteme nicht mehr aufgeschlossen. Zusätzlich scheint es zu Schollenverkippungen gekommen zu sein, so daß die B_5- und Delta-Achsen auf der Reinsdyrflya nunmehr gegensinnig einfallen.

In diese dritte Provinz gehört auch ein kleines, schmales Vorkommen dunkler, feinkörniger Sedimente an der Küste N' des Reinstrandodden, die offensichtlich der Grey Hoek-Group zuzuordnen sind. Aufgebaut wird dieses Vorkommen von einer kleinräumigen Sattel- und Muldenstruktur, deren Achsen nach NNE einfallen und die von mehreren NW-SE-streichenden Abschiebungen zerlegt wird. Die Schieferung S_5 steht nahezu saiger und zerlegt die feinkörnigen Sedimente (Tonsteine) in Griffelschiefer.

Auffallend ist, daß innerhalb der Provinzen zwei und drei nur sehr wenige Überschiebungen aufgeschlossen sind. Meist handelt es sich um sehr kleinräumige Auf- bzw. Überschiebungen, die auf Bereiche in den Falten beschränkt sind. Nur an der W-Küste der großen Måkeøya ist eine größere Auf- und Überschiebungszone aufgeschlossen, die einen Transport in westliche Richtungen besitzt.

Neben den oben genannten Kompressionen und Extensionen gibt es eine Vielzahl von strike slip-Bewegungen, die in Form von Scherzonen, Riedel shears und Fiederspalten auftreten, bisher jedoch noch nicht ausgewertet werden konnten.

An dieser Stelle soll näher auf den Aufschluß A 63 an der W-Küste der großen Måkeøya eingegangen werden, in dem durch die zahlreichen sich schneidenden tektonischen Flächensysteme die Möglichkeit gegeben ist, eine relative Zeitabfolge der Systeme direkt an einem Aufschluß zu ermitteln.

Der Aufschluß A 63 besteht aus einer Störungszone, die im E von einer NNE-SSW-streichenden Störung von den ansonsten relativ ungestörten, nur verfalteten Sedimenten der Måkeøyane abgetrennt wird, und in der sich neben der kompressiven Auf- und Überschiebungszone mehrere nachfolgende Störungszonen schneiden (Abb. 6). Die Zählung bzw. Indizierung der tektonischen Ereignisse soll in diesem Fall nur für den Aufschluß A 63 gelten und beginnt demnach mit $D_{(63)-1}$ (entspricht D_{10} bzw. B_5 der bisherigen Indizierung), da im Aufschluß 63 nicht alle post-B_5-Störungssysteme vertreten sind.

- **$D_{(63)-1}$:** **Kompression W-E:**
  Verfaltung der Sand-, Silt- und Tonsteine der Wood Bay-Group um B_5 in monokline, W-vergente Falten;
  - $D_{(63)-1-1}$: flache Überschiebungen mit Versatzbeträgen im cm-Bereich flach zur Schichtung verlaufend, im Zuge $D_{(63)-1}$?;

- **$D_{(63)-2}$:** **Kompression W-E:**
  Auf- und Überschiebungen, die die B_5-Falten schneiden:
  - $D_{(63)-2-1}$: nach E einfallende, flache Überschiebungen, die nach W aufgesteilt werden und sich auffächern. Die Bewegungsbahnen sind z.T. tektonisiert, teilweise sind Imbricates ausgebildet;
  - $D_{(63)-2-1}$: nach W einfallende, flache Überschiebungen mit kleinen Versatzbeträgen: back thrusts von $D_{(63)-2-1}$?;
  - $D_{(63)-2-2}$: steil nach E einfallende, große Aufschiebungszone mit basalen, schicht-parallelen Aufschiebungen. Die Zone ist etwa 5 m mächtig und sehr stark tektonisiert. Innerhalb dieser Zone gibt es Imbricates, verfaltete Tonsteine und vollständig zerriebene Bewegungsbahnen;
  - $D_{(63)-2-3}$: steil nach E einfallende, schichtflächen-parallele Aufschiebungsschar. Diese Störungen sind sehr gerade und besitzen einen mm- bis cm-mächtigen Belag aus Calcit, der von zahlreichen Harnischen durchsetzt ist;

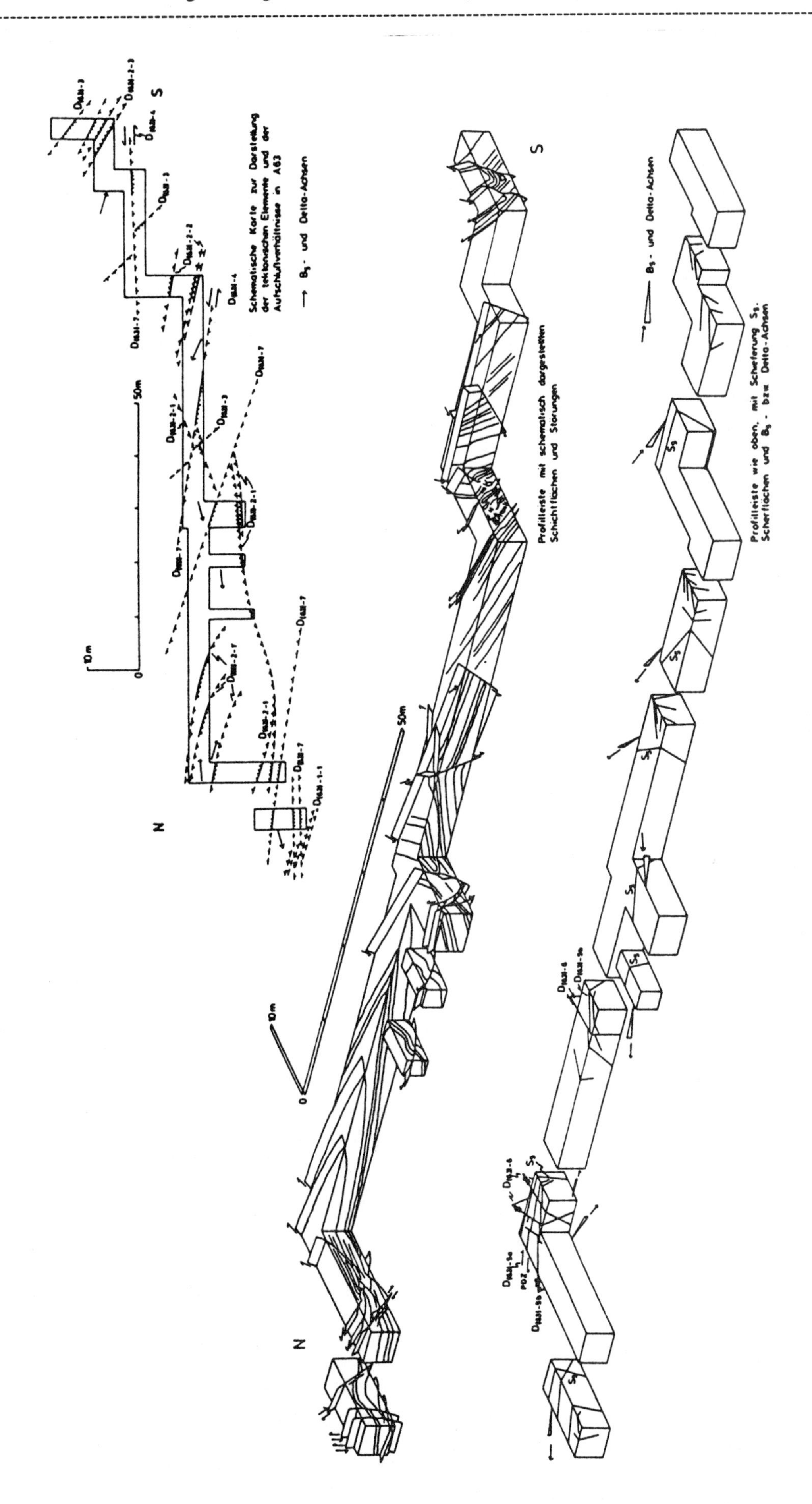

Abb. 6: Schematische Profilleisten zur Darstellung des Baustils und der Deformationen der Sedimente der Wood Bay Group in Aufschluß A 63 (W-Küste der großen Måkeøya).

- $D_{(63)-3}$: **Extension NW-SE:**
  +/- NE-SW-streichendes, kleinräumiges Grabensystem, das $D_{(63)-2-1}$ schneidet und versetzt;

- $D_{(63)-4}$: **strike slip, sinistral, N-S:**
  N-S-verlaufende, nach W abschiebende, schräg verlaufende strike slip-Be-wegung. Die Fläche schneidet $D_{(63)-3}$;

- $D_{(63)-5}$: **strike slip, dextral, +/- NNW-SSE:**
  $D_{(63)-5a}$: Anlage von dextralen Riedel shears, deren PDZ (principal deplacement zone) in Form von Calcit-veins vorliegt und die NNW-SSE streicht;
  $D_{(63)-5b}$: Anlage einer 1. Hauptscherflächenschar, NNW-SSE-streichend, mit dextralem Sinn;

- $D_{(63)-6}$: **strike slip, dextral, +/- ENE-WSW:**
  Anlage einer 2. Scherflächenschar mit dextralem Sinn, schneidet $D_{(63)-5a + 5b}$;

- $D_{(63)-7}$: **Extension, WNW-ESE:**
  +/- NNE-SSW-streichendes Grabensystem, versetzt $D_{(63)-1-1}$, $D_{(63)-2-1}$, $D_{(63)-2-1'}$, $D_{(63)-2-3}$, schneidet $D_{(63)-3}$, reaktiviert $D_{(63)-4}$ und könnte $D_{(63)-5}$ und $D_{(63)-6}$ verstellt haben. Damit ist $D_{(63)-7}$ das jüngste Ereignis, das die Gesteine zumindest in Aufschluß 63 betroffen hat.

Die Scherflächen, Schieferflächen und B- bzw. Delta-Achsen sind in diesem Aufschluß A 63 stark verstellt. Offensichtlich erfolgte diese Verstellung durch Schollenkippung infolge der strike slip-Bewegungen und der Abschiebungen ($D_{(63)-3}$, $D_{(63)-4}$ und $D_{(63)-7}$).

3.5 Deformationen in den Sedimenten des nördlichen Andréelandes (Grey Hoek- und Wijde Bay-Group)

Der Baustil des nördlichen Andréelandes weicht wiederum von dem der oben beschriebenen Provinzen innerhalb der Wood Bay-Group sowie von dem der Verbreitungsgebiete der Siktefjellet und Red Bay-Group ab. Von allen Bereichen im nördlichen Gebiet des Hauptdevongrabens finden sich im Andréeland die am stärksten verfalteten Areale. Gleichzeitig bildet das Andréeland das Grabenzentrum, so daß dort mit den jüngsten Sedimenten der Old Red-Abfolge auch das höchste tektonische Stockwerk aufgeschlossen ist.

Insgesamt wird der Bau des nördlichen Andréelandes von einer großen Antikline bestimmt, die aus einem sanften Mulden- und Sattelbau besteht und deren Achse flach nach S bis SSW einfällt. Im Zentrum des Andréelandes bleibt der Sattel- und Muldenspiegel dabei in etwa gleicher Höhe. An der W-Küste des Wijdefjords schließlich fällt die E-Flanke der Antikline mehr oder weniger steil nach E bis ESE ein.

Die W-Flanke der Antikline (E-Küste des Woodfjords) geht in eine äußerst stark verfaltete Front über (Abb. 7). Nach dem Abtauchen der Flanke nach W schließt sich ein System von großen Knickfalten an, deren Faltenspiegel nach W einfällt und die auf ihren westlichen Langschenkeln z.T. E-vergente, d.h. scheitelvergente Falten ausgebildet haben. Diese Knickfaltenfront ist u.U. mehrere Kilometer breit. An der Erdoberfläche trifft man in diesen Gebieten oft mehr als 1 km breite Streifen an, in denen die Schichten nahezu saiger stehen. Die Kompression hat hier so stark gewirkt, daß die Faltenscharniere bzw. -scheitel lediglich 2-3 m breit sind, obwohl die Schenkel mit bis zu 75° zu den Scheiteln einfallen. Dementsprechend sind innerhalb der Faltenscheitel zahlreiche Störungen und Biegegleitungen entstanden, die vom Scheitel weg in die Schichtflächen hineinlaufen.

Während nördlich der Mushamna keine Überschiebungen zu finden waren, sind an der S-Küste der Mushamna im westlichen, flacher einfallenden Langschenkel einer Knickfalte Überschiebungen mit einem nach W gerichteten Transport ausgebildet, um die Deformationsenergie der nach W gerichteten Deformation aufzufangen. Im Bereich der Jakobsenbukta und des Prinsetoppen wird die Tektonik nach freundlicher persönlicher Mitteilung von Dr. MANBY (London) und Prof. CHOROWICZ (Paris) außerordentlich kompliziert und von einem System verschiedener Überschiebungen bestimmt. Weiter südlich, im Verdalen und am Sørlifjellet, wird die komplizierte Überschiebungstektonik nach unseren Beobachtungen auf unserer Expedition im Sommer 1988 abgelöst von einem relativ einfachen, W-vergenten Faltenbau mit B_5-Großfalten, die Wellenlängen von mehreren 100 m besitzen können. Mit diesen Falten sind einige kleinräumige Überschiebungen im Faltenkernbereich gekoppelt, die ebenfalls Transportrichtungen nach W angeben.

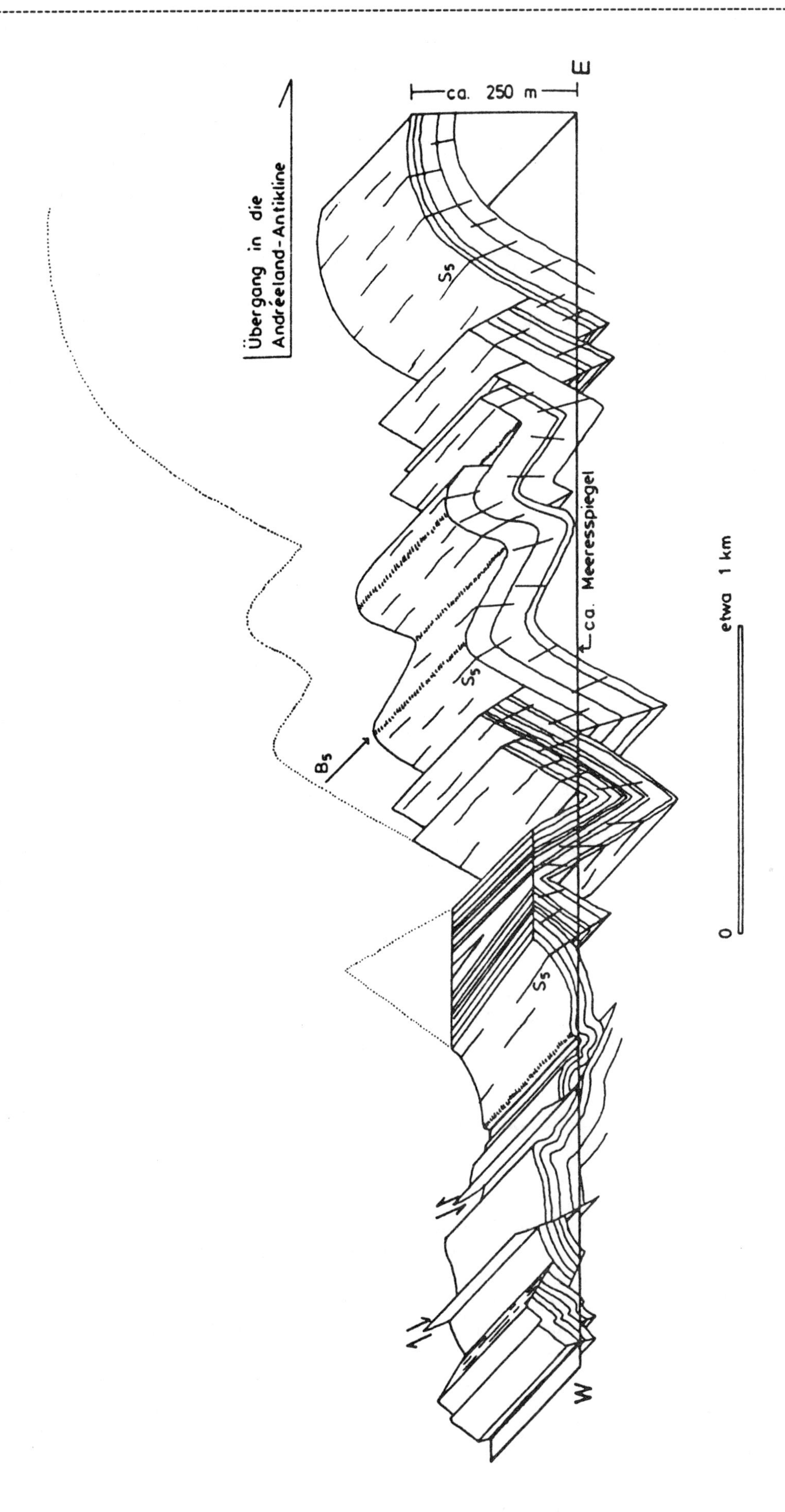

Abb. 7: Schematisches, zusammenfassendes Block-Profil zur Darstellung der Faltenfront in den Sedimenten der Grey-Hoek-Group W' der Andréeland-Antiklinale zwischen Gråhuken und Mushamna.

In den von uns im Sommer 1990 untersuchten Gebieten des nördlichen Andréelandes stimmen die Richtungen der Falten- und Delta-Achsen sowie die Streichrichtung der Schieferung sehr gut mit denen im Bereich des Liefdefjords überein. Überraschend ist, wie genau die Richtungen über das gesamte nördliche Andréeland eingehalten werden. Die B_5-Falten- und Delta-Achsen sowie die Mulden- und Sattel-Achsen fallen bis auf eine Ausnahme im Andredalen flach nach S bis SSW ein, wobei die Einfallswinkel und besonders die Einfallsrichtungen bemerkenswert geringe Abweichungen besitzen. Die Ausbildung von S_5 gleicht der auf der Reinsdyrflya und auf den And- und Måkeøyane. Besonders die tonigen Sedimente der Grey Hoek- und Wijde Bay-Group sind so straff und eng geschiefert, daß die Gesteine oft zu Griffelschiefern zerfallen.

Eine Abweichung gibt es lediglich im Andredalen (Second valley) bei Elvetangen an der W-Küste des Wijdefjords: hier fallen die B_5-, Delta-, Sattel- und Mulden-Achsen nicht nach SSW, sondern nach NNW ein. Offensichtlich ist es in diesem Bereich durch jüngere Störungen ebenfalls zu Schollenverkippungen gekommen. Das Bild ähnelt den Verhältnissen an der E-Küste der Reinsdyrflya.

Normale Störungen sind in den stark zu Hangschuttbildung neigenden Gesteinen der Grey Hoek und Wijde Bay-Group schwer zu erkennen. Es ist davon auszugehen, daß das nördliche wie auch das südliche Andréeland von einem System +/- E-W-streichender Abschiebungen durchzogen wird, die nach N einfallen und damit die Tendenz der nach S einfallenden Antiklinalstruktur aufheben (SCHENK 1937): trotz der nach S einfallenden Antikline stehen im Zentrum des Andréelandes ältere Gesteine (Wood Bay-Group) an.

3.6 Deformationsabfolge in den postkaledonischen Old Red-Sedimenten

Die Abfolge der postkaledonischen tektonischen Ereignisse wird nach unserer Ansicht bis auf die Ausnahmen der ?svalbardischen und eventuell der kreidetertiärzeitlichen kompressiven Deformation von mehreren extensiven Phasen und z.T. von strike slip-Bewegungen gebildet. Die von uns bisher ermittelte Abfolge erhebt noch keinen Anspruch auf Vollständigkeit, da noch nicht alle Daten ausgewertet sind, gibt aber schon einen Überblick über die postkaledonische Entwicklung des nördlichen Devongrabensystems.

Die Zeit zwischen der Ablagerung des Lilljeborgfjellet-Konglomerats und der Wood Bay-Group ist geprägt von der beginnenden Entwicklungsphase des Devongrabensystems, deren aktive, mit Hebungen einhergehende Stadien von inaktiven Ruheperioden abgelöst werden.

D_{9a} Nach Ablagerung des Liffjeborgfjellet-Konglomerats Hebung und Verstellung des Gebiets. Anlage einer ?E-W-streichenden, offensichtlich im Liefdefjord liegenden Störung (unterschiedliche Ausbildung des Hecla Hoek N' und S' des Liefdefjords). Für die Existenz eines derartigen Störungssystems spricht die Tatsache, daß das Lilljeborgfjellet-Konglomerat nur N' des Liefdefjords zu finden ist, während die im Hangenden folgenden Siktefjellet-Sandsteine sowohl den Lilljeborgfjellet-Konglomeraten (N') als auch dem Kristallin (S' des Liefdefjords) aufliegen;

D_{9b} Nach Ablagerung der Siktefjellet Formation Hebung und teilweise Abtragung der Siktefjellet-Sandsteine; Freilegung des Kristallinsockels in den Bereichen W' des späteren Kristallin-Horsts; Diese Phase könnte der sog. Haakonischen Phase (GEE 1972) entsprechen;

D_{9c} Beginn der Grabenentwicklung des Raudfjorden-Teilgrabens. Erstes Anzeichen ist die Entstehung der hangschutt- oder bergsturzähnlichen Megabrekzien an der östlichen Flanke des entstehenden, schmalen, etwa N-S-verlaufenden Grabens infolge der plötzlich erhöhten Reliefenergie; Während der Ablagerung der Wulffberget Formation als Basis-Konglomerat der Red Bay-Group Fortdauer der Grabenentwicklung. Die aktive Zone mit Anzeichen für synsedimentäre Grabenbildung liegt direkt E' des heutigen Raudfjords und Monacobreen. Hier liegt das Basis-Konglomerat direkt dem Kristallin bzw. den Megabrekzien auf, während es weiter östlich (am Siktefjellet) den Sandsteinen der Siktefjellet-Formation aufliegt. Diese Tatsache spricht für Hebungs- und Abtragungsvorgänge während D_{9b}, obwohl das Fehlen von Siktefjellet-Klasten in den Basis-Konglomeraten der Red Bay-Group bisher ungeklärt ist;

Während der folgenden Zeit der Ablagerung der Rabotdalen Formation offensichtlich Stagnation der Grabenentwicklung und relative tektonische Ruhephase;

D_{9d} Fortsetzung der Grabenentwicklung während der Ablagerung der Princesse Alice-Konglomerate. Eventuell erste Anlage der westlichen Grabenflanke des Hauptdevongrabens und Abtragung im Kristallin-Horst-Gebiet (siehe Konglomerate an der W-Küste des Bockfjords). Erstmals werden in diesen Konglomeraten nennenswerte Anteile von Sandstein-Klasten abgelagert;

Mit D_{9d} wird die erst Phase der Entwicklung des Devongrabensystems vorerst abgeschlossen. Die Sandsteine der oberen Red Bay-Group greifen über den Kristallin-Horst hinweg nach E auf jeden Fall bis zum Fotkollen und zur Kronprinshøgda über; auch während der folgenden Ablagerung der Wood Bay-, Grey Hoek- und Wijde Bay-Group hält anscheinend die Zeit tektonischer Inaktivität an. Die Sedimente der Wood Bay-Group greifen sicher weit über ihre heutige westliche Begrenzung, die W-Flanke des Hauptdevongrabens, hinaus auf die Grabenschulter über, wobei die ursprüngliche Ausdehnung dieses Ablagerungsraumes unbekannt ist;

D_{10a} B_5 ?svalbardische Tektogenese mit Verfaltung der devonischen Old Red-Sedimente um B_5 und Anlage von S_5 mit einhergehender Überschiebungstektonik: E-W-Kompression;

D_{10b} Auf- und Überschiebungen, z.T. mit kleinräumigen back thrusts, sind jünger als D_{10a}, schneiden B_5 und S_5. Transport nach W;

D_{11} Dehnung NW-SE. Bildung eines NE-SW-streichenden Abschiebungssystems;

D_{12} Strike slip, sinistral, N-S-streichend;

D_{13} Strike slip, dextral, NNW-SSE-streichend, in Form von Riedel shears und einer 1. Hauptscherflächenschar;

D_{14} Strike slip, dextral, WSW-ENE-streichend, in Form einer 2. Scherflächenschar;

D_{15} ?kreide-teriärzeitliche Tektogenese mit Überschiebungen von Kristallin über die Red Bay-Group, von Konglomeraten der Red Bay-Group über Kristallin, von Siktefjellet-Sandsteinen über die Siktefjellet Formation. Transportrichtung ist nach NE gerichtet;

18 Dehnung E-W und erneute Reaktivierung des Hauptgrabensystems entlang NNW-SSE-streichender Abschiebungen. Aktivität dieser Entwicklung bis ins Holozän hinein: Vulkanismus, warme Quellen und rezente, morphologisch herauspräparierte Störungen im Bockfjord;

In dieser Abfolge sind, soweit möglich, die einzelnen tektonischen Elemente nach ihrer relativen zeitlichen Aufeinanderfolge aufgelistet. Die Richtung des Hauptdevongrabens (NNW-SSE) D_{18} taucht hier nur als jüngstes Ereignis auf, da sie prägend ist und sämtliche tektonischen Elemente schneidet. Es ist jedoch davon auszugehen, daß die etwa N-S-verlaufende Richtung, also die E-W-Extension, häufiger zwischen der ?svalbardischen Tektogenese und der Gegenwart aktiv war.

4 Zusammenfassung der geologisch-tektonischen Entwicklung des kaledonischen Basements und der postkaledonischen Old Red-Sedimente

D_1 **Kompression:**
Erste rotationale Deformation mit entlang synS_{1a} angelegten Quarz-Mobilisatgängen;
Jung-Präkambrium

D_2 **B_2** **Kompression: E-W oder W-E**
Isoklinalverfaltung der synS_{1a} gebildeten Quarz-Mobilisatgänge um B_2;
Frühkaledonische Phase; Spätes Proterozoikum oder Frühes Paläozoikum

D_3 **B_3** **Kompression: E-W**
Isoklinalverfaltung des ursprünglichen Lagenbaus und Anlage der prägenden Schieferung S_3;
Kaledonische Hauptphase: Ny Friesland orogeny;
?Oberordovizium bis ?Untersilur

D_4 Migmatisierung und Platznahme syntektonischer Ganggsteine;
?Silur

D_5 **Kompression: W-E**
Überschiebungstektonik, im Arbeitsgebiet Überschiebung der Glimmerschiefer auf die Gesteine der Migmatit-Gruppe entlang der Mylonit- und Faltenzone, duktil bis semiduktil;

D_6 B_4 **Kompression: W-E**
Verfaltung von S_3 in monokline, E-vergente Falten um B_4 und Anlage von S_4 sowie gemeinsame Faltung der Mylonit- und Faltenzone, der Glimmerschiefer und der Marmore in offene Falten, ebenfalls um B_4;

D_7 **Kompression: W-E**
brittle-Deformation durch Überschiebungstektonik in Form von Imbricates innerhalb der Glimmerschiefer;

D_8 Platznahme des posttektonischen Hornemantoppen-Granits und seiner Ganggefolgschaft; Blockbewegungen, Hebung und Erosion;
Obersilur

-- Ablagerung der Konglomerate der Lilljeborgfjellet-Formation;
?Obersilur/?Unterdevon

D_{9a} **Extension: ?N-S**
Hebung, Verstellung und Abtragung;

-- Ablagerung der Sandsteine der Siktefjellet Formation; **?Unterdevon**

D_{9b} Hebung und Abtragung von Siktefjellet-Sandsteinen (?), teilweise Freilegung des Kristallinsockels;
?Haakonische Phase (GEE 1972);
?Unterdevon

D_{9c} **Extension: E-W**
Beginn der Grabenentwicklung des Raudfjordengrabens; Ablagerung der Megabrekzie infolge erhöhter Reliefenergie; z.T. synsedimentäre Grabenbildung während der Ablagerung der Wulffberget Formation (Basis-Konglomerat der Red Bay-Group);
Gedinne

-- Ablagerung der Sandsteine der Rabotdalen Formation; **Gedinne**

D_{9d} **Extension: E-W**
Weiterentwicklung des Raudfjordengrabens; beginnende Entwicklung der W-Flanke des Hauptdevongrabens und offensichtlich schon Bildung des Kristallin-Horsts (Abtragung während der Ablagerung der Princesse Alice-Konglomerate);

-- Ablagerung der Sandsteine der oberen Red Bay-Group;
Gedinne

-- Ablagerung der Sedimente der Wood Bay-Group;
Siegen bis ?Ems

-- Ablagerung der Sedimente der Grey Hoek-Group;
?Ems bis Eifel

-- Ablagerung der Sedimente der Wijde Bay-Group;
Givet

D_{10a} B_5 **Kompression: W-E**
Verfaltung der devonischen Old Red-Sedimente um B_5, Anlage einer Schieferung S_5 und von kleinräumigen Überschiebungen während der ?svalbardischen Tektogenese;
?Oberdevon

D_{10b} **Kompression: W-E**
Anlage verschiedener Überschiebungen mit kleinräumigen back thrusts im Zuge von D_{10a}, schneiden die Falten von B_5;
?Oberdevon

D_{11} **Extension: NW-SE**
Anlage eines NE-SW-streichenden Abschiebungssystems;

D_{12} **strike slip: sinistral, N-S-streichend**
schräg verlaufende, im W leicht abschiebende Störungsfläche;

D_{13} **strike slip: dextral, NNW-SSE-streichend**
Anlage von dextralen Riedel shears und einer 1. Hauptscherflächenschar;

D_{14} **strike slip: dextral, WSW-ENE-streichend**
Anlage einer 2. Scherflächenschar;

D_{15} **Kompression: SW-NE**
Überschiebungstektonik mit nach NE gerichteten Transportrichtungen;
?Kreide/Tertiär

D_{16} Ablagerung der Plateaulavas im Bereich des Andréelandes und der Kronprinshøgda;
Miozän

D_{17} Enstehung des Sverrefjellet-Vulkans;
Quartär

D_{18} **Extension: E-W**
letzte Phase der Entwicklung des Hauptdevongrabensystems bis offensichtlich in die Gegenwart hinein, wobei die E-W-Extension wahrscheinlich in mehreren Phasen zwischen den Ereignissen D_{11} und D_{18} erfolgte;
Quartär

Literatur

BUROV, Y.P. & SEMEVSKIJ, D.V. 1979: The tectonic structure of the Devonian Graben (Spitsbergen). - Norsk Polarinst. Skr. (167): 239-248, Oslo.

FRIEND, P.F. 1961: The Devonian stratigraphy of north and central Vestspitsbergen. - Proc. Geol. Soc. Yorkshire (33): 77-118.

FRIEND, P.F. 1965: Fluviatile sedimentary structures in the Wood Bay Series (Devonian) of Spitsbergen. - Sedimentology (5).

FRIEND, P.F. 1973: Devonian stratigraphy of Greenland and Svalbard. - Arctic Geology, Amer. Ass. Petrol. Geol. Mem. (19): 469-470, Tulsa.

FRIEND, P.F. & MOODY-STUART, M. 1972: Sedimentation of the Wood Bay Formation (Devonian) of Spitsbergen; Regional analysis of a late orogenic basin. - Norsk Polarinst. Skr (157): 1-77, Oslo.

GEE, D.G. 1972: Late Caledonian (Haakonian) movements in northern Spitsbergen. - Norsk Polarinst. Årbok, 1970: 92-101, Oslo.

GEE, D.G. & MOODY-STUART, M. 1966: The base of the Old Red Sandstone in central north Haakon VII Land, Vestspitsbergen. - Norsk Polarinst. Årbok, 1964: 57-68, Oslo.

GJELSVIK, T. 1979: The Hecla Hoek ridge of the Devonian Graben between Liefdefjorden and Holtedahlfonna, Spitsbergen. - Norsk Polarinst. Skr. (167): 63-71, Oslo.

HARLAND, W.B. 1961: An outline structural history of Spitsbergen. - Geology of the Arctic, Univ. of Toronto, Press 1.

HARLAND, W.B. 1969: Contribution of Spitsbergen to understanding of tectonic evolution of North Atlantic Region. - North Atlantic - Geology and Continental Drift, Amer. Ass. Petrol. Geol. Mem. (12): 817-851, Tulsa.

HARLAND, W.B. 1973: Tectonic evolution of Barents Shelf and related plates. - Amer. Ass. Petrol. Geol. Mem. (19) 599-608, Tulsa.

HARLAND, W.B., CUTBILL, J.L., FRIEND, P.F., GOBBETT, D.J., HOLLIDAY, D.W., MATON, P.I., PARKER, J.R. & WALLIS, R.H. 1974: The Billefjorden Fault Zone, Spitsbergen. The long history of a major tectonic lineament. - Norsk Polarinst. Skr. (161): 1-72, Oslo.

HARLAND, W.B. & GAYER, R.A. 1972: The arctic Caledonides and earlier oceans. - Geol. Mag. 109, (4): 289-384, Cambridge.

HEITZMANN, P. 1985: Kakirite, Kataklasite, Mylonite - Zur Nomenklatur der Metamorphite mit Verformungsgefügen. - Eclogae geol. Helv., 78 (2): 273-286, Basel.

HJELLE, A. 1979: Aspects of the geology of northwest Spitsbergen. - Norsk Polarinst. Skr. (167): 37-62, Oslo.

MURASCOV, L.G. & MOKIN, J.I. 1979: Stratigraphic subdivision of the Devonian deposits of Spitsbergen. - Norsk Polarinst. Skr. (167): 249-261, Oslo.

NABHOLZ, W.K. & VOLL, G. 1963: Bau und Bewegung im gotthard-massivischen Mesozoikum bei Ilnaz (Graubünden). - Eclogae geol. Helv., 56 (2): 755-808, Basel.

SCHENK, E. 1937: Kristallin und Devon im nördlichen Spitzbergen. - Geol. Rdschau, 28 (1/2): 112-124, Stuttgart.

VOGT, T. 1929: Frå en Spitsbergenekspedition i 1928. - Årb. norske Vidensk. (Nat. Vid. Kl.), 11, S. 10-12;

VOLL, G. 1960: New work on petrofabrics. - Liverp. Manch. Geol. J., 2 (3): 503-567, Liverpool.

VOLL, G. 1969: Klastische Mineralien aus den Sedimentserien der Schottischen Highlands und ihr Schicksal bei aufsteigender Regional- und Kontaktmetamorphose. - Unpubl. Habil. Schrift, Techn. Univ. Berlin, 1-206, Berlin.

Anschriften:

Dipl. Geol. KARSTEN PIEPJOHN & Prof. Dr. FRIEDHELM THIEDIG, Geol.-Paläontologisches Institut der Universität Münster, Correnstraße 24, 4400 Münster.

MATERIALIEN UND MANUSKRIPTE - Studiengang Geographie, Heft 19: 103 - 105, Bremen 1991.

Fossile Böden und das Alter von Wallmoränen im Liefdefjord

mit 1 Tabelle und 1 Abbildung

GERHARD FURRER & ANDRE STAPFER & ULRICH GLASER, Zürich und Würzburg

Im Gelände kann aus dem Liegenden von Wallmoränen auf zwei verschiedenen Wegen in situ fossiles organisches Material gewommen werden:

- Durch Grabung. Grabungen werden mit gutem Erfolg dort angesetzt, wo Moränen/-material und Rundhöckeroberflächen aneinandergrenzen. Im Expeditionsgebiet sind das besonders jene Stellen, wo Wallmoränen auf/an Rundhöcker geschoben wurden, wo also ein Rundhöcker aus dem Liegenden von Moränen an der Oberfläche auftraucht.

- Durch Beobachtung eines Kliffs, wo organische Horizonte über große Strecken unter Moränen verfolgbar sind.

Bei diesen organischen Lagen handelt es sich in der Regel um Humushorizonte von fossilen Böden, seltener um Torf von zugedeckten Mooren. Weil sie in situ liegen, dienen ihre Radiocarbonalter als Zeitmarken - Höchstalter - der Moränenbildung und damit zur Datierung des zugehörigen Gletscherhochstandes.

Bisher wurden zwei verschieden alte (1 010 +/-80 yBP und 2 270 +/-80 yBP) Humushorizonte unter dem Moränenwall des Erikbreen bezüglich ihres Pollengehaltes analysiert. Es zeigt sich dabei, daß zur Zeit der damaligen Bodenbildung Silberwurz-Gesellschaften dominierten, die heute nur in Küstennähe des Liefdefjordes auftreten. Die klimatischen Bedingungen dürften demnach damals zumindest nicht ungünstiger gewesen sein als heute.

Bei einem Profil am Kliff des Erikbreen sind Überreste der Tierwelt von früheren Zeiten gewonnen worden, beispielsweise Schalen von Mytilus edulis. Diese Muschel ist bisher im Liefdefjord nicht lebend gefunden worden, sie lebt heute im Westen und Süden Spitzbergens. Besonders interessant ist die Kleintierfauna, die sich in dem die Schalen umgebenden Material befindet: Sie enthält Foraminiferen, Ostracoden, Bryozoen und Seeigelstacheln. Für die Ostracodenfauna kann schon gesagt werden, daß sie nur zum Teil mit der rezent im Untersuchungsgebiet lebenden Fauna übereinstimmt. Dieses geborgene Material wird von unserem Expeditionskameraden, Professor G. Hartmann, Zoologe an der Universität Hamburg, in der Hoffnung, Hinweise auf ökologische Parameter zu gewinnen, bearbeitet.

Selten waren wir außerdem in der Lage, von Torfprofilen Basisproben zu gewinnen. Deren Radiocarbonalter ergeben Anhaltspunkte über die Mindestdauer der Eisfreiheit am Fundort. So ist beispielsweise die Måke-Insel seit mindestens 7 400 Radiocarbonjahren eisfrei und der Fundort landfest.

Die für die Altersbestimmung erforderliche Präparierung und Aufbereitung des Probenmaterials erfolgte im Radiokarbonlabor des Geographischen Institutes der Universität Zürich (GIUZ). Die anschließende Datierung wurde mittels der AMS-Technik (accelerator mass spectrometry) auf dem Tandem-Beschleuniger des IMP (Institut für Mittelenergiephysik) der ETH-Hönggerberg durchgeführt.

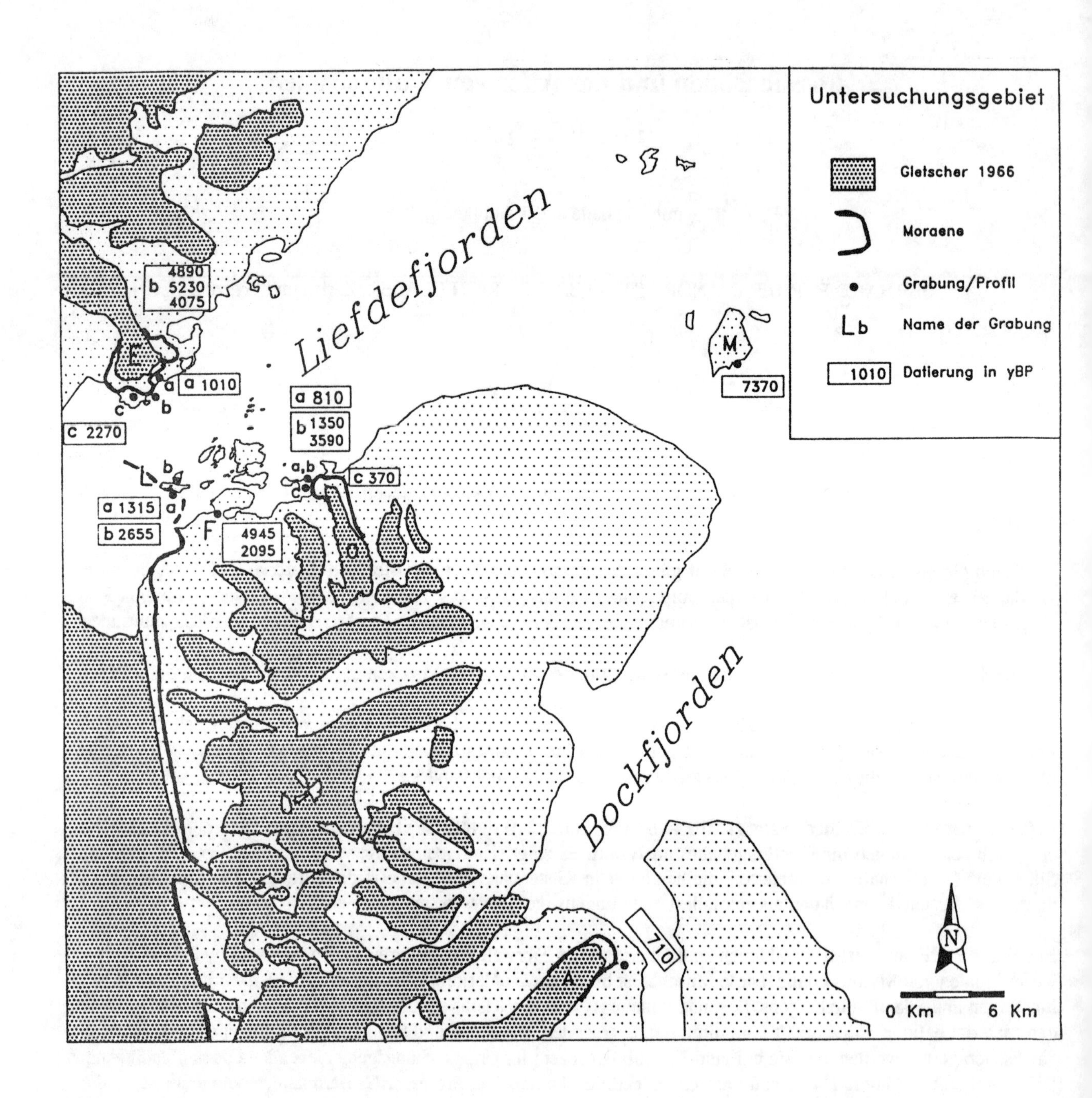

Abb. 1: Untersuchungsgebiet und Lage der ^{14}C-Daten.

Anschriften:

Prof. Dr. GERHARD FURRER & ANDRE STAPFER, Geographisches Institut der Universität Zürich, Winterthurer Straße 190, CH-8057 Zürich/Schweiz.

Ak. Dir. Dr. ULRICH GLASER, Geographisches Institut der Universität Würzburg, Am Hubland, 8700 Würzburg.

Tab. 1: Liste der ^{14}C-Datierungen.

Labor-Nr.	Feld-Code	Koordinaten	Höhe ü. M.	Alter y BP	13C [‰]	Bemerkungen
UZ-2636/ETH-6913	A	13°20'E/79°26'N	40m	710±60	-31.9	organischer Bodenhorizont, Datierung ergibt Moränen-Höchstalter
UZ-2637/ETH-6914	Ea	79°35'E/12°37'N	16m	1010±80	-23.7	organischer Bodenhorizont, Datierung ergibt Moränen-Höchstalter
UZ-2643/ETH-7062	Eb1	12°36'E/79°35'N	0.5m	4890±75	-19.9	Faulschlamm aus zersetzten Algen
UZ-2642/ETH-7061	Eb2	12°36'E/79°35'N	0.2m	5230±70	-22.3	Faulschlamm aus zersetzten Algen
UZ-2644/ETH-7063	Eb3	12°36'E/79°35'N	-0.8m	4075±70	-17.6	Faulschlamm aus zersetzten Algen
UZ-2634/ETH-6911	Ec	12°35'E/79°35'N	40m	2270±80	-34.3	organischer Bodenhorizont, ergibt Moränen-Höchstalter
UZ-2645/ETH-7064	F1	12°42'E/79°33'N	5.4m	4945±70	-22.8	organischer Bodenhorizont
UZ-2641/ETH-7060	F2	12°42'E/79°33'N	5m	2095±65	-26.3	organischer Bodenhorizont
UZ-2638/ETH-6915	La	12°39'E/79°33'N	1m	1315±100	-26.1	organischer Bodenhorizont, ergibt Moränen-Höchstalter
UZ-2646/ETH-7065	Lb	12°39'E/79°33'N	13m	2655±65	-26.4	organischer Bodenhorizont, ergibt Moränen-Höchstalter
UZ-2648/ETH-7067	M	13°28'E/79°36'N	1m	7370±80	-23.3	Torf-Basis
UZ-2635/ETH-6912	Oa	12°51'E/79°34'N	2m	810±65	-23.7	organischer Bodenhorizont, ergibt Moränen-Höchstalter
UZ-2647/ETH-7066	Ob1	12°51'E/79°34'N	4.2m	1350±65	-26.6	Torf-Oberkante, ergibt Moränen-Höchstalter
UZ-2649/ETH-7068	Ob2	12°51'E/79°34'N	4m	3590±70	-28.5	Torf-Basis, datiert wird Beginn der Torf-Bildung
UZ-2639/ETH-6916	Oc	12°51'E/79°34'N	4m	370±75	-28.3	Torf-Oberkante, ergibt Moränen-Höchstalter

Die für die Altersbestimmung erforderliche Präparierung und Aufbereitung des Probenmaterials erfolgte im Radiokarbonlabor des Geographischen Institutes der Universität Zürich (GIUZ). Die anschliessende Datierung wurde mittels der AMS - Technik (accelerator mass spectrometry) auf dem Tandem - Beschleuniger des IMP (Institut für Mittelenergiephysik) der ETH - Hönggerberg durchgeführt.

MATERIALIEN UND MANUSKRIPTE - Studiengang Geographie, Heft 19: 107 - 110, Bremen 1991.

Abtragungsmessungen in Zentral- und Nordspitzbergen

mit 2 Tabellen und 1 Abbildung

KUNO PRIESNITZ, Göttingen

Im Rahmen des Teilprojekts "Morphodynamik Litoral" der SPE 90 werden Messungen zur quantitativen Erfassung der aktuellen Morphodynamik im Bereich periglazialer Küsten durchgeführt. Das Programm umfaßt zum einen Messungen von Verwitterungs- und Abtragungsraten (z.T. an Festgesteinsoberflächen mittels des Erosionsmikrometers, z.T. an ausgelegten Standardproben durch gravimetrische und morphometrische Messungen) und zum anderen Bewegungsmessungen (wiederholte photoelektrische Entfernungsmessungen von Festpunkten aus) an bewegten Massen unterschiedlichster Art, wie auffrierenden Gesteinsblöcken, Gelisolifluktionsdecken, gravitativen Massenverlagerungen, Blockgletschern u.a.

Während die Auswertung der mit Hilfe von Geodäten der Universität und der Fachhochschule Karlsruhe vorgenommenen Aufgaben noch nicht abgeschlossen ist, können hier einige Abtragungsbeträge an Festgesteinsoberfläche mitgeteilt werden, die zwischen der Einrichtung von Erosionsmikrometer-Plots im Juli 1989 und ersten Wiederholungsmessungen im Juli 1990 zustandekamen (Tab. 1 und 2).

Die Messungen wurden mit einem Erosionsmikrometer vorgenommen, das in Anlehnung an Vorläufer-Modelle von HIGH & HANNA (1970) und TRUDGILL (1972) entworfen und konstruiert wurde (Abb. 1). Die hier mitgeteilten Messungen betreffen

- suberische Lösungsbeträge auf verschiedenen löslichen Gesteinen im Küstenbereich, außerhalb des Spritzwassereinflusses und

- Abtragungsbeträge auf festliegenden flachen Gesteinsblöcken im MHW-Bereich, die an Schotterstränden mittlerer Exposition mit der Schotteroberfläche annähernd abschneiden. Sie sind in erster Linie der Brandungs-Abrasion unter Mitwirkung bewegter Schotter und dem Schurf des Meereises ausgesetzt.

Es muß darauf hingewiesen werden, daß die Prozesse, deren Abtragungsleistungen hier wiedergegeben sind, in ihrer Ausdauer und Wirksamkeit irgendwo zwischen den kontinuierlich bzw. regelmäßig periodisch wirksamen und den nur episodisch auftretenden Prozessen ("low frequency - high efficiency events") einzuordnen sind:

Der Witterungsverlauf ist in Spitzbergen räumlich und zeitlich außerordentlich variabel; die für die genannten Prozesse entscheidenden Faktoren wie flüssiger und fester Niederschlag, Schneeverwehungen, Häufigkeit und Richtung stürmischer Winde mit den jeweiligen Wellengang, Dauer des bewegten bzw. festen Meereises, Packeis, Eisflußbildungen, Seetanganschwemmungen etc. variieren in den einzelnen Fjorden, an verschiedenen Küstenabschnitten und von Jahr zu Jahr erheblich. Die mitgeteilten Beträge sind als Stichproben zu werten - wie repräsentativ sie sind, werden vermehrte und zeitlich ausgedehntere Beobachtungsreihen erweisen.

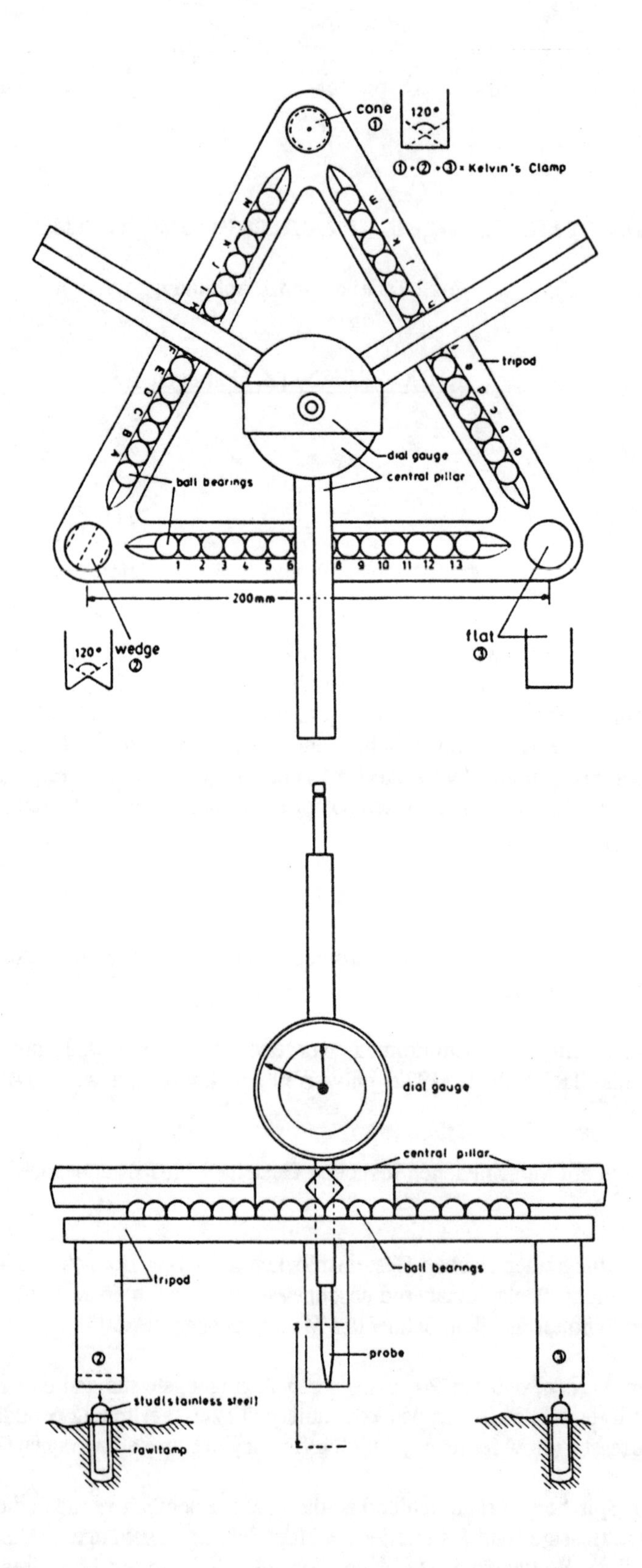

Abb. 1: Aufsicht und Seitenansicht des hier verwendeten Erosionsmikrometers (aus TORUNSKI, 1979, S. 246).

Tab. 1: **Subaerische Lösung** (ausschließlich dem Niederschlag ausgesetzte Flächen, ca. 30 cm über umgebender Vegetation, Dimension: $\mu m \cdot Jahr^{-1}$). n = Zahl der Messungen, $\bar{x}$ = Abtragsmittelwert, σ= Standardabweichung.

Gesteine	n	$\bar{x}$	σ
Kalkstein (Karbon), mikritisch, horizontale Fläche, Gipshukodden	34	19,7	16,1
Kalkstein, derselbe Block, mit 44° geneigte Fläche	29	30,7	21,2
Gips (Perm), horizontale Fläche, Gipshukodden	33	89,1	39,3
Anhydrit (Perm), horizontale Fläche, Gipshukodden	30	142,0	33,3

Die Lösungsbeträge bei Kalk sind relativ niedrig, deutlich niedriger als auf gleiche Weise ermittelte Beträge in den mittleren Breiten, auf generell stärker mit Algen besiedelten Kalkoberflächen. Interessant ist, daß in Spitzbergen - im Gegensatz zu Mitteleuropa - die Lösungsraten des Anhydrit höher sind als die des Gipses, möglicherweise eine Funktion der Temperaturkoeffizienten der Löslichkeit; bei höheren Temperaturen nimmt die Löslichkeit des Anhydrits ab, die des Gipses zu (vgl. PRIESNITZ 1972).

Tab. 2: **Abrasionsbeträge** auf unterschiedlichen Gesteinen im MHW-Bereich von Schotterständen, Dimension: $\mu m \cdot Jahr^{-1}$.

Gestein	n	$\bar{x}$	σ
Dolerit (Jura), Gipshukodden	32	50,4	18,7
Marmor (Hekla Hoek), vor Marmorkliff, Liefdefjord	35	34,6	13,7
Kalkstein (Karbon), mikritisch, Gipshukodden	33	57,2	20,0
Anhydrit (Perm), Auservika	33	244,8	52,1

Die Abrasion variiert, wie erwartet, vor allem in Abhängigkeit von der Härte der Gesteine. Auf bereits geglätteten Flächen variieren die Einzelwerte vergleichsweise wenig. Spuren von Bioerosion an Karbonatgesteinsküsten wurden bislang nicht gefunden. Wie bereits angedeutet, sind diese und die weiteren Abtragungs- und Bewegungsmessungen sinnvollerweise über längere Zeiträume auszudehnen. Eine Fortsetzung ist daher geplant.

Literatur

HIGH, C.J. & HANNA, F.K. 1970: A method for the direct measurement of erosion on rock surfaces. - Brit. Geomorphol. Res. Group Tech. Bull., 5: 1-25.

PRIESNITZ, K. 1970: Formen, Prozesse und Faktoren der Verkarstung und Mineralumbildung im Ausstrich salinarer Serien (am Beispiel des Zechsteins am südlichen Harzrand). - Gött. Geogr. Abhandl., H. 60 (Hans-Poser-Festschrift): 317-339.

TORUNSKI, H. 1979: Biological erosion and its significance for the morphogenesis of limestone coasts and for nearshore sedimentation (Northern Adriatic). - Senckenbergiana marit., 11 (3/6): 193-265.

TRUDGILL, S.T. 1972: Quantification of limestone erosion in intertidal, subaerial and subsoil environments, with special reference to Aldabra Atoll, Indian Ocean. - Trans. Cave Res. Gr. Brit., 14: 176-179.

Anschrift:

Dr. KUNO PRIESNITZ, Geographisches Institut der Universität Göttingen, Goldschmidtstraße 5, 3400 Göttingen.

MATERIALIEN UND MANUSKRIPTE - Studiengang Geographie, Heft 19: 111 - 117, Bremen 1991.

Physikalische, chemische und biotische Verwitterungsprozesse und Abtrag an Gesteinsoberflächen, Sedimenten und Böden

- Diskussion des Forschungsstandes -

mit 2 Abbildungen und 2 Tabellen

WOLF-DIETER BLÜMEL & BERND EITEL, Stuttgart

1 Klimatologische und geologisch-petrographische Rahmenbedingungen des Arbeitsgebietes

Das Untersuchungsgebiet des SPE 90-Unternehmens liegt in N-Spitzbergen auf der Germania-Halbinsel (Liefdefjord/Woodfjord) zwischen 79° und 80° nördlicher Breite sowie 12° und 14° östlicher Länge. Kartenunterlagen werden aus Luftbildern von der Geodäsie (HELL/FH Karlsruhe) erstellt.

Von grundlegendem Nutzen zur Bestimmung des klimatischen Rahmens, in dem v.a. die pedorelevanten Verwitterungs- und Stoffneubildungs- sowie die Verlagerungsprozesse ablaufen, sind der "World Survey of Climatology" mit dem Kapitel "Climates of the Polar Regions" (VOWINCKEL & ORVIG 1970) sowie "The Climate at Norwegian Arctic Stations" (STEFFENSEN 1982). Die Daten sind allerdings nur schwer auf die Germania-Halbinsel zu übertragen. Sie sind aber dann verwendbar, wenn es darum geht, die eigenen Arbeiten in den übergeordneten klimatischen Rahmen einzupassen. Die notwendigen Messungen, mit denen v.a. das Mikroklima sowie die Strahlungsabsorption durch verschieden ausgebildete Oberflächen sowie das Bodenklima möglichst genau erfaßt werden soll, sind unersetzlich. Die nächstgelegenen Stationen, von denen Klimadaten verfügbar sind, sind "Isfjord Radio" auf 78° 04' N und 13° 38' E und Ny Ålesund auf 78° 56' N und 11° 53' E.

Tab. 1: Klimadaten der Station Isfjord Radio.

Höhe ü. NN 9 m

			J	F	M	A	M	J	J	A	S	O	N	D	Jahr	Z	
1	Mittl. Temperatur	in °C	-10,9	-11,2	-12,1	-8,8	-3,3	1,7	4,5	4,2	1,1	-2,7	-6,2	-9,0	-4,4	23	1
2	Mittl. Max. d. Temperatur	in °C															2
3	Mittl. Min. d. Temperatur	in °C															3
4	Absol. Max. d. Temperatur	in °C	3,5	4,4	3,8	5,6	13,1	12,5	15,6	14,3	12,0	8,5	6,2	4,1	15,6	23	4
5	Absol. Min. d. Temperatur	in °C	-30,9	-32,2	-29,0	-28,2	-19,6	-8,2	-1,3	-2,0	-9,0	-15,5	-26,9	-28,1	-32,2	23	5
6	Mittl. relative Feuchte	in %	83	83	85	83	83	86	89	87	85	82	82	82	84	23	6
7	Mittl. Niederschlag	in mm	29	30	33	17	20	24	30	38	38	46	39	34	378	23	7
8	Max. Niederschlag	in mm															8
9	Min. Niederschlag	in mm															9
10	Max. Niederschlag 24 h	in mm															10
11	Tage mit Niederschlag		14	13	14	12	11	11	13	14	14	15	14	13	156	23	11
12	Sonnenscheindauer	in h															12
13	Strahlungsmenge	in Ly/Tag															13
14	Potentielle Verdunstung	in mm															14
15	Mittl. Windgeschw.	in m/sec.	8,8	9,1	8,3	7,5	6,3	5,1	5,3	5,6	6,5	7,5	8,3	9,6	7,3	23	15
16	Vorherrschende Windrichtung		NE	NE	NE	NE	NE	NE,S	S,NE	NE,S	NE,S	NE	NE	NE		23	16

Zum Vergleich einige Daten von Ny Ålesund:
Mittl. Julitemp.: 5.2° C; Mittl. Januartemp -12.8° C; Mittl. Jahrestemp.: -5.8° C; Mittl. Jahresniederschlag: 385 mm.

Die atmosphärische Wirkung auf die pedo- und morphologisch relevanten Stoffumsätze der Landoberfläche sind möglichst genau mit der petrographischen Variablen (und dem Relief) zu verbinden. Hierfür legten THIEDIG et al. (vgl. in diesem Band) bereits erste Grundlagen in einer geologischen Kartierung der Germania-Halbinsel. Danach sind im Arbeitsgebiet höchst vielfältige petrographische Verhältnisse vorhanden. Demzufolge ist mit stark differenzierten Bedingungen für die Pedogenese zu rechnen. Dies kommt der Zielsetzung der Arbeitsgruppe entgegen, Verwitterungsart, -spektrum, -geschwindigkeit und -intensität sowie resultierende Klasten und Stoffneubildungen möglichst unterschiedlicher Gesteine unter vergleichbaren polaren Bedingungen zu untersuchen. (Die zu erwartende petrographische Differenzierung war ein wesentlicher Grund für die Auswahl des Expeditionsgebiets.)

2 Strandterrassen und Bodenbildung

Die Bodenstandorte beschränken sich in stark relieferten hohen Breiten (wie in N-Spitzbergen) in der Regel vor allem auf küstennahe Bereiche. Diese wiederum unterliegen in weiten Teilen junger eisisostatischer Hebung. Nach CLARK et al. (1978) ist die isostatische Hebung an Spitzbergens Küsten ca. 3-fach stärker als die eustatischen Meeresspiegelschwankungen. Dies erlaubt, mit Hilfe einer Altersbestimmung verschiedener Strandterrassen die Bodenbildungsraten abzuschätzen. Hier kann in enger Zusammenarbeit mit Geomorphologen ein wichtiger Beitrag zur Beurteilung der Intensität küstennaher Bodenbildungsprozesse sowie zur Vereisungsgeschichte des Untersuchungsgebiets geleistet werden.

Eine grobe Altersbestimmung der Strandterrassen ist erfolgt (SALVIGSEN 1977; 1981; SALVIGSEN & OSTERHOLM, 1982). FORMAN & MILLER (1984) korrelierten auf diesem Weg bislang als einzige Böden und ehemalige Küstenlinien. Auf der über große Zeiträume hinweg unvergletscherten Bröggerhalbinsel (Kongsfjord) ordneten sie drei unterschiedlich weit gehobenen Terrassen verschieden tiefgründige arktische Braunerdetypen zu, die sich mit zunehmendem Alter v.a. im größeren Schluffgehalt, in der Menge gelösten und wieder ausgefällten Calciumcarbonats sowie im Austrocknungsgrad unterscheiden. Neben den (sub-)rezenten Strandlinien werden die älteren Terrassen auf 9000 bis 12 000 BP (unter 44 m ü.M.), mit 60 000 bis 160 000 BP (44 - 55 m ü.M.) beziehungsweise 130 000 bis 290 000 BP (50 - 80 m ü.M.) datiert. Hier sind also mehrere "interglaziale" Bodenbildungsphasen zu beachten. Inwieweit dies auch am Liefdefjord der Fall ist, bleibt zu überprüfen. Interessant dürfte ein Vergleich der Bodenbildungsintensitäten werden.

3 Pedologischer Forschungsstand in N-Spitzbergen

Die Basis zur Erforschung der Böden hochpolarer Breiten wurde besonders in den 60er Jahren durch Untersuchungen in N-Amerika gelegt (z.B. TEDROW 1966; TEDROW 1968; RIEGER 1974). Neuere Arbeiten schlossen sich an (z.B. TEDROW 1977; STÄBLEIN 1977; LOCKE 1985; UGOLINI et al. 1987; STONER & UGOLINI, 1988). Sowjetische Arbeiten konzentrierten sich auf die Böden der Tundra.

Die einzige, aber lediglich einen Überblick über die Böden W-Spitzbergens gewährende Arbeit wurde von FEDOROFF (1966) vorgelegt. Was den Nordwesten des Archipels betrifft, so sind aus pedologischer Sicht v.a. die Arbeiten von FORMAN & MÜLLER (1984) und MANN et al. (1986) zu nennen. Es existiert unserer Kenntnis nach nur eine neuere Arbeit, die auch in N-Spitzbergen pedologische Zusammenhänge bearbeitet (UGOLINI & SLETTEN, 1988). der Forschungsstand zur polaren Pedologie wird daher auch von einer ganzen Reihe von Arbeiten aus anderen ozeanisch geprägten Polargebieten wie beispielsweise der maritimen Antarktis (Literatur s.u.) repräsentiert. Die Übertragbarkeit der von dort stammenden Untersuchungsergebnisse ist am Liefdefjord zu überprüfen. Gegebenenfalls sind die in der Antarktis gewonnenen Resultate zu modifizieren und zu ergänzen.

Aus dem Arbeitsgebiet "Germaniahalbinsel" liegen noch keine pedologischen Untersuchungen vor. Die Halbinsel ist Teil jener Zone, in der subpolare und polare Wüste ineinander greifen. Der weitaus größte Teil des Untersuchungsgebiets am Liefdefjord dürfte von den polaren Wüstenböden (der Frostschuttzone) eingenommen werden. Eine genaue Aufnahme der physikalischen wie auch biochemischen Prozesse im Verwitterungssubstrat bzw. der Bodendecke ist die Voraussetzung für weitergehende pedologische Untersuchungen sowie das Verständnis klimageomorphologischer Prozesse und Stoffverlagerungen in fester wie gelöster Form.

3.1 Bisherige regionale Forschungsschwerpunkte in Spitzbergen

Die Zentren der bisherigen v.a. geomorphologisch-bodengenetisch orientierten Forschungen im nördlichen Spitzbergen lagen am Kongsfjord (NW-Spitzbergen) und Isfjord (W-Spitzbergen). Dies ist sicher auf die gute Erreichbarkeit des Gebiets über das nahegelegene Ny Ålesund zurückzuführen. Mit Beeinträchtigungen der Geosysteme durch den Menschen ist jedoch gerade hier zu rechnen. Dies war ein wesentlicher Grund für die Wahl eines nördlicheren unzugänglicheren Arbeitsgebiets gewesen. Entsprechende Vorsicht bei der Übertragung bzw. Verwendbarkeit der in anderen Regionen gewonnenen Ergebnisse ist notwendig.

Daneben kann auf v.a. geomorphologisch ausgerichtete Arbeiten aus der antarktischen und arktischen Polarforschung aufgebaut werden. Hervorgehoben seien hier noch einmal die schon "klassischen" drei deutschen Spitzbergen-Expeditionen unter Julius BÜDEL 1959/60 und 1967 ("Stauferland-Expedition"), die v.a. klimageomorphologisch orientiert waren. Die gewonnenen grundlegenden Ergebnisse sind schon früh veröffentlicht, jedoch erst vor kurzem (1987) aus BÜDELs Nachlaß von WIRTHMANN und STÄBLEIN herausgegeben und bearbeitet worden. Nicht nur forschungsgeschichtlich schließt SPE 90 an diese Forschungsepoche an. Vielmehr bilden die Ereignisse jener Unternehmungen eine breite Basis für weitergehende - auch pedologisch orientierte - Untersuchungen. Daneben sei auf die Anstrengungen der Forschungsgruppe Physiogeographie und Geoökologie aus Basel in S-Spitzbergen (Hornsund) (LESER & SEILER 1986) und am Kongsfjord (LESER 1988; REMPFLER 1989) hingewiesen.

3.2 Nährstoff-Freisetzung und Nährstoffmobilität

Polare Landoberflächen unterliegen vergleichsweise langsamen Stoffumsätzen. Die geringe beobachtbare Bodenbedekkung verführte lange Zeit dazu, chemische Verwitterungsprozesse bzw. Bodenbildungsraten zu unterschätzen oder sogar zu negieren. Die Forschungen der letzten 10 Jahre und die Entwicklung eines umfangreichen Methodenrepertoires in der Laboranalytik haben ein weitgehendes Umdenken zur Folge gehabt. So rückten neben den bevorzugt untersuchten physikalischen Zersatzprozessen die Abläufe der chemischen und biotischen Gesteinsdegradation zunehmend in die Sicht der Geowissenschaften (z. b. Lösungsverwitterung s. AKERMAN 1983). Feinste Klasten und gelöste Komponenten der Verwitterungsdecken sind die bevorzugten Untersuchungsobjekte der pedologisch orientierten Polarforschung geworden.

3.2.1 Biochemische Verwitterungsprozesse

Der biochemische Angriff auf massive und von kryoturbaten Prozessen nicht beeinflußte Gesteine/Felsen ist unter den Verwitterungsvorgängen besonders zu berücksichtigen. Setzt doch mit der Pionierbesiedelung durch die fast ubiquitär vorhandenen Flechten die biotische Verwitterung gleichzeitig mit anorganisch-chemischen und physikalischen Angriffen großräumig auf die Gesteinsoberflächen ein. Die Rolle der Flechten ist gerade im letzten Jahrzehnt zunehmend in ihrer Rolle - v.a. durch botanische Untersuchungen - erkannt worden (FRIEDMANN, 1982; DAWSON et al., 1984; KAPPEN, 1985; BLÜMEL et al., 1985; BLÜMEL, 1986; KAPPEN, 1988). Dieses über die Flechtenverwitterung schon frühe Zusammenarbeiten verschiedenster Verwitterungsprozesse ist von hohem pedologschen Interesse.

Die Flechten entziehen den Gesteinen Metallionen und und bauen diese zumindest teilweise in ihre Thalli ein (COOKS, 1989). Dabei werden, wie bei anorganisch ausgelösten hydrolytischen Vorgängen, die Mineralverbände gelockert und weitergehenden Verwitterungsprozessen der Weg bereitet:

Einerseits bewirken die Flechten einen direkten Kationenentzug (bzw. Austausch mit H^+) aus dem Anstehenden und bereiten den resultierenden Gesteinszerfall mit den verbundenen Stoffneubildungen vor. Hier werden die Voraussetzungen der weitergehenden Zerstörung des Anstehenden geschaffen. Gerade in den sensiblen Geosystemen der Polargebiete erlangt der mehr oder weniger großflächig ablaufende Ionenumsatz in und durch die Flechtenthalli nennenswerte Bedeutung (BLÜMEL et al. 1985; BLÜMEL & EITEL, 1989). Andererseits stellen die Algen-Pilz-Komplexe in den pflanzenarmen polaren Ökosystemen wichtige organische Komponenten dar. Die Einarbeitung kationenreichen organischen Materials in Form abgestorbener, z.t. äolisch verlagerter Pilze und Flechtenthalli (DONKIN 1981) in die Verwitterungssubstrate ist ein noch kaum erforschter wesentlicher Bestandteil der polaren Pedogenese.

3.2.2 Die Bedeutung der äolischen Aktivität

Neben den seit längerem bekannten physikalischen (s. Zusammenstellung bei PYE 1987) führen auch biotische Verwitterungsprozesse (EICHLER 1986) zu feinen Klasten. In den Trockenräumen der Erde - gleich ob kalt oder warm - hat dies eine eigenständige Komponente im Stofftransport einer Landoberfläche zur Folge. Schon früh haben HÖGBOM (1912) und später MECKELEIN (1974) auf die vielen Parallelen zwischen warmarider und kaltarider Geomorphodynamik hingewiesen.

Von großer Bedeutung ist deshalb die äolische Komponente in den Geosystemen Spitzbergens, auf die bereits ZEUNER (1949) aufmerksam machte. Immer wieder wird auf die schluffigen Komponenten der Oberflächensubstrate bzw. der Rohböden hingewiesen (z. B. BRYANT 1982). Dies ist wahrscheinlich eher auf die dominanten physikalischen Verwitterungsprozesse mit häufigen Frost-Tau-Zyklen hier im maritim-arktischen Klima als auf residuale Schluffe aus der Verwitterung anstehender (z. T. carbonatischer) Gesteine zurückzuführen. Nach MANN et al. (1986) ist eine Art "Wüstenpflaster" weit verbreitet, das von einer sandig-schluffigen, 1 - 3 cm mächtigen Schicht unterlagert wird. Dies scheint eine ebenso wichtige Quelle äolischer Dynamik zu sein wie die fluvioglazial geprägten Bereiche des eisfreien Spitzbergens (VAN VLIET-LANÖE & HEQUETTE, 1987). Neben den von Fall zu Fall unterschiedlichen Verwitterungs- und Bodenbildungsstandorten scheint der äolische Einfluß sowohl auf die Geomorphodynamik als auch auf die Pedogenese erstaunlich hoch zu sein. Die Zusammensetzung, aber auch die spezifischen substratphysikalischen und chemischen Eigenschaften der feinen Verwitterungsprodukte, beeinflussen die Turbationsvorgänge, die Verwitterungsprozesse, die Speicherkapazität von Lösungen, die Nährstoffversorgung der Standorte und damit auch die Dichte der Pflanzendecke sowie die Bodenentwicklung ganz entscheidend.

Die Dynamik der arktischen Geosysteme ist nur unzureichend im Rahmen einer Zonierung darstellbar. Dies ist auf ihre Vielfältigkeit zurückzuführen, welche wiederum auf der hohen Sensibilität der Systeme beruht, die stark auf petrographische, mikroklimatische oder reliefabhängige Veränderungen der Rahmenbedingungen anspricht (vgl. auch LESER & SEILER 1986). Nicht zuletzt scheinen die (sub-)polaren Geosysteme auch sehr schnell auf äolische Stoffzufuhr zu reagieren. So führt die polare Pedogenese auf gut dränierten Standorten über die wüstenartigen Rohböden hin zu (ant-) arktischen Braunerden, die ihrerseits vor allem in der kanadischen Subarktis wiederum mit Podsolen zusammen auftreten (UGOLINI & SLETTEN 1988). Diese inter- und intrazonal verbreiteten, meist sehr skelettreichen Braunerden sind sichtbares Zeugnis der in den Polargebieten noch heute oft unterschätzten chemischen Verwitterung. Besonders in feuchten, ozeanisch geprägten Polargebieten dürfen diese Prozesse nicht übersehen werden. Untersuchungen aus der maritimen Antarktis (BLÜMEL 1984; BARSCH et al. 1985; BLÜMEL, 1986) belegen die Bedeutung des chemischen Stoffumsatzes.

Was N-Spitzbergen betrifft, so kann in diesem Zusammenhang auf Vorarbeiten von UGOLINI & SLETTEN (1988) aufgebaut werden. Im Gegensatz zu vielen Standorten der kanadischen Arktis (UGOLINI et al. 1987; STONER & UGOLINI 1988) konnte an den drei (bislang einzigen) untersuchten Braunerde-Standorten (Tab. 1) jedoch keine Podsolierung nachgewiesen werden. Die Autoren führen dies auf die starke äolische Carbonatzufuhr zurück. Diese verhindert intensive chemische Verwitterung und damit auch die vertikale Mobilisierung gelöster Stoffe in den Unterboden. Eine oberflächennahe Aufkalkung, eine Dominanz der Schluffe im Oberboden sowie die insitu-Verbraunung des Unterbodens (Fe-Freisetzung im Horizont ohne vertikale Stoffzufuhr) werden als wichtigste Kennzeichen der arktischen Braunerde N-Spitzbergens genannt.

Petrographische Abhängigkeiten der chemischen Verwitterung können in dem kleinen, aber sehr vielseitig strukturierten Arbeitsgebiet systematisch untersucht werden. Die Germania-Halbinsel stellt nicht nur diesbezüglich eine sehr gute Versuchsanordnung der Natur dar. Die möglichen Einflüsse äolischer Komponenten organischer und anorganischer Art - vom Meer oder vom Land - sind zu beachten. Die große Oberfläche feiner Partikel verleiht ihnen nicht nur bodenphysikalische, sondern auch große bodenchemische Bedeutung. Dies unterstreicht die Notwendigkeit solcher Untersuchungen.

3.2.3 Calciumcarbonat und andere Salze im Prozeß der polaren Pedogenese

Dem Problem der Aufkalkung der Böden und Verwitterungssubstrate ist im Untersuchungsgebiet besondere Aufmerksamkeit zu schenken. So ist nach TEDROW (1968) die pedogenetische Aufkalkung ein geradezu typisches Merkmal von Böden hoher Breiten (Abb. 1), während EVERETT (1968) dieser nur geringen Raum gibt (Abb. 2). Vielmehr sei die Salzanreicherung in den Polarwüsten der dominante bodentypische Prozeß, eine Beobachtung, die TEDROW (1977) mit der Kalkanreicherung verbindet. Im Untersuchungsgebiet am Liefdefjord wird darauf zu achten sein, pedogene Carbonatisierung und Salzanreicherung aus dem Anstehenden heraus von extern eingetragenen Carbonaten und anderen Salzen zu trennen. Dies erfordert v.a. eine genaue Betrachtung der pedologisch relevanten Land-Meer-Bezüge und der Geoökotopinteraktion.

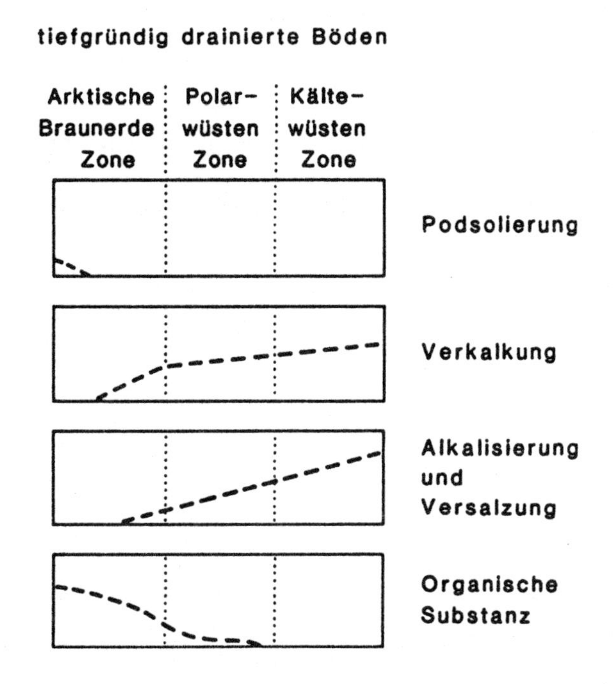

Abb. 1: Carbonat- und Salzanreicherung als bodentypischer Prozeß bei zunehmender Polnähe nach TEDROW (1968).

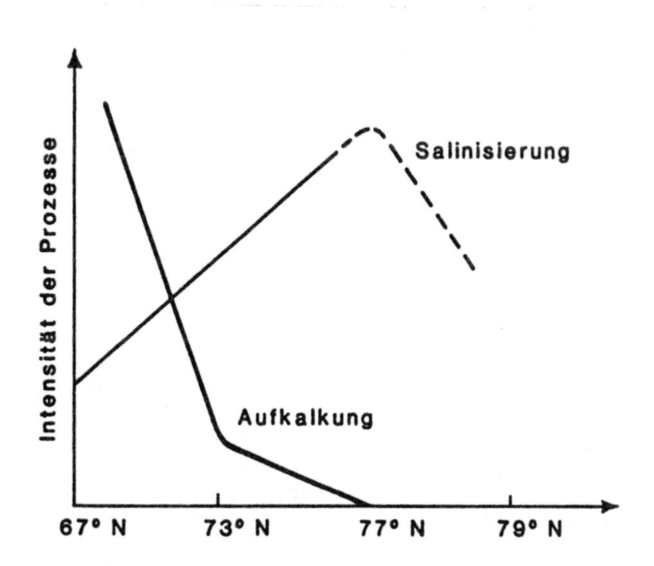

Abb. 2: Carbonat- und Salzgehalt von Böden in Abhängigkeit von der Polnähe nach EVERETT (1968).

4 Petrographische und klimatische Abhängigkeiten der arktischen Pedogenese

Die Pedogenese in polaren Gebieten wurde bislang v.a. klimatisch differenziert (z. b. BLÜMEL & EITEL 1989). Auch die bereits oben zitierten Untersuchungen von UGOLINI & SLETTEN (1988) in N-Spitzbergen erfolgten unter übergeordneten klimatischen Gesichtspunkten, was sich in den von E nach W milder und feuchter werdenden Rahmenbedingungen für die Pedogenese ausdrückt. Die Arbeit stellt dennoch eine sehr gute Grundlage weiterer Forschungstätigkeit dar, da sie mit modernen bodenkundlichen Methoden (Messungen an Ort und Stelle/Lysimetereinsatz, moderne Probenahme und Laborauswertung) quantifizierte Ergebnisse lieferte.

Die drei bislang untersuchten Braunerde-Standorte in N-Spitzbergen (UGOLINI & SLETTEN, 1988) sind:

- Arrigetch (Kongsfjord)	79° 01' / 12° 01' Strand; v.a. aufgearbeitete Kalke, Marmore , Glimmerschiefer, Quarzite
- Ryper (Wijdefjord)	79° 07' / 16° 15' Felsfläche; v.a. Gneis und Amphibolit
- Branevatnetsee (Wahlenbyfjord/NE-Land)	79 ° 48' / 22° 03' Deltasedimente, v.a. Gneise

Zur polaren Bodenbildung liegen bislang nur Einzelergebnisse aus verschiedensten Räumen vor. Isolierte Erkenntnisse an wenigen, nach übergeordneten klimatischen Veränderungen ausgewählten Böden lassen noch keine umfassenden Aussagen zur Bodengenese N-Spitzbergens zu. Hier fehlt v.a. die Berücksichtigung des petrographischen, mikroklimatischen und hydrogeographischen Einflusses unter annähernd gleichen übergeordneten Klimabedingungen. Mit diesem Ansatz erwartet die bodengeographische Arbeitsgruppe einen wesentlichen Fortschritt in der Kenntnis v.a. petrographischer Abhängigkeiten im Zuge der arktischen Pedogenese. Das Unternehmen SPE 90 bietet die Chance, die Ergebnisse anschließend mit Hilfe der benachbarten Teilprojekte zu einer systematischen, dynamischen Zusammenschau zu fügen. Die Berücksichtigung möglichst vieler verwitterungs- und pedogenetisch relevanter Faktoren sowie die Einbindung dieser Untersuchungsergebnisse in ein übergeordetes Geosystemkonzept, über das ein derart großes Unternehmen wie SPE 90 erstmals verfügt, stellt völlig neue Anforderungen und läßt neue, umfassende geoökologische Erkenntnisse erwarten (vgl. LESER & BLÜMEL & STÄBLEIN 1988).

Literatur

AKERMANN, J. 1983: Notes on chemical weathering, Kapp Linné, Spitsbergen. - Proceedings, 4. International Permafrost Conference: 10-16.

BASCH, D. & BLÜMEL, W.-D. & FLÜGEL, W. A. & MÄUSBACHER, R. & STÄBLEIN, G. & ZICK, W. 1985: Untersuchungen zum Periglazial auf der King-George-Insel, Südshetlandinseln, Antarktika. - Ber. z. Polarforschung (= Rep. on Polar Research), 24: 1-75.

BLÜMEL, W.-D. 1984: Zur Natur der West-Antarktis. - Fridericiana, Zeitschrift Universität Karlsruhe, 35: 65-88, Karlsruhe.

BLÜMEL, W.-D. & EMMERMANN, R. & SMYKATZ-KLOSS, W. 1985: Vorkommen und Entstehung von trioktaedrischen Smektiten in den Basalten und Böden der König-Georg-Insel (Shetlands/W-Antarktis). - Polarforsch., 55 (1): 33-48.

BLÜMEL, W.-D. 1986: Waldbodenversauerung, Gefährdung eines ökologischen Puffers und Reglers. - Geogr. Rdsch., 38 (6): 312-320, Braunschweig.

BLÜMEL, W.-D. & EITEL, B. 1989: Geoecological aspects of martime-climatic and continental periglacial regions in Antarctica (S-Shetlands, Antarctic Peninsula and Victoria-Land). - Geoökodynamik, 10: 201-214, Bensheim.

BRYANT, I. D. 1982: Less deposits in Lower Adventdalen, Spitsbergen. - Pol. Res., 2: 93-103,.

BÜDEL, J. 1987: Die Abtragungsvorgänge in der exzessiven Talbildungszone Südost-Spitzbergens. - Herausgegeben und bearbeitet von A. WIRTHMANN und G. STÄBLEIN: 1-131, Stuttgart.

CLARK, J. A. & FARREL, W. E. & PELTIER, W. R. 1978: Global changes in post-glacial sea level: A numerical calculation. - Quaternary Research, 9: 265-287.

COOKS, J. 1989: Lichens in the weathering regime on siliceus material. - Second Intl. Conf. Geomorph. (ICG)., Geoöko plus., 1: 58-59 Frankfurt/M.

DAWSON, H. J. & HRUTTFIORD, B. F. & UGOLINI, F. C. 1984: Mobility of lichen compounds from cladonia mitis in arctic soils. - Soil Science, 138 (1): 40-45.

DONKIN, R.A. 1981: The 'manna lichen' lecanora esculenta. - Anthropos, 76: 562-576.

EICHLER, H. 1986: Die Bedeutung der Flechten (lichens) für die geowissenschaftliche Ökosystemforschung. - Heidelberger Geowiss. Abh., 6: 81-98, Heidelberg.
EVERETT, K. R. 1968: Soil development in the Mould Bay and Isachsen Areas, Queen Elisabeth Islands, Northwest Territories, Canada. - Institute of Polar Studies Report, 24: 1-75, Ohio State University, Columbus/Ohio.
FEDOROFF, N. 1966: Les sols du Spitsberg occidental. - AUDIN (Hrsg.) - Spitsberg, 1964 et premières observations 1965, Recherce Coopérative Programme (R.C.P.), 42 (Chap. 10): 111-228 Lyon.
FORMAN, S. L. & MILLER, G. H. 1984: Time-dependent soil morphologies and pedogenic processes on raised beaches, Bröggerhalvöya, Spitsbergen, Svalbard Archipelago. - Arctic and Alpine Research, 16 (4): 381-394.
FORMANN, S. & MILLER, G. H. 1984: pedogenetic processes and timedependent soilmorphologist on raised beaches broggerhalvoay, Spitzbergen. - Arctic and Alpine Research, 16: 381-394.
FRIEDMANN, E. I. 1982: Endolithic microorganisms in the Antarctic cold desert. - Science 215: 1045-1053.
HÖGBOM, B. 1912: Wüstenerscheinungen auf Spitzbergen. - Bull. Geol. Inst. 11: 242-251, Uppsala.
KAPPEN, L. 1985: Lichen-habitats as micro-oasis in the Antarctic - the role of temperature. - Polarfor. 55 (1): 49-54.
KAPPEN, L. 1988: In den Kleinoasen der antarktischen Kältewüste. Pflanzenleben unter extremen Bedingungen. - Mitt. d. DFG 2 (88): 15-18.
LESER, H. & SEILER, W. 1986: Geoökologische Forschung in Südspitzbergen. - Erde, 117: 1-22, Berlin.
LESER, H. 1988: Geoökosystemforschung in der Hocharktis. Beispiel Nordwestspitzbergen. - Verh. 46. Dt. Geographentag München 1987: 299-306, Stuttgart.
LESER, H. & REBER, S. & REMPFLER, A. 1990: Geoökologische Forschungen in Nordwest-Spitzbergen. - Die Erde, 121 (3/4): 255-268, Berlin.
LOCKE, W. W. 1985: Weathering and soil development on Baffin Island. - In: ANDREWS, J. T. - Quaternary Environments: 331-353, Boston.
MANN, D. H. & SLETTEN, R. S. & UGOLININI, F. C. 1986: Soil development at Kongsfjord, Spitsbergen. - Polar Research, 4: 1-16.
MECKELEIN, W. 1974: Aride Verwitterung in Polargebieten im Vergleich zum subtropischen Wüstengürtel. - Z. Geomorph. N.F. Suppl.-Bd. 20: 178-188.
PYE, K. 1987: Aeolian dust deposits: 1-334, London.
REMPFLER, A. 1989: Wasser- und nährstoffhaushaltliche Aspekte im Jahresgang hocharktischer Geosysteme (Raum Ny Ålesund, Brøggerhalvøya, Nordwestspitzbergen). - Die Erde, 120: 225-238, Berlin.
RIEGER, S. 1974: Arctic soils. - IVES, J. D. & BARRY, R. G.: Arctic and Alpine Environments: 749-769, London.
SALVIGSEN, O. 1977: Radiocarbon datings and extension of the Weichselian icesheet in Svalbard. - Norsk Polarinstitutt Arbok, 1976: 209-224.
SALVIGSEN, O. 1981: Radiocarbon dated raised beaches in Kongs Karl Land, Svalbard and their consequences for the glacial history of the Barents Sea Area. - Geografiska Annaler, 63A: 283-291.
SALVIGSEN, O. & OSTERHOLM, A. C. 1982: Radiocarbon dated raised beaches and glacial history of the northern coast of Spitsbergen, Svalbard. - Polar Research, 1: 97-115.
STÄBLEIN, G. 1977: Arktische Böden West-Grönland: Pedovarianz in Abhängigkeit vom geoökologischen Milieu. - Polarforschung, 47 (1/2): 11-25, Münster.
STEFFENSEN, E. L. 1982: The climate at norwegian arctic stations. - Klima, 5: 1-44.
STONER, M. G. & UGOLINI, F. C. 1988: Arctic pedogenesis: 2. threshold-controlled subsurface leaching episodes. - Soil Science, 145 (1): 46-51.
TEDROW, J. C. F. 1966: Polar desert soils. - Soil Sci. Amer. Proc., 30: 381-387.
TEDROW, J. C. F. 1968: Pedogenic gradients of the polar regions. - J. Soil Sci., 19: 197-204.
TEDROW, J. C. F. 1977: Soils of the polar landscapes, New Brunswick: 1-638, New Jersey.
UGOLINI, F. C. & STONER, M. G. & MARRETT, D. J. 1987: Arctic pedogenesis; 1. evidence for contemporary podsolization. - Soil science, 144 (2): 90-100.
UGOLINI, F. C., SLETTEN, R. S. 1988: Genesis of Arctic Brown Soils (Perigelic Cryochrept) in Svalbard. - Proceedings, 5. International Permafrost Conference: 478-483, Trondheim.
VAN VLIET-LANOE, B. & HEQUETTE, A. 1987: Activité esolienne et sables limoneux sur les versants exposés au nord-est de la peninsule du brogger, Spitsbergen du nord-ouest (Svalbard). - In: PECSI, M. et al. - Loss and periglacial phenomena: 103-129, Budapest.
VOWINCKEL, E. & ORVIG, S. 1970: The climate of the north polar basin. - In: ORVIG, S. (Hrsg.) - Climate of the polar regions, World Survey of Climatology, 14: 370 S., Amsterdam.
ZEUNER, F. E. 1949: Frost soils on Mount Kenya and the relation of frost soils to aeolian deposits. - Journal of Soil Science, 1: 19-29.

Anschrift:
Prof. Dr. WOLF-DIETER BLÜMEL & Dr. BERND EITEL, Geographisches Institut der Universität Stuttgart, Silcherstraße 9, 7000 Stuttgart.

MATERIALIEN UND MANUSKRIPTE - Studiengang Geographie, Heft 19: 119 - 129, Bremen 1991.

Klimaökologische Untersuchungen in Nordwest-Spitzbergen mit Hilfe der Fernerkundung

mit 8 Abbildungen

EBERHARD PARLOW & DIETER SCHERER, Basel

1 Zielsetzungen

Stoff- und Energiehaushalt arktischer Geoökosysteme sind sehr stark durch die besonderen klimatischen Bedingungen geprägt, die auf diese einwirken und sie von anderen Ökosystemen abgrenzen. Insbesondere der charakteristische Strahlungshaushalt mit seinen Folgen, beispielsweise für Böden, Vegetation oder Wasserhaushalt, spielt eine wichtige Rolle für das Verständnis der Zustandsgrößen und Prozesse sowie der Dynamik dieser Systeme. Das Verständnis des Wärmehaushalts arktischer Geoökosysteme liefert den Schlüssel für weiterführende Aussagen, die zum einen die unter heutigen Rahmenbedingungen herrschenden Verhältnisse (Permafrost, Morphodynamik, Vegetationsdifferenzierung etc.) begründen lassen, zum anderen aber auch die Möglichkeit bieten, das Verhalten zahlreicher Systemparameter unter veränderten Bedingungen (Klimaänderungen, menschliche Eingriffe u.a.) zu ergründen. Die Arbeiten erfolgen in dem Bewußtsein, daß die klimatischen Bedingungen nur einen Teil des Wirkungsgefüges dieser Geoökosysteme erklären; Geologie, Morphologie, Böden und Vegetation sind weitere Einflußfaktoren, die sogar entscheidend mit den meteorologischen und klimatologischen Größen rückgekoppelt sind.

Im Rahmen dieses Teilprojektes sollen klimatologisch und ökologisch relevante Parameter flächenhaft bestimmt und in qualitative und quantitative Modelle einbezogen werden. Schwerpunkte sind daher detaillierte Messungen im Gelände zum Strahlungs- und Wärmehaushalt, sowie die Entwicklung, Verbesserung und Anwendung von Fernerkundungsmethoden für klimaökologische Untersuchungen. Nur über die Einbeziehung der Fernerkundung kann der Übergang von punktuellen Messungen zu flächendeckenden Datensätzen realistisch und sinnvoll geleistet werden. Diese stehen dann als Arbeitsmittel anderen Forschungsgruppen zur Verfügung.

In einem weiteren Schritt ist in Zusammenarbeit mit der Forschungsgruppe Geoökologie und Bioökologie (Leiter: Prof. Dr. H. Leser) geplant, die Bedeutung des Strahlungshaushalts für die Schneedeckenentwicklung in der sommerlichen Abschmelzphase mit Modellen quantitativ zu erfassen.

2 Methodik

Um der Komplexität arktischer Geoökosysteme gerecht zu werden, muß eine den jeweiligen Teilproblemen angemessene Methodik angewandt werden. Dabei ist jedoch entscheidend, daß diese Verfahren nicht einfach nebeneinander betrieben, sondern zu einem methodischen System vernetzt werden, das es erlaubt, Gesamtaussagen treffen zu können, deren Gültigkeitsbereiche und Genauigkeiten klar definiert und den Fragestellungen angepaßt sind.

Folgende Methoden werden im Rahmen dieses Teilprojektes eingesetzt (z.T. müssen diese neu entwickelt bzw. verbessert werden):

- Betrieb einer Wärmehaushaltsmeßstation im Sommer 1990.
- Durchführung einer Meßkampagne zur Erfassung des Energieumsatzes während der Schneeschmelze im Frühjahr bis Sommer 1991.
- Mobile Messungen ausgewählter Größen im Gelände.

- Zeitreihenanalysen der Meßdaten.
- Digitale, mono- und multitemporale Auswertungen von 3 bis 4 Landsat TM-Szenen mit Hilfe von Kartierungen und Geländebegehungen (Ground Truth).
- Berechnung der relevanten Reliefparameter aus digitalen Höhenmodellen.
- Visuelle und digitale Auswertungen von ca. 100 bis 200 NOAA AVHRR- und TOVS-Datensätzen unter Einbeziehung von Wolkenbeobachtungen, Wetterkarten und langen Beobachtungsreihen.
- Detaillierte Modellierung des Strahlungshaushaltes unter Berücksichtigung der Bewölkung.
- Modellierung des Bodenwärmestroms, der Verdunstung sowie des Stroms fühlbarer Wärme.
- Strömungsmodellierung.

2.1 Meßkonzeption

Eine wichtige Komponente dieses Forschungsprojektes ist es, mittels mikrometeorologischen bzw. mikroklimatischen Messungen die zeitliche Dynamik und räumliche Variabilität von Prozessen zu untersuchen, die den Wärmehaushalt in dieser Region bestimmen.

Das Meßkonzept kann in drei Großbereiche gegliedert werden:

- Detaillierte Untersuchung des Wärmehaushaltes an einem festen Standort.
- Mobile Messungen ausgewählter Parameter, um deren Abhängigkeiten von den spezifischen Standortbedingungen zu bestimmen.
- Aufbau von mehreren identisch konfigurierten Messeinrichtungen, um die räumliche Variation der frühsommerlichen Schneeschmelze zu bestimmen.

Die ersten beiden Vorhaben wurden im Sommer 1990 realisiert, der dritte Punkt wird in der diesjährigen Meßkampagne in Angriff genommen. Zusätzlich zu diesen Messungen werden mobile Messungen auch in diesem Jahr stattfinden; eine vom Messumfang reduzierte Wärmehaushaltsstation wird an gleicher Stelle wie im Vorjahr aufgebaut werden.

Die zeitliche Begrenzung der Intensivmeßkampagnen auf den Zeitraum von Mitte Mai bis Ende August stellt für das Untersuchungs gebiet am Liefdefjord keine Einschränkung dar, da nicht geplant ist, eine vollständige Beschreibung der ganzjährigen Witterungsbedingungen zu erstellen, sondern vielmehr die Untersuchung der ökologisch wichtigen Sommersituation im Vordergrund steht. Ergänzend laufen einige unüberwachte Messungen das ganze Jahr hinweg, deren Tauglichkeit sich jedoch erst noch erweisen muß.

Mit der Schneeschmelze wird die winterliche Konservierung dieser Landschaft aufgehoben; der Permafrostspiegel senkt sich ab, die bodenchemischen, biologischen und für die Stofftransporte verantwortlichen Prozesse können erst jetzt ihre volle Wirkung entfalten. Die Vegetationsperiode ist i.a. schon vor dem Wintereinbruch im September beendet.

2.2 Fernerkundung und Modellierung

Fernerkundungsdaten liefern flächendeckende, objektivierte, physikalisch gemessene Daten in unterschiedlichen räumlichen, zeitlichen und spektralen Auflösungen, die sowohl in analoger Form (Photographische Abzüge, Ausdrucke auf Laserprinter usw.) als auch als digitale Produkte (Magnetband CCT) erworben werden können.

Für dieses Forschungsvorhaben wurden zwei Satellitenplattformen gewählt: Die NOAA Satelliten 10 und 11 der Baureihe TIROS-N mit den Aufnahmesystenen AVHRR (Advanced Very High Resolution Radiometer) und TOVS (TIROS Operational Vertical Sounder), sowie Landsat 5 mit dem TM-Sensor (Thematic Mapper). Die NOAA-AVHRR Daten besitzen eine räumliche Auflösung von ca. 1.1 km im Nadir und überdecken ein Gebiet der mehrfachen Grösse von Spitzbergen. Die zeitliche Auflösung ist aufgrund der Konvergenz der Orbits in polaren Breite sehr hoch; theoretisch kann nahezu jede Stunde ein Überflug aufgezeichnet werden. AVHRR-Daten liegen in 4 (NOAA 10) bzw. 5 (NOAA 11) Spektralbereichen vor, die vom solaren Spektrum bis hin zum thermischen Infrarot reichen. TOVS Daten haben ei-ne reduzierte räumliche Auflösung in der Größenordnung von 10^1 bis 10^2 km, besitzen jedoch eine Vielzahl spektraler Kanäle, die es erlauben, Vertikalprofile von Temperatur, Feuchte und Gaskomponenten der Atmosphäre zu bestimmen. Landsat TM liefert räumlich hochaufgelöste Daten in 7 Spektralbereichen (30 m in den solaren Kanälen, 120 m im Thermal-IR), die jedoch in der räumlichen Überdeckung (180 km x 180 km bzw. 90 km x 90 km) sowie in der zeitlichen Auflösung (in polaren Breiten ca. 1 bis 3 Tage) reduziert sind. Demzufolge werden die NOAA-Daten für die meteorologischen und klimatologischen Fragestellungen herangezogen, während die Landsat TM Aufnahmen zur Bestimmung räumlich struktureller Parameter eingesetzt werden können.

Für den Zeitraum der Stationsmessungen 1990 stehen NOAA-Datensätze in digitaler Form für nahezu jeden Tag zur Verfügung; zusätzlich wurden ca. 80 Quicklooks gekauft, die den gesamten Expeditionszeitraum 1990 abdecken. Es ist geplant, auch für die Zeitdauer der Meßkampagne 1991 (Mitte Mai bis Anfang Juli) NOAA-Daten zu erwerben.

Schon im Vorfeld der SPE 90 wurde eine Landsat TM-Szene von 22. Juli 1988 erworben; zwei weitere Aufnahmen aus diesem Expeditionszeitraum werden 1991 zur Verfügung stehen. Geplant ist, auch für den Frühsommer 1991 eine weitere Szene zu kaufen.

Zusätzlich zu den Meß- und Satellitendaten liegt ein digitales Höhenmodell der FH Karlsruhe (Prof. Dr. G. Hell) des gesamten Untersuchungsgebietes in einer horizontalen Auflösung von 60 m vor. Ein 20 m-Modell des Einzugsgebietes, das 1990 und 1991 eingehend untersucht wird, soll demnächst ebenfalls in digitaler Form zur Verfügung stehen. Eine Höhenlinienkarte auf dieser Datenbasis ist bereits vorhanden.

Das Relief spielt eine besondere Rolle sowohl für die klimatischen als auch für die ökologischen Bedingungen im Untersuchungsgebiet. Exemplarisch seien folgende Punkte an dieser Stelle angeführt:

- Mit der Höhe über NN variieren die Temperaturen, die Niederschläge (in Menge und Form) aber auch die Strahlungsverhältnisse, da die vom Sonnenlicht durchstrahlte Luftmasse mit zunehmender Höhe rasch abnimmt.
- Hangneigung und Exposition beeinflußen über den Sonneneinfallswinkel die kurzwellige Einstrahlung. Auf Schnee und Eisflächen mit stärkerem Anteil an spiegelnder Reflexion kann es dadurch auch zu starken Variationen der Albedo kommen.
- Die Horizonteinschränkung ist verantwortlich für die Beschattung (Reduktion des direkten Anteils der kurzwelligen Einstrahlung bis auf Null), aber auch für eine Verminderung des diffusen Himmelslichtes.

Im Rahmen dieses Teilprojektes werden alle für den Wärmehaushalt relevanten Reliefparameter aus den digitalen Höhenmodellen berechnet, um diese als Eingangsgrößen in weiterführende Auswertungen zu verwenden.

Das gesamte Modellkonzept beruht auf folgende Überlegungen: Zunächst werden die Prozessgefüge einzelner Standorte anhand der Messungen in ihrer quantitativen Ausprägung und zeitlichen Dynamik ermittelt. In einem zweiten Schritt werden die Abhängigkeiten von den Standortverhältnissen (Relief, Substrat u.a.) durch den Vergleich der Meßstandorte untersucht. Das aus den Standortanalysen ermittelte Modell für eine flächenhaft zu bestimmende Größe benötigt i.a. flächenhaft vorliegende Eingangsdaten, die entweder direkt aus den Satelliten- bzw. Reliefdaten, oder aber aus Kartierungen bzw. aus Ergebnissen anderer Modelle zusammengestellt werden können. Die berechneten Parameter können anschließend kartographisch aufbereitet als Zwischen- oder Endergebnis ausgegeben werden, ihre digitale Form erlaubt jedoch auch die Verwendung als Eingangsgrößen in weiterführende Modelle.

Als Beispiel soll die flächenhafte Berechnung der Strahlungsbilanz und ihrer Einzelkomponenten für einen Zeitpunkt dienen:

- Unter den biotischen Daten sind neben der Oberflächenstruktur bzw. Vegetationsklassifikation als weitere wichtige Größen Bilanzkomponenten der photosynthetisch aktiven Strahlung (PAR) ableitbar.
- Unter Verwendung eines digitalen Geländemodells, das Daten zur Höhe, Exposition, Hangneigung und Horizonteinschränkung beinhaltet, sowie einem Strahlungsmodell kann für jedes Flächenelement die kurzwellige solare Einstrahlung berechnet werden. Diese stellt eine Komponente der Strahlungsbilanz dar, kann aber darüber hinaus zur Einstrahlungskorrektur der Satellitendaten eingesetzt werden (Beschattungseffekte im Bergland u.s.w.).
- Das DGM erfährt eine weitere Verwendung bei der Korrektur des Wasserdampfeinflußes auf die Messung der Strahlungstemperatur vom Satelliten aus, indem es als notwendige Basisinformation für das Korrekturmodell WINDOW dient. Damit kann über die Strahlungstemperaturen der Erdoberfläche die terrestrische, langwellige Emission mit einer Genauigkeit von ca. 1.0 - 1.5 K berechnet werden.
- Nicht zuletzt wird das DGM zum Ausgleich der Höhenabhängigkeit der atmosphärischen Gegenstrahlung benutzt. Durch die Daten einer Radiosondage ist die vertikale Temperatur- und Feuchteschichtung dem Modell GEGRAD bekannt. Die Radiosondendaten können aber auch durch NOAA-TOVS-Daten ersetzt werden.

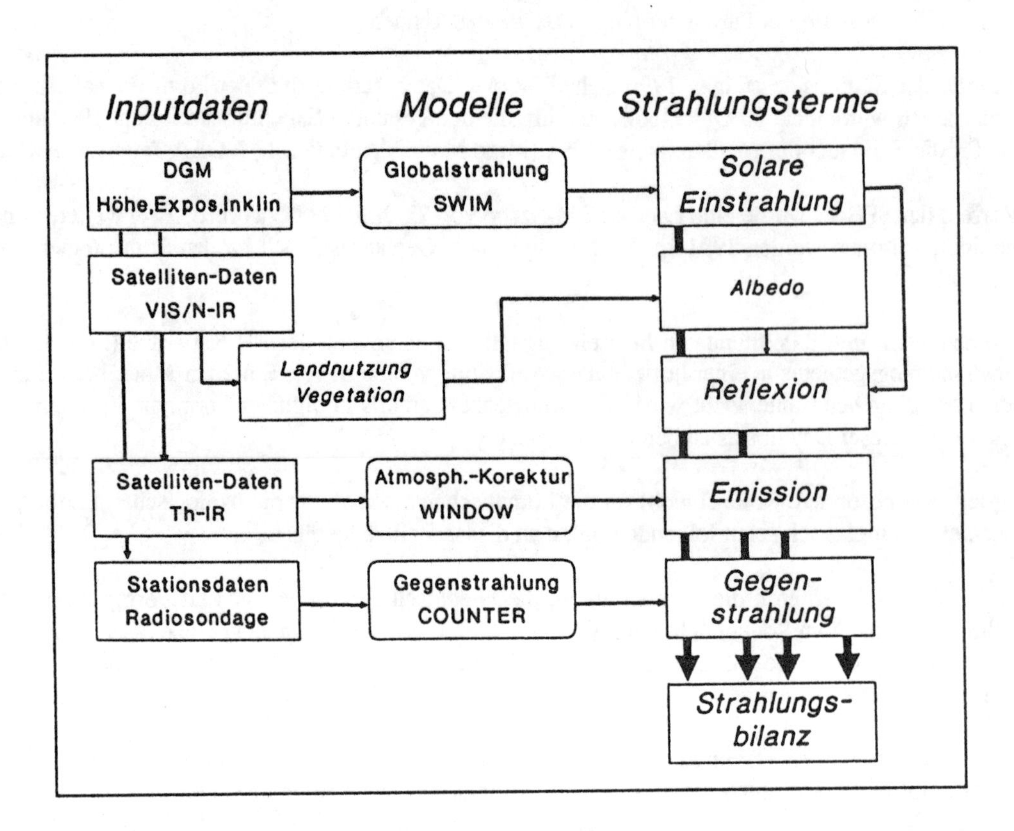

Abb. 1: Modellkonzept Strahlungsbilanz.

Aus den so abgeleiteten Teilkomponenten läßt sich nun in einem letzten Schritt problemlos die Strahlungsbilanz flächendeckend berechnen.

Ein Beispiel für eine standortbezogene Analyse stellt die Berechnung bodenphysikalischer Parameter aus Bodenthermistormessungen dar. Der Bodenwärmestrom besitzt in arktischen Breiten eine wesentlich größere Bedeutung als in mittleren Breiten, da dieser in letzteren durch die Vegetation stark reduziert ist. Der Bodenwärmestrom kann direkt (z.B. mit Heat Flux Plates) gemessen werden; über Bodentemperaturprofile können die bodenphysikalischen Parameter (Wärmeleitfähigkeit, -kapazität u.s.w.) meßtechnisch einfacher und sogar in verschiedenen Tiefen aus der zeitlichen Dynamik der Temperaturwerte berechnet werden.

Hierzu verwendet man die Wärmeleitungsgleichung (zunächst eindimensional) und die Methode der Fourieranalyse:

$$\bar{B} = -ß \cdot \frac{\delta}{\delta z} T \quad \text{sowie} \quad \frac{\delta}{\delta t} T = -\frac{1}{d \cdot c} \cdot \frac{\delta}{\delta z} \bar{B}$$

$$\Rightarrow \quad \frac{\delta}{\delta t} T = \alpha \cdot \frac{\delta^2}{\delta z^2} T \quad \text{mit} \quad \alpha = \frac{ß}{d \cdot c}$$

mit

$\bar{B}$	Bodenwärmestrom	$[W \cdot m^{-2}]$
z	Tiefe	[m]
t	Zeit	[s]
T	Bodentemperatur	[K]
ß	Wärmeleitfähigkeit	$[W \cdot K^{-1} \cdot m^{-1}]$
d	Dichte	$[kg \cdot m^{-3}]$
c	spezifische Wärmekapazität	$[W \cdot s \cdot K^{-1} \cdot kg^{-1}]$
α	Temperaturleitfähigkeit	$[m^2 \cdot s^{-1}]$

Unter der Annahme einer harmonischen Randbedingung an der Erdoberfläche folgt daraus:

$$A(z_2) = A(z_1) \cdot \exp [(z_2-z_1) \cdot (\alpha \cdot P \cdot \pi^{-1})^{-\frac{1}{2}}$$

mit

A	Temperaturamplitude in der Tiefe z	[K]
P	Untersuchte Periode (z.Bsp. ein Tag)	[s]

Mit Hilfe der Fourieranalyse läßt sich aus den längerfristig erhobenen Daten der Tagesgang aus dem Frequenzgemisch (niederfrequenter Jahresgang und hochfrequente Störungen z.B. durch durchziehende Wolken) extrahieren. Dieser folgt i.a. der Voraussetzung einer harmonischen (periodisch schwankenden) Randbedingung, was die Berechnung der Größen (in diesem Falle α) erlaubt. Analog kann mit den anderen Parametern verfahren werden, da z.B. die Phasenverschiebung (Extrema im Tagesgang sind tiefenabhängig zeitlich verschoben) ebenfalls zur Verfügung steht.

Aus der zeitlichen Entwicklung der bodenphysikalischen Parameter kann dann weiter auf die Änderungen der Einflußfaktoren geschlossen werden: Die beiden wichtigsten Einflüsse resultieren aus der Bodenart (Dichte und Porenvolumenverteilung), die zeitlich nur sehr schwach variant ist, sowie dem Wassergehalt der untersuchten Bodenschicht. Eine detaillierte Analyse der Daten ermöglicht somit näherungsweise eine Verfolgung des vertikalen Wassertransports im Boden.

3 Ergebnisse

In diesem Bericht können selbstverständlich nur erste, grobe Ergebnisse präsentiert werden, da das Projekt mehrjährig angelegt ist und zudem noch nicht alle Daten zur Verfügung stehen. Desweiteren besteht ein wichtiger Teil der Arbeiten in der Softwareentwicklung, da kommerzielle Programme nur wenige Aspekte abdecken können. Nichtsdestotrotz soll an dieser Stelle ein Überblick über erste Ergebnisse gegeben werden.

3.1 Stationsergebnisse

Für die Dauer des Aufenthalts in NW-Spitzbergen wurde eine Wärmehaushaltsstation in der Nähe des Basislagers am südlichen Liefdefjord aufgebaut und vom 13. Juli bis zum 24. August 1990 betrieben. Diese erfaßte Lufttemperatur und -feuchte, Niederschlag und Luftdruck, desweiteren wurden Messungen von Temperatur-, Feuchte- und Windprofilen durchgeführt. Außerdem wurden sämtliche Strahlungsflüsse, die Verdunstung, der Bodenwärmestrom und Bodentemperaturen in verschiedenen Tiefen gemessen. Parallel dazu wurden mehrmals täglich Wolkenbeobachtungen durchgeführt.

Die Luftdrucksituation zwischen dem 14.7.90 und 23.8.90 zeigt drei Phasen höheren Luftdruckes mit Werten über 1 020 hPa, die unterbrochen sind von Tiefdrucklagen, von denen letztere mit Luftdruckwerten um 995 hPa für einen einschneidenden Wetterwechsel mit Schneefall bis in Meereshöhe verantwortlich war. Die sonst spärlichen Niederschläge betrugen in dieser Zeit zwischen 1 und 16 mm pro Tag.

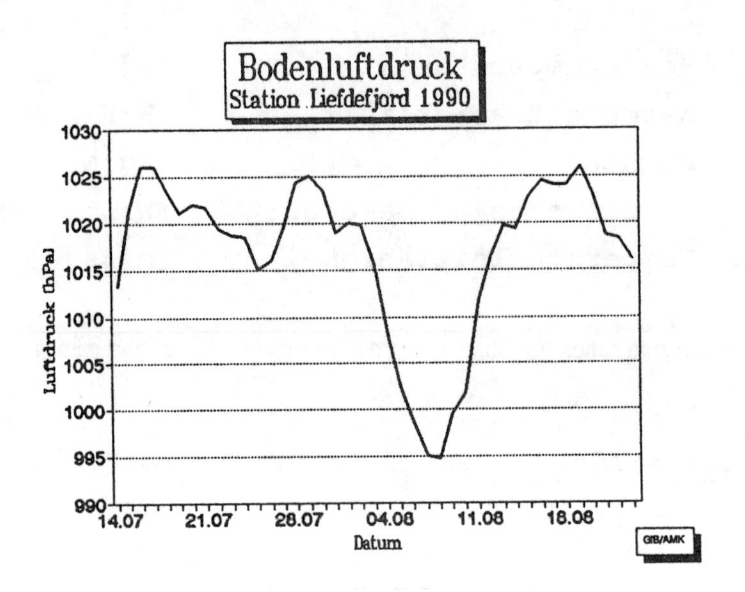

Abb. 2: Luftdruck Liefdefjord.

Der Verlauf der Lufttemperatur zeigt einen allgemeinen, leicht abnehmenden Trend, der den ausklingenden arktischen Sommer widerspiegelt. Neben kleineren Fluktuationen ist die Schlechtwetterperiode Anfang August durch eine markante Temperaturabnahme gekennzeichnet.

Noch ausgeprägter sieht man die jahreszeitlichen Veränderungen an der Kurve der Strahlungsbilanz, die anfangs zwischen 100 und 160 W/m^2 schwankte und gegen Ende der Kampagne auf 40 bis 70 W/m^2 abnahm. Auch hier fällt die Schneefallperiode aus dem Rahmen.

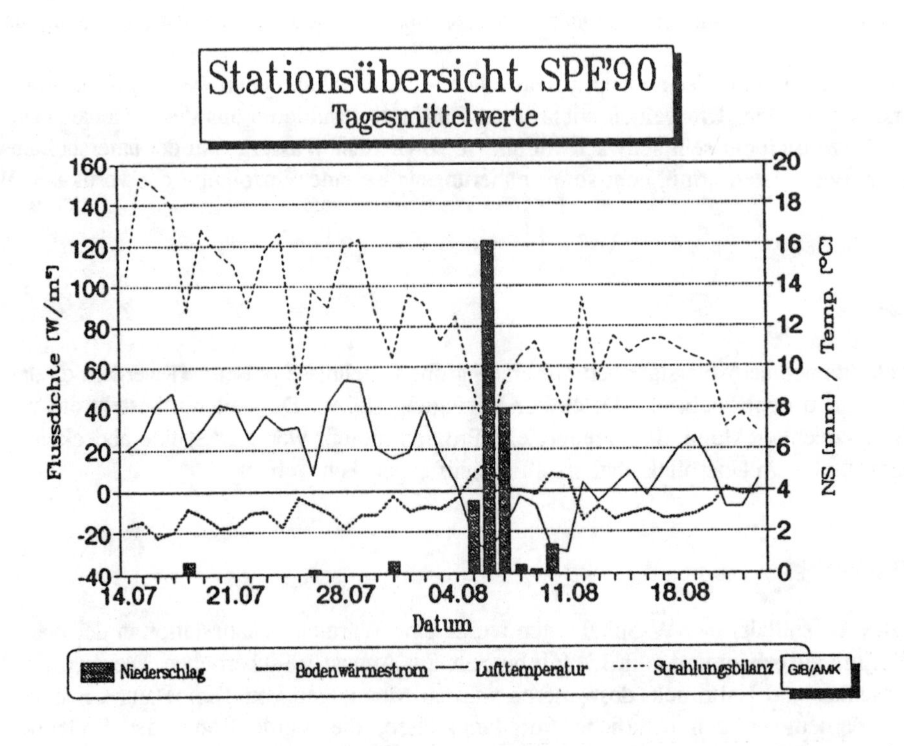

Abb. 3: Integrierte Tageswerte einzelner Meßgrößen der Meßtation 1990.

Der direkt gemessene Bodenwärmestrom zeigt Werte zwischen -20 und -5 W/m^2. Das negative Vorzeichen deutet die in den Boden zeigenden Richtung des Wärmeflusses an. Der abnehmende Trend zeigt an, daß der Fluß als Reaktion auf die abnehmende Strahlungsbilanz schwächer wird und während der Schlechtwetterphase sogar die Richtung wechselt. Während der letzten Schönwetterphase deutet das Vorzeichen einen erneuten Richtungswechsel an. Dies resultiert aus einem nun dominanten Tagesgang mit tagesperiodischer Umkehr des Wärmeflusses, während zuvor mit schwächerer Tagesmodulation der Wärmefluß konstant in den Boden gerichtet war.

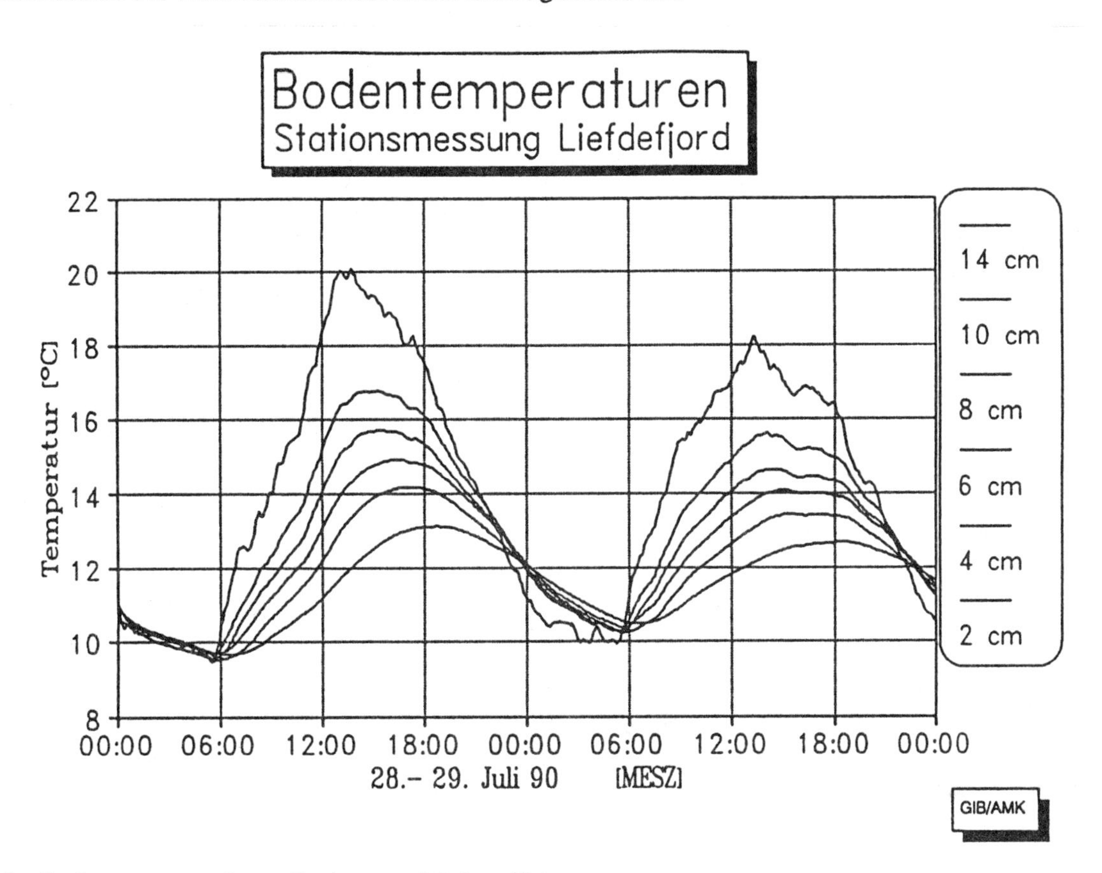

Abb. 4: Bodentemperaturdynamik eines zweitägigen Zeitraumes.

Die Abbildung zeigt, wie mit zunehmender Tiefe die Tagestemperaturamplituden abnehmen. Außerdem zeigen die tieferen Temperaturen einen deutlich geglätteten Verlauf, der direkt aus der fouriertransformierten Wärmeleitungsgleichung hergeleitet werden kann: Die Eindringtiefe einer Temperaturänderung, ausgedrückt im Abklingen der Temperaturänderung auf einen bestimmten Prozentwert der initialen Temperaturänderung, nimmt mit der Wurzel des Periodenverhältnisses zu. Dies bedeutet, daß die Jahresamplitude im Vergleich zur Tagesamplitude um den Faktor 19 (Wurzel aus 365 : 1) tiefer eindringen kann und daher kurzfristige Störungen nur wenige cm tief beobachtet werden können. Diese Tatsache hat enorme Konsequenzen für den Auf- und Abbau einer Permafrosttafel: Eine mehrere hundert Meter mächtige Tafel kann nur durch eine langanhaltende Temperaturänderung (hunderte bis tausende von Jahren) auf- und abgebaut werden, selbst wenn diese Temperaturänderung von gravierendem Ausmaß ist. Die Auftauzone jedoch kann jedoch relativ rasch auf Änderungen der sommerlichen Durchschnittstemperaturen reagieren.

3.2 Synoptik

Aus den NOAA-AVHRR Bildern werden z.Z. mit Hilfe von Wetterkarten und langjährigen Zeitreihen und nicht zuletzt mit den selbst durchgeführten Messungen und Beobachtungen die synoptischen Bedingungen während der SPE 90 untersucht. Von großem Interesse sind vor allem folgende Fragen:

- Gibt es Unterschiede zwischen dem Liefdefjordgebiet und anderen Regionen Spitzbergens bezügl. der Bewölkungsverhältnisse?
- Wenn ja, worauf sind diese zurückzuführen?
- Gibt es Anhaltspunkte dafür, daß dieser Sommer signifikant vom durchschnittlichen Verhalten abweicht?

Eine vollständige Beantwortung dieser Fragen steht noch aus, folgende Sachverhalte scheinen sich jedoch herauszubilden:

Spitzbergen kann in einen südlicheren Bereich mit stärkerer Beeinflussung von maritimer feuchter Luft aus westlicher bis südlicher Richtung sowie einen nördlichen Bereich mit stärker polarer Ausprägung eingeteilt werden.

Desweiteren zeigen die stärker von der Küste entfernten Gebiete etwas geringere Bewölkung als die westlich gelegenen, küstennahen Stationen. Dies führte im Sommer 1990 zu relativ hohen Strahlungssummen im Untersuchungsgebiet im Vergleich zu den Durchschnittswerten, die von anderen Stationen gemeldet werden. Eine Quantifizierung steht noch aus, wobei berücksichtigt werden muß, daß diese Feststellung zunächst nur für diesen Sommer gilt.

Das Liefdefjordgebiet zeichnet sich von anderen Gebieten dadurch aus, daß es zwar deutlich maritim geprägt ist (hohe rel. Luftfeuchten bei gemäßigten Sommertemperaturen), aber vom westlichen, offenen Meer durch eine Gebirgskette getrennt ist. Daraus resultiert eine große Häufigkeit von Föhnwetterlagen, die an der typischen Staubewölkung am Gebirge mit anschließender Wolkenauflösung im Fjordbereich erkannt werden kann. Die Öffnung des Fjordes nach NE läßt die Luftmassen aus dieser Richtung ungehindert passieren.

Das Satellitenbild vom 20.06.90 zeigt eine charakteristische Situation: Der Westen Spitzbergens liegt im Einflußbereich maritimer Luftmassen aus westlicher Richtung mit dichter, stratiformer Bewölkung, die landesinneren Gebiete dagegen sind noch von polarer Luft beeinflußt und nahezu wolkenfrei. Der Norden von Spitzbergen liegt am Rande der Störung und wird von den maritimen Luftmassen umströmt. Die Wetterkarte vom gleichen Tag zeigt, daß das Ursprungsgebiet der maritimen Luft aus dem golfstrombeeinflußten Atlantik stammt und von einem Hoch in der Framstrasse kurzfristig über den Osten Grönlands gelenkt wird.

3.3 Landsat TM

Die bisher in digitaler Form vorliegende Aufnahme vom 22.07.88 wurde bisher noch nicht vollständig ausgewertet. Eine Aufbereitung für eine visuelle Interpretation zeigte jedoch, daß diese Daten in der Lage sind, zahlreiche Informationen für das Untersuchungsgebiet (und darüber hinaus) zu liefern. Es ist zu berücksichtigen, daß die drei Kanäle im solaren IR sowie der Thermalkanal weitere, noch nicht erschlossene Informationen beinhalten, insbesondere für eine Gesteins-, Boden- und Vegetationsdifferenzierung.

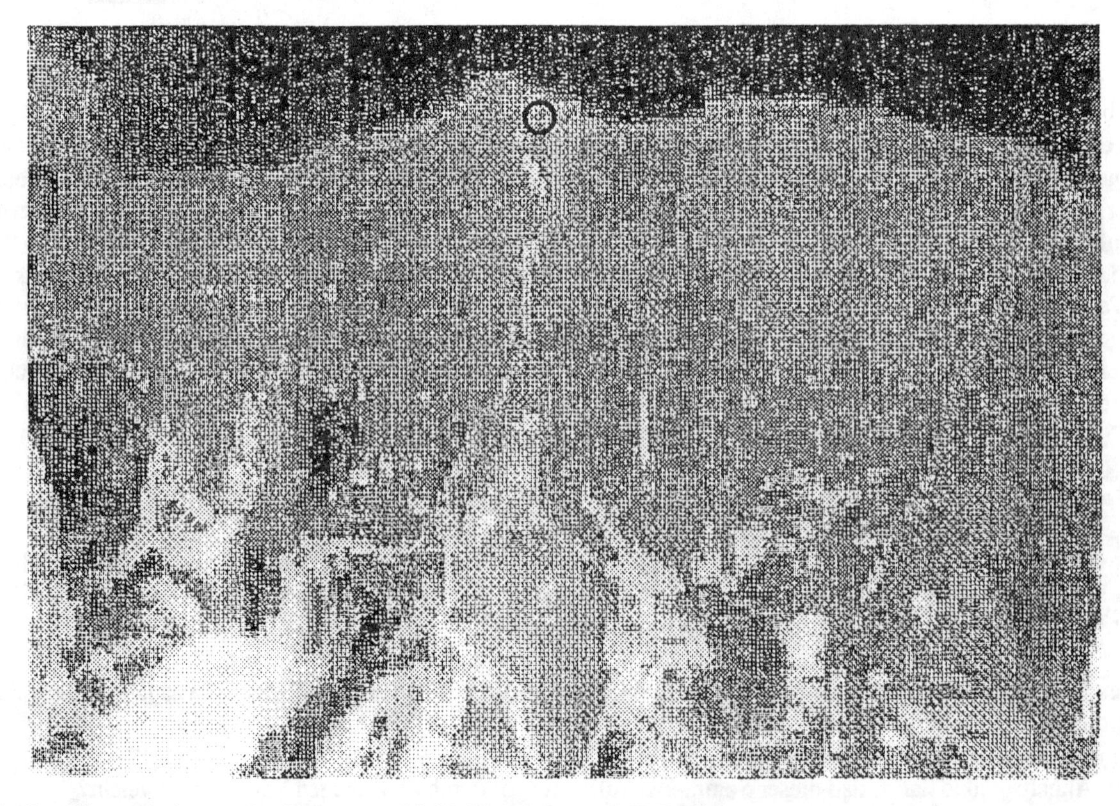

Abb. 5: Detailausschnitt aus der Szene vom 22.07.88 (Basiscamp SPE 90).

Deutlich sind schon aus den optischen Kanälen die geologischen Strukturen (markant ist vor allem der Übergang von der Siktefjell- zur Woodbayformation), die Schnee- und Eisbedeckung sowie die Vegetationsüberdeckung zu beobachten. Auf den Gletschern sind sowohl Obermoränen als auch Spaltensysteme deutlich zu erkennen. Viele morphologischen Strukturen (Moränenwälle, Flußläufe u.a.) lassen sich gut interpretieren. Im Fjord ist die Verwirbelung der Sedimentfracht zu erkennen, z.T. können sogar kleinere küstennahe Sedimentfahnen verfolgt werden.

3.4 Reliefanalyse

Aus dem bisher vorliegenden Höhenmodell wurden flächendeckend Hangneigungs- und Expositionswinkel berechnet. Zudem wurden Isolinien aus dem Höhendatensatz ermittelt, die anzeigten, daß einige Höhen wahrscheinlich durch Eisberge fehlerbehaftet sind. Vor der Weiterverwendung der Höhendaten wird eine Vorprozessierung zur Fehlerreduktion notwendig werden.

Liefdefjord - Nordwest-Spitzbergen

Vorläufige Arbeitskarte, erstellt aus dem digitalen Höhenmodell der FH Karlsruhe 1991

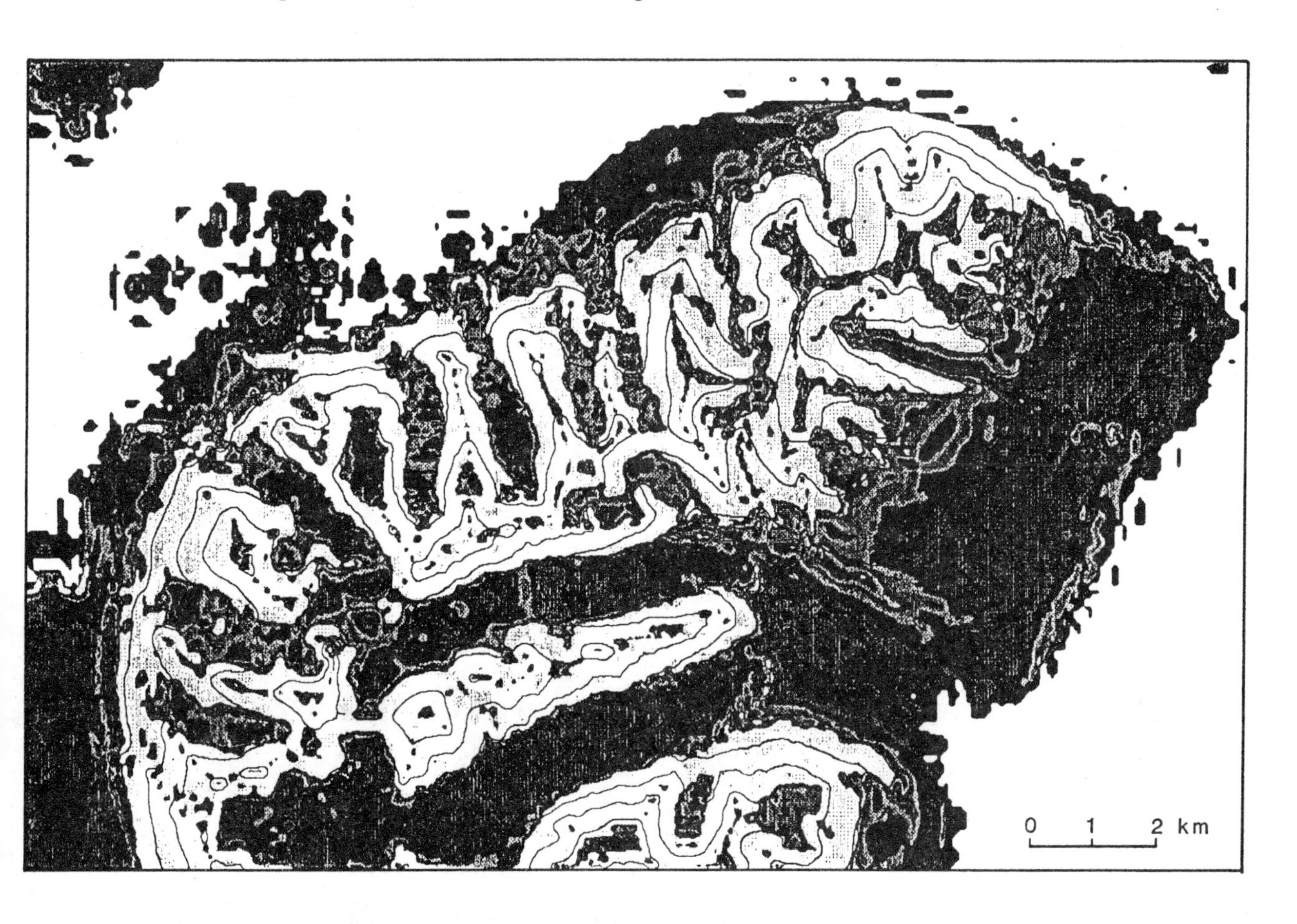

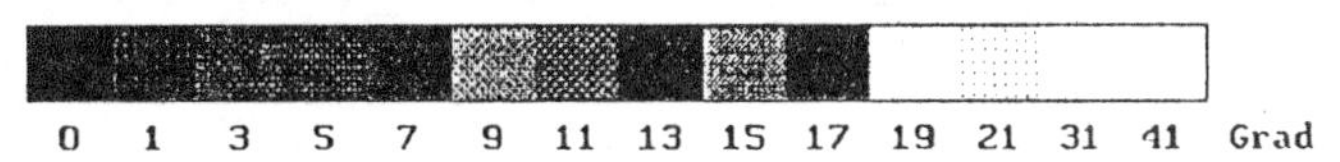

Äquidistanz der Höhenlinien 200 m

Abb. 6: Digitale Hangneigungskarte des Untersuchungsgebietes.

3.5 Modellierung

Da viele der Daten noch nicht in endgültiger Form vorliegen, sei es, daß diese noch gar nicht vorhanden sind, sei es, daß noch Kalibrationen und weitere Aufbereitungen notwendig sind, wurden die Modellrechnungen zeitlich zurückgestellt. Ein während der SPE 90 erstelltes, noch relativ einfaches Stationsmodell zur Berechnung der kurzwelligen Einstrahlung wurde mit Meßergebnissen verglichen, die schon kalibriert sind. Das Ergebnis zeigt eine relativ gute Übereinstimmung in den wolkenfreien Zeiträumen. Das Auftreten von Bewölkung führt i.a. zu einer Reduktion der Globalstrahlung, aufgrund von Streueffekten und Reflexionen kommt es jedoch zeitweise zu einer Erhöhung der Strahlungsintensität, die betragsmäßig z.T. überraschend hoch ist (bis ca. 200 W/m^2), das Phänomen selbst jedoch sehr gut untersucht ist.

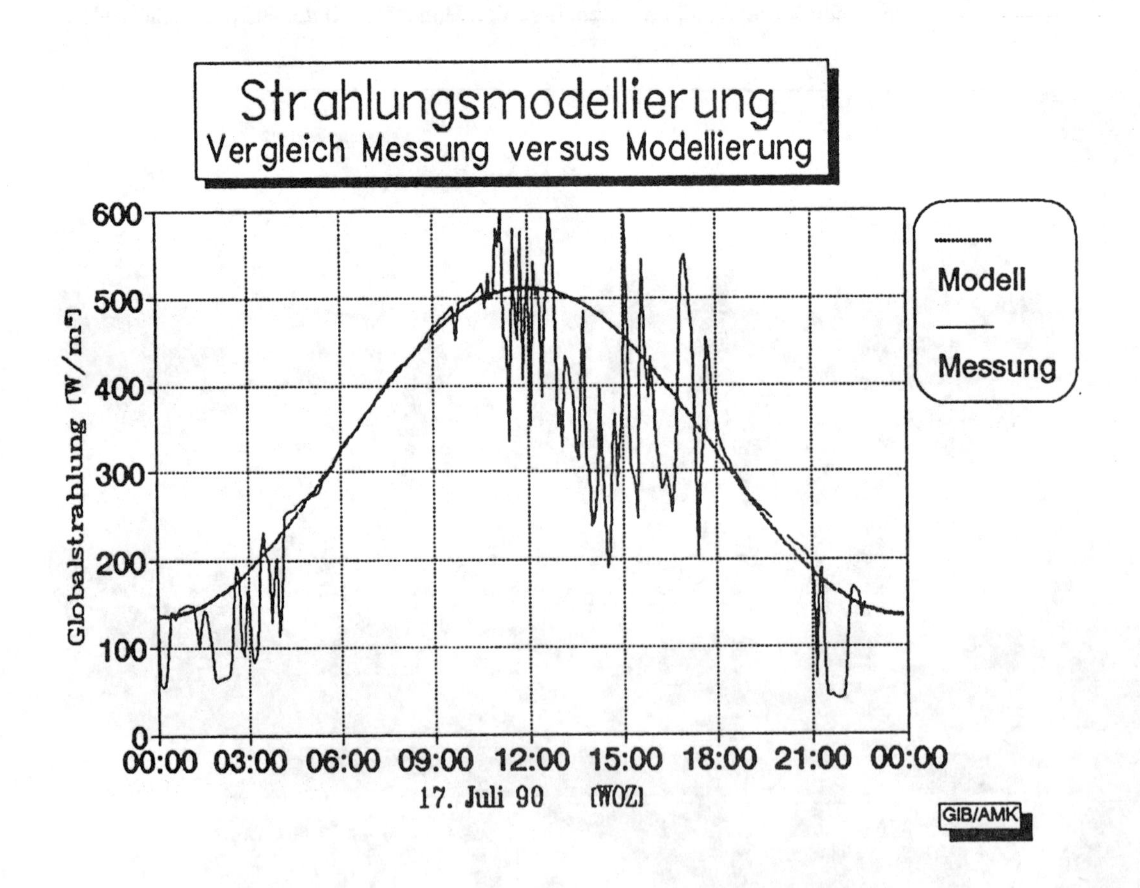

Abb. 7: Vergleich einer Strahlungsmessung und Modellierung.

Für den gleichen Tag wurde für den Zeitpunkt 10:30 WOZ flächendeckend die kurzwellige Einstrahlung (auf geneigte Flächen) berechnet. Dazu wurde das 1987 entwickelte Strahlungsmodell SWIM (Short Wave Insulation Model) eingesetzt. Es ist genau wie das Stationsmodell nur für wolkenlose Bedingungen gültig; beide Modelle werden im Verlauf dieses Projektes auch hinsichtlich der Bewölkungsverhältnisse weiterentwickelt und zu einem gemeinsamen Modell integriert werden.

Die Abbildung soll verdeutlichen, wie Hangneigung und Exposition modifizierend auf das Strahlungsangebot eines jeden Flächenelementes einwirken.

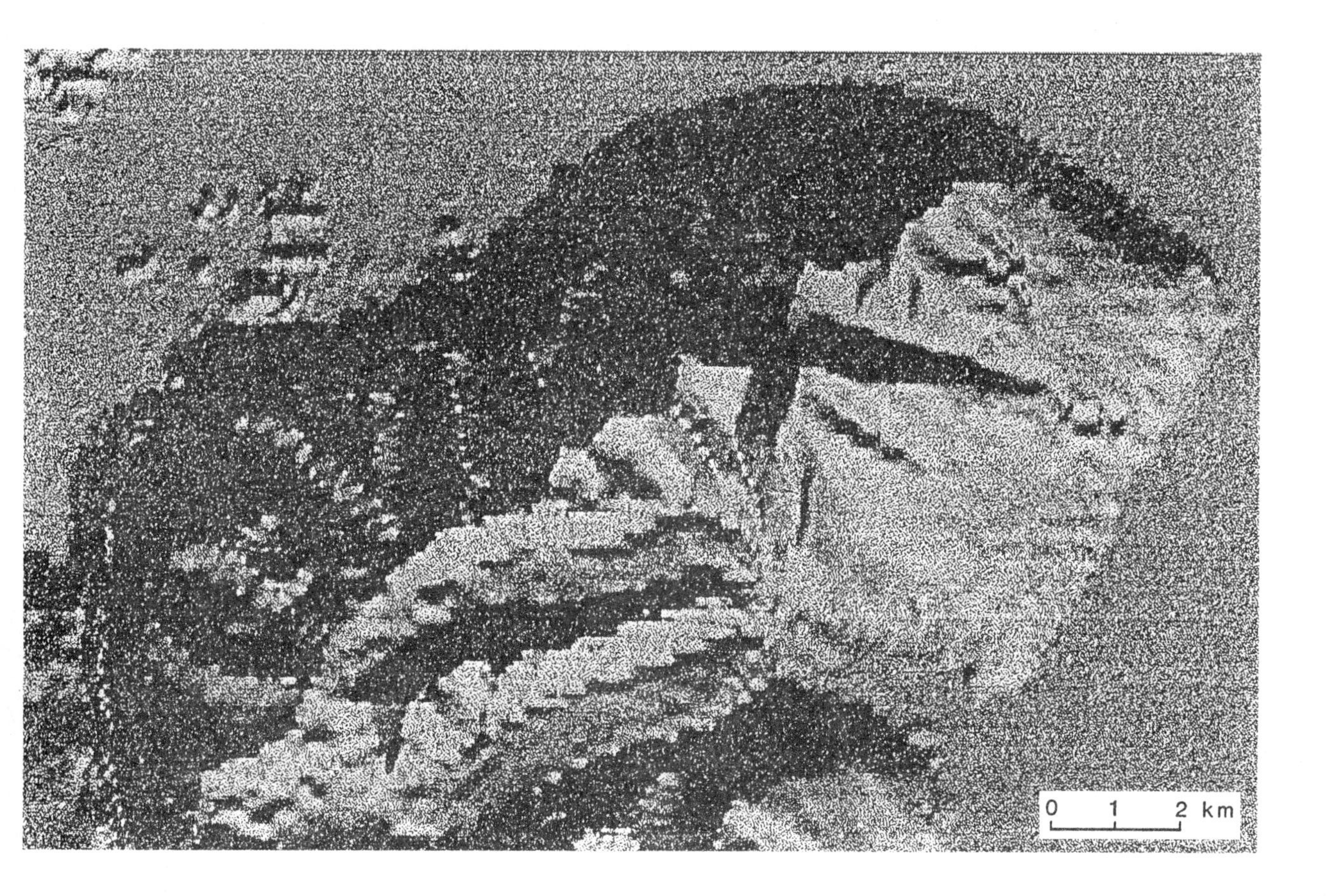

Abb. 8: Strahlungsmodellierung für den 17.06.90, 10:30 WOZ.

Literatur

BECKER, F. 1988: Remote Sensing of Land Surface Processes. - ISPRA Courses RS, 88 (14).

FOUQUART, Y. 1988: Clouds and Radiation Interactions. - ISPRA Courses.

PARLOW, E. 1986: Landschaftsökologische Inhalte von Landsat-TM-Aufnahmen. - Fernerkundung und Raumanalyse, Karlsruhe.

PARLOW, E. 1988: Ableitung strahlungsklimatologischer Daten und Raummuster für ein subpolares Ökosystem Nordskandinaviens mit Hilfe der digitalen Bildverarbeitung. - Habilitationsschrift Geowiss. Fakultät Univ. Freiburg.

PARLOW, E. & SCHERER, D. 1990: Effects of Vegetation Changes on the Radiation Budget - A Study from the Torneträsk Area. - Geografiska Annaler.

RASCHKE, E. 1988: Radiation Budget and Clouds. - ISPRA Courses, RS, 88 (7).

RASCHKE, E. 1988: Remote Sensing of Sea Ice Fields an the Polar Regions. - ISPRA Courses, RS, 88 (8).

SCHERER, D. 1987: Die Erfassung subskaliger Strukturen in Oberflächentemperaturbildern mit Hilfe von geographischen Zusatzdaten. - Freiburg.

Anschrift:

Prof. Dr. EBERHARD PARLOW & Dipl.-Phys. DIETER SCHERER, Geographisches Institut der Universität Basel, Abteilung Meteorologie und Klimaökologie, CH-4055 Basel/Schweiz.

MATERIALIEN UND MANUSKRIPTE - Studiengang Geographie, Heft 19: 131 - 133, Bremen 1991.

Stoffumsätze und biotische Aktivitäten in hocharktischen Geoökosystemen topischer Dimensionen

untersucht an Typstandorten Nordwestspitzbergens (Liefdefjorden, Germania-Halvøya)

HARTMUT LESER, Basel,
unter Mitarbeit von RAINER LEHMANN & STEPHAN REBER & ARMIN REMPFLER & CHRISTIAN WÜTHRICH, Basel

1 Ansatz und Methodik

Die Untersuchungen (LESER & REBER & REMPFLER 1990) schließen an zwei ähnlich strukturierte Forschungskampagnen an: 1984 Hornsund (Südspitzbergen) (LESER & SEILER 1986) und 1987 Brøggerhalvøya/Ny Ålesund (Westspitzbergen) (REMPFLER 1989 a,b).

Ausgangspunkt war ein integrativer landschaftsökologischer Forschungsansatz, der auf das Witterungsgeschehen und die dreidimensionale Funktionsweise der Geoökosysteme Bezug nahm. Dieser Ansatz soll auch im Arbeitsgebiet Liefdefjorden praktiziert werden.

Geforscht wird nach einem Modell eines Prozeß-Korrelations-Systems, das topisch relevante Prozesse im Bereich der geoökologischen Grenzschicht beschreibt. Sie umfaßt ein Bereich von wenigen Dezimetern bis ca. 2 m. Sie setzt an der Obergrenze der Permafrosttafel an und schließt die bodennahe Luftschicht mit ein. Die geoökologische Grenzschicht wird wie folgt kompartimentiert:

- Bodennahe Luftschicht,
- Bodenbedeckung (Tundrenvegetation als Stoffspeicher und Lebensraum der Bodenfauna),
- Bodenoberfläche als geomorphographisches Phänomen und damit Regler geoökologischer Prozesse (Mikroklima-, Schneedecken-, Vegetations-, Streu-, Boden-, Substrat- und Permafrostbereich),
- Boden und Substrat (als Speicher und Regler),
- Permafrosttafel (als Speicher und Regler).

Die praktischer Forschung wird realisiert durch punktuelle und flächendeckende Aufnahmen der Geo- und Bioökofaktoren. Dazu gehört die Einrichtung von mehreren Meßgärten an landschaftsökologischen Standorten (= Tesserae), ebenso durch Einsatz von Fernerkundungsmethoden und klimatologisch-meteorologischen Messungen (siehe Teil Fernerkundung und Klimaökologie der Gruppe E. Parlow). Es wird angestrebt, die Tesserae in einem Mustereinzugsgebiet zu vereinigen. Es würde eine geoökologische Elementarlandschaft repräsentieren. Sie gilt als repräsentativ für die Hocharktis von Nordwestspitzbergen. Die bioökologische Vertiefung erfolgt ebenfalls an den Tesserae. Dabei wird die Bodenfauna im Beziehungsgefüge des abiotischen Prozeß-Korrelations-Systems im Mittelpunkt stehen.

2 Ziele der Untersuchungen

- Erfassung der Art und Merkmale der geoökologischen Speicher im System,
- Bestimmung der Geoökosystemregler und ihrer vertikalen und horizontalen ökologischen Wirkungen,
- Verweildauer von Nähr- und Schadstoffen in den geoökologischen Speichern des Systems,
- Richtung und Tendenzen von Nähr- und Schadstoffbewegungen in den verschiedenen Kompartimenten des Systems,
- Einflüsse und Beteiligung von Tier- und Pflanzengruppen am stofflichen Geschehen hocharktischer Ökosysteme,
- Horizontalmobilität und Vertikalverteilung der Bodenfauna anden repräsentativen landschaftsökologischen Standorten.

3 Bisherige Ergebnisse nach den Befunden auf der Bröggerhalvøya (Raum Ny Ålesund)

Unter Einbeziehung der Befunde auf der Brøggerhalvøya lassen sich die folgenden allgemeinen Ergebnisse formulieren.

3.1 zur Geoökologie

Schwerpunkt der Untersuchungen waren der Wasser- und Nährstoffhaushalt sowie seine sonstigen abiotischen Randbedingungen. Wegen der Bedeutung des Schnees im geoökologischen Jahresgang hocharktischer Ökosysteme wurde er besonders intensiv untersucht. Die Hauptphase der Schneeschmelze beschränkt sich auf fünf bis sechs Wochen und ist Mitte bis Ende Juli abgeschlossen. Das Abschmelzen löst bedeutende ökologische Prozesse aus:

* Es bestimmt den Auftaubeginn der Permafrosttafel und somit die Länge der Vegetationszeit.
* Das Schmelzwasser setzt gleichzeitig von der Vegetations und Gesteins- bzw. Substratoberfläche gelöste Nährelemente um.
* Die Konzentrationen des Schmelzwassers sind horizontal stark differenziert - in Abhängigkeit von der Distanz zu Restschneeflecken.
* Kulmination der Ca- und Mg-Konzentationen im ersten Augustdrittel, wenn biotische Aktivität und Permafrostspiegelsenkung ihren Höhepunkt erreicht haben.
* Abnahme der Nährstoffgehalte von Regenwasser oder Oberflächenschneeproben, wegen der Schneedeckenmetamorphose und den kontinuierlichen Stoffauswaschungen aus der Schneedecke.

3.2 zur Bioökologie

Die Bodenfauna stand im Mittelpunkt der Untersuchungen. Die funktional wichtigsten Vertreter der Bodenfauna in den hocharktischen Ökosystemen sind: Collembolen, Acarinen Dipterenlarven, Enchytraeiden und verschiedene Vertreter der Bodenmikrofauna. Die ökologischen Ansprüche verschiedener Arten wurden ermittelt und in Beziehung zum abiotischen Geschehen an den landschaftsökologischen Standorten gesetzt. So wurden sehr enge Abhängigkeiten zur Luft- und Bodentemperatur erkannt. Die Bodenfaunagruppen verhielten sich jeweils unterschiedlich. So zeigte die Tagestemperatur die stärkste Korrelation mit den Aktivitäten der Arthropoden. Bodenwarme Standorte wiesen das Aktivitätsmaximum Anfang Juli auf, bodenkalte Standorte erst Anfang August, also erst am Ende des Polarsommers. Die Bodenmakrofauna fehlt. Dies ist ein typisches Merkmal der hocharktischen Tundra Spitzbergens. Grundsätzliche bioökologische Feststellungen waren in diesen Zusammenhängen:

* Die Bodenmesofauna besitzt für den Streuabbau der Tundraökosysteme Spitzbergens überragende Bedeutung.
* Die Bodenfauna weist eine relativ enge standörtliche Bindung auf, die sich durch Kenndaten abiotischer Faktoren im Ökosystem gut belegen läßt.
* Zwischen oligotropher Tundra und ornithogen eutrophierter Tundra bestehen fundamentale Unterschiede in der Bodenfauna, die vor allem stofflich begründet sind.
* Die Vogelklifftundra stellt ein sehr junges, häufig rezent gestörtes Ökosystem dar.

4 Perspektiven der weiteren Arbeit

Zunächst einmal wird mit den bisherigen geo- und bioökologischen Ansätzen weitergearbeitet, um die überregionale Vergleichbarkeit der Ergebnisse zu sichern. Die Methodik wird lediglich dort verfeinert, wo dies sachlich erforderlich ist (durch Ausweitung der Fragestellung) oder weil Geräteverbesserungen die Präzision der Ergebnisse ermöglichen. Die Grundlage bleibt weiterhin das Prozeß-Korrelations-System im Modell des Landschafts- bzw. Geoökosystems.

Aussageverbesserungen, die auch der Theorie der Landschaftsökologie in einem höherem Maße als bisher genügen, werden auf folgende Weise erzielt:

* Arbeit in einem Repräsentativeinzugsgebiet, das zwischen Gletscherrand und Abfluß sowie Stoffaustrag ins Meer eine komplette landschaftsökologische Catena repräsentiert.
* Erweiterung der klimaökologischen Aussage durch Einbezug weiterer Teile der bodennahen Luftschicht (Mastmessungen).
* Präzisierung der geoökologischen Flächenaussage durch Einsatz von Satellitendatenauswertungen und deren Korrelation mit terrestrischen Meßwerten aus dem Geoökosystem-Modell.

* Zusammenhänge zwischen Bodenfaunamuster und C-Mineralisation im Boden sowie der Etablierung von Biozönosen an den landschaftsökologischen Standorten.

Literatur

LESER, H. & SEILER, W. 1986: Geoökologische Forschungen in Südspitzbergen. - Die Erde, 117: 1-22, Berlin.

LESER, H. & REBER, S. & REMPLER, S. 1990: Geoökologische Forschungen in Südspitzbergen. - Die Erde, 121 (3/4): 255-268, Berlin.

REMPLER, A. 1989 (a): Wasser- und nährstoffhaushaltliche Aspekte im Jahresgang hocharktischer Geosysteme (Raum Ny Ålesund, Brøggerhalvøya, Nordwestspitzbergen). - Die Erde, 120 (4): 225-238, Berlin.

REMPFLER, A. 1989 (b): Boden und Schnee als Speicher im Wasser- und Nährstoffhaushalt hocharktischer Geosysteme (Raum Ny Ålesund, Brøggerhalvøya, Nordwestspitzbergen). - Materialien zur Physiogeographie, (11): 1-106, Basel.

WÜTHRICH, C. 1989: Die Bodenfauna in der arktischen Umwelt des Kongsfjords (Spitzbergen). Versuch einer integrativen Betrachtung eines Ökosystems. - Materialien zur Physiogeographie, (12): 1-145, Basel.

Anschrift:

Prof. Dr. HARTMUT LESER, Geographisches Institut der Universität Basel, Klingenbergstraße 16, CH-4059 Basel/ Schweiz.

Die unregelmäßig erscheinenden Hefte der Reihe "Materialien und Manuskripte" enthalten Berichte aus dem Bereich der Geographie, Regionalforschung und Raumplanung. Sie sind einmal gedacht als Arbeitshilfe für Studenten, Lehrer und Kollegen des Faches, zum anderen sollen sie neuere Forschungsansätze und Ergebnisse aus laufenden Untersuchungen zur Diskussion stellen.

Bisher erschienen:

Heft 1: G. BAHRENBERG, G. MATTHIESSEN und W. STEINGRUBE: DISTAN. Ein Programm zur Erzeugung vollständiger Distanzmatrizen. 1979. DM 2,--.

Heft 2: G. BAHRENBERG, G. MATTHIESSEN und W. STEINGRUBE: STAL. Heuristische Algorithmen zur Lösung statisch-diskreter Standort-Allokationsprobleme mit disjunkten Einzugsbereichen. 1979. DM 5,--.

Heft 3: W. TAUBMANN: Fremdenverkehr und regionale Entwicklung - das Beispiel Jütland (In Vorbereitung).

Heft 4: G. BAHRENBERG und I. SCHICKHOFF: (K)ein Platz für Kinder. Ein Ballspielplatz für das Handwerkerviertel. Erprobungsfassung einer Arbeit der Karlsruher Projektgruppe des RCFP. 1980.

Heft 5: V.C. PETERSEN: Zur Metatheorie der Gesellschaftsplanung. 1981. DM 3,--.

Heft 6: R. STRAUB: Untersuchungen zur Problematik der Bodenerosion in Nord-Algerien. 1981. DM 10,--.

Heft 7: G. WIENEKE: Innerstädtische Wanderung in Münster - Eine Analyse mit Hilfe von Wanderungsmodellen. 1983. DM 10,--.

Heft 8: P. BOTHNER: Verfahren zur Verkehrsumlegung in stark belasteten Straßennetzen. 1985. DM 8,--.

Heft 9: W. LUTTER: Verfahren zur simultanen Berechnung der Verkehrsmittelwahl und der Wegewahl. 1985. DM 5,--.

Heft 10: W. TAUBMANN: und F. BEHRENS: Wirtschaftliche Auswirkungen von Kulturangeboten in Bremen. 1986. DM 10,--.

Heft 11: H. HOLLMANN: Vergleichende Analyse der neueren Raumordnungsprogramme und -pläne für die norddeutschen Länder (1975-1985). 1986. DM 10,--.

Heft 12: J. GERWIEN und I. HOLZHAUSER: Regionalwirtschaftliche Wirkungen öffentlicher Ausgaben. 1986. DM 10,--.

Heft 13: G. BAHRENBERG (Hrsg.): Infrastrukturversorgung und Verkehrsangebot im ländlichen Raum - am Beispiel der Region Trier 1960-1982. 1987. DM 11,--.

Heft 14: J. GERWIEN und I. HOLZHAUSER: Wirtschaftsfördernde Aspekte kommunaler Kulturangebote am Beispiel der Stadt Neuss. 1988. DM 12,--.

Heft 15: H. LESER, W.D. BLÜMEL, G. STÄBLEIN: Wissenschaftliches Programm der Geowissenschaftlichen Spitzbergen-Expedition 1990 (SPE 90) "Stofftransporte Land-Meer in polaren Geosystemen". 1988. DM 5,--.

Heft 16: F. NOVAK: Wohnungsbau in Bremen, Hemelinger Unternehmer. 1989. DM 12,--.

Heft 17: G. STÄBLEIN: Polar Geomorphology - Abstracts and Papers, Symposium No. 5 of the Second International Conference on Geogorphology. 1989. DM 5,--.

Heft 18: H. HOLLMANN: Wirtschaftliche Stadtentwicklungsplanung in den drei deutschen Stadtstaaten und in der Agglomeration Zürich (vergleichende Analyse). 1990. DM 14,--.

Heft 19: G. STÄBLEIN (Hrsg.): Beiträge zur Geowissenschaftlichen Spitzbergen-Expedition 1990 (SPE 90) "Stofftransporte Land-Meer in polaren Geosystemen", mit Beilage von vier Orthophotokarten. 1991. DM 17,--.